新編營運管理

羅鍵 主編

社社

在以知識化、信息化、數字化和智能化為主要特徵的時代，企業的營運模式和效率決定著企業是否具備競爭優勢。因此，營運管理被高等院校管理類專業設置為主幹課程，也是許多企業或機構培訓的重要課程。

隨著企業營運實踐的飛速發展和研究的不斷深入，營運管理的範圍不斷擴大，新思想、新技術、新模式等不斷湧現。企業營運越來越注重面向過程、面向顧客，注重新技術、新模式的應用，注重服務和企業間及企業內部的關係管理等方面。

本書共分十二章。第一章營運管理概述，主要闡述了企業營運系統、營運管理職能、營運系統的績效目標、營運戰略框架以及營運管理的發展歷程等內容。第二章新產品開發，主要闡述了新產品開發的概念和分類、新產品開發的過程和組織、新產品開發的常用方法、新產品開發運作的模式以及集成產品開發模式等內容。第三章選址決策和設施佈局，主要闡述了企業設施選址的主要因素和評價方法、生產運作系統設施佈局的原則和類型、常用的設施布置的方法等內容。第四章工作設計與工作研究，主要闡述了工作設計的概念、理論和原則，工作設計的基本方法、內容和步驟，工作研究的概念、步驟和技術方法等內容。第五章質量管理，主要闡述了質量管理的概念、質量管理的發展歷程、全面質量管理以及ISO9000質量認證體系等內容。第六章庫存管理，主要闡述了庫存的含義、作用和分類、庫存管理方法、庫存模型等內容。第七章企業資源計劃，主要闡述了ERP概念及ERP系統、綜合計劃、主生產計劃以及資源需求計劃、MRP及MRP-II等內容。第八章供應鏈管理，主要闡述了供應鏈及供應鏈管理的基本概念、供應鏈在採購管理和分銷管理上的具體應用、電子商務下的供應鏈與傳統供應鏈的區別、供應鏈管理中所應用信息技術、供應鏈設計的基本知識與方法等內容。第九章準時制生產，主要闡述了準時制生產的概念、目的和特徵、JIT中的七大浪費及其對策、看板管理的基本原理和使用過程、精益生產方式的管理理念等內容。第十章業務流程再造，主要闡述了業務流程再造的定義、原理和本質、業務流程再造的基本原則和步驟、業務流程再造的技術和工具以及成功要旨等內容。第十一章智能製造，

主要闡述了智能製造的發展背景及現狀、智能製造的概念和總體模型、智能製造系統、智能工廠的概念和體系架構等內容。第十二章項目管理,主要闡述了項目管理的基本概念、項目管理的組織結構及其優缺點、項目計劃技術等內容。

在本書的編寫過程中,編者參閱和借鑑了大量相關文獻,在此謹向這些文獻的作者表示感謝!本書還引用了一些已公開的案例,在此對這些案例的作者及相關機構表示感謝!

本書的出版得到了出版社的大力支持,在此表示衷心感謝!

由於編者水準有限,書中難免有不足之處,懇請讀者批評指正。

編者

▶ **第一章　營運管理概述** …………………………………………… 001

　　第一節　企業營運系統 ………………………………………… 002
　　第二節　營運系統的績效目標 ………………………………… 012
　　第三節　營運戰略框架與過程 ………………………………… 016
　　第四節　營運管理的發展 ……………………………………… 020

▶ **第二章　新產品開發** ……………………………………………… 025

　　第一節　新產品開發的概述 …………………………………… 027
　　第二節　新產品開發的過程和組織 …………………………… 031
　　第三節　新產品開發的思想和技術 …………………………… 037
　　第四節　集成產品開發模式 …………………………………… 044

▶ **第三章　選址決策和設施佈局** …………………………………… 053

　　第一節　生產運作系統的佈局和選址 ………………………… 054
　　第二節　設施的佈局 …………………………………………… 061
　　第三節　非製造業的設施佈局 ………………………………… 071

▶ **第四章　工作設計與工作研究** …………………………………… 077

　　第一節　工作設計概述 ………………………………………… 078
　　第二節　工作設計的方法、內容及步驟 ……………………… 085
　　第三節　工作研究 ……………………………………………… 090

第五章　質量管理 ……………………………………………………… 095

第一節　質量與質量管理概述 …………………………………… 096
第二節　質量管理方法與工具 …………………………………… 101
第三節　全面質量管理 …………………………………………… 108
第四節　ISO9000 體系的簡述 …………………………………… 112

第六章　庫存管理 ……………………………………………………… 117

第一節　庫存的概述 ……………………………………………… 118
第二節　庫存控制模式 …………………………………………… 122
第三節　庫存決策模型 …………………………………………… 126

第七章　企業資源計劃 ………………………………………………… 137

第一節　ERP 概述及 ERP 系統 ………………………………… 139
第二節　綜合計劃 ………………………………………………… 143
第三節　主生產計劃 ……………………………………………… 144
第四節　資源需求計劃 …………………………………………… 148
第五節　物料需求計劃 …………………………………………… 149
第六節　製造資源計劃 …………………………………………… 154
第七節　適應企業戰略的 ERP …………………………………… 155

第八章　供應鏈管理 …………………………………………………… 159

第一節　供應鏈管理概述 ………………………………………… 160
第二節　供應鏈管理的應用 ……………………………………… 164
第三節　電子商務與供應鏈管理 ………………………………… 170
第四節　供應鏈的設計 …………………………………………… 173

第九章　準時制生產 …………………………………………………… 179

第一節　準時制生產的概述 ……………………………………… 180
第二節　準時制生產方式的實現手段——看板管理 …………… 188
第三節　精益生產 ………………………………………………… 191

第十章 業務流程再造 …… 196

第一節 業務流程再造的概述 …… 197
第二節 業務流程再造的步驟 …… 200
第三節 業務流程再造的技術和工具 …… 202
第四節 業務流程再造成功要旨與風險防範 …… 203

第十一章 智能製造 …… 209

第一節 智能製造概述 …… 210
第二節 智能製造系統 …… 219
第三節 智能工廠 …… 224

第十二章 項目管理 …… 231

第一節 項目管理基本概述 …… 232
第二節 項目計劃 …… 234
第三節 項目控制 …… 237
第四節 項目管理組織 …… 240
第五節 網絡計劃技術 …… 243

第一章

營運管理概述

 學習目標

1. 掌握營運系統模型、過程和分類
2. 掌握營運管理的定義及其職能
3. 瞭解營運系統的績效目標與競爭要素
4. 掌握營運戰略及其框架與過程
5. 瞭解營運管理的發展歷程和重點內容

 引導案例

沃爾瑪公司通過加強營運提升競爭力

　　沃爾瑪公司於 1972 年上市。那時，它在阿肯色、密蘇里和俄克拉荷馬的農村地區經營著 30 家折扣商店。它不得不通過上市來籌集資金建立自己的第一個倉庫。然後，沃爾瑪在企業戰略的引導下，穩步地從這個基礎開始擴張。十多年以後，它擁有 650 家商店，銷售額幾乎達到了 47 億美元。在 20 世紀 80 年代，它的競爭對手，如西爾斯（Sears）和凱馬特（Kmart），必須要注意沃爾瑪的步步逼近，警惕沃爾瑪所帶來的潛在威脅。到了 1987 年，沃爾瑪擁有 1,200 家商店，正好超過凱馬特的一半（沃爾瑪的銷售收入 160 億美元是當時凱馬特銷售收入的 60%）；這個行業的「鄉巴佬」在運用計算機手段追蹤銷售情況以及協調商店的進貨方面取得了領先地位。然而，當沃爾瑪一步一步地走進凱馬特占據的大城市時，凱馬特卻把精力放在多樣化經營上。

　　到 1993 年，沃爾瑪與凱馬特的行銷大戰基本上已經分出勝負。有超過 80% 的凱馬

特商店面臨著來自沃爾瑪的直接競爭（而沃爾瑪卻只有稍稍超過一半的商店面臨著與凱馬特的直接競爭）。在財務上陷於困境、勉強分發紅利的凱馬特因為試圖改造它的舊店而再次遭受重創。那時，對於凱馬特來說，已經無力回擊並且時間已晚。為什麼它不更快地做出回擊呢？如果它還有機會挽回，它應該做什麼呢？

凱馬特最後孤注一擲，把大量的金錢投入到新電腦化的掃描儀、新產品採購和存貨控制系統，以此來回應沃爾瑪的進攻。但是它發現它的員工缺乏有效地使用新系統的技能，輸進電腦的數據大多存在著錯誤。而沃爾瑪堅持保證數據準確性的組織紀律，花了幾年的時間培訓員工最有效地使用它的複雜系統。顯然，凱馬特沒有捷徑很快做到像沃爾瑪一樣。

資料來源：理查德·B. 蔡斯，尼古拉斯·J. 阿奎拉諾，F. 羅伯特·雅各布斯．營運管理 [M]．任建標等，譯．北京：機械工業出版社，2007.

在這個例子中，我們看到沃爾瑪採用三種不同的方法使自己在競爭中脫穎而出。首先，沃爾瑪通過開發倉庫和商店的管理系統在競爭中取得了顯著的優勢。其次，沃爾瑪商店的選址也為它帶來了競爭優勢。剛開始的時候，沃爾瑪的商店都位於阿肯色、密蘇里和俄克拉荷馬的農村地區，避免了與其他大型連鎖店的直接競爭。當鞏固了它的競爭基礎後，沃爾瑪利用它開發的高級系統，在顯著的營運成本優勢的基礎上，對城市地區的其他零售商發起迎頭痛擊。最後，在不斷開發其有效系統的過程中，沃爾瑪創造了不易為其他企業抄襲和轉化的獨有文化、支持觀念、技能、技術、供應商與顧客關係、人力資源和激勵方法。

第一節　企業營運系統

一、企業營運系統概述

1. 企業營運系統模型

什麼是系統？系統是一組相互依賴、相互關聯的組成部分，通過協同營運實現系統的目標。系統成功的秘訣在於系統的各個組成部分相互合作，密切配合，共同向系統的目標努力。如果系統的各個部分以自我為中心，變成競爭的獨立單元，就會破壞整個系統。系統可以是最廣大的宏觀系統（如銀河系統），也可以是最小的微觀系統（如遺傳DNA系統）。系統可以是一個組織，可以是一個產業，也可以是整個國家。系統範圍越大，可能產生的效益就越大，然而管理的難度也就越大。

對於營運系統，應當進行系統性思考。系統性思考就是以系統、整體的觀點，以各種相依、互動、關聯與順序，來認識現實世界、解決問題的一般反應能力與習慣。

以系統的觀點來看待營運系統，所有的營運系統在生產產品或提供服務的過程中，本質上都是將輸入資源按照一定的方法與轉換程序加以變換，從而產生一定的輸出，滿足下游系統或顧客的需求。輸出物與輸入物相比，其狀態或性質發生了變化。

營運管理系統模型可表示為圖1-1，輸入資源可分為兩種：待轉化資源和轉化資源。待轉化資源指將要被加工、轉換或改變的資源，如製造系統中的物料、服務營運系

統中的信息（如管理諮詢公司、新聞機構等）與顧客（如醫院、旅店、美髮店等）；轉化資源指支持營運系統轉化過程的資源，如營運系統的基礎設施、機器設備、員工、自動化系統及信息管理應用軟件系統。

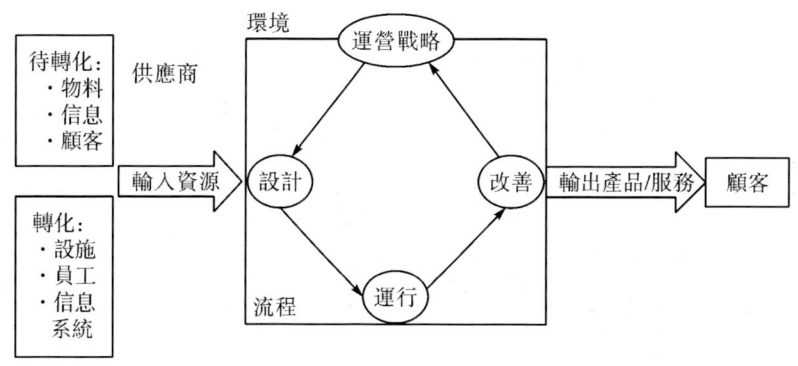

圖1-1 營運管理系統的IPO（輸入、流程、輸出）模型

2. 企業營運系統的過程

不同的營運系統有不同的流程。流程指具體的轉化過程、轉化條件、方法與步驟。人們需要根據輸入的待轉化資源的性質，設計不同的轉化過程：以物料加工為主的營運系統、以信息加工為主的營運系統與以顧客接待為主的營運系統。大多數製造系統需要對物流進行加工轉化，有些是形狀或物流組成的變化（如汽車、冰箱、電話機的製造等），有些是化學成分的變化（如煉鋼、釀酒等），有些營運系統是改變物料的地理位置（如郵政快遞、行李快運、運輸等），有些則是以儲存物料為目的（如倉庫存儲）；管理諮詢公司、會計師事務所需要對信息進行加工；醫院、美髮美容店、飯店、旅館等需要對顧客進行直接的接待服務。雖然營運系統的轉化過程不同，但所有的營運系統都有四個關鍵的主過程：

● 適應環境制定營運戰略；
● 在營運戰略下進行營運系統的設計；
● 以企業資源計劃（ERP）為骨架的營運系統運行；
● 營運系統的改善或改進。

營運系統的輸出是提供產品與服務，不同營運系統的輸出存在多種差異，如有形的產品、無形的服務。從顧客的角度看，產品與服務會給他們帶來介於喜悅與憤怒之間的感受；從組織的觀點看，產品與服務會給他們帶來利潤與市場份額。同樣的輸入資源，要想有更好的輸出，必須改善系統的流程，改善系統的轉化過程與方法。

3. SIPOC模型

為了關注系統的供應者與顧客，也採用SIPOC（Suppliers、Input、Process、Output、Customers）模型。組織的營運系統供應者可能有物料供應商、設施供應商、人才市場（人力資源供應者）。信息系統提供的產品與服務如何，只有顧客最清楚，不能得到顧客的反饋意見，就無法界定工作的好壞。顧客滿意才能帶來組織持久的營運。

SIPOC模型也可用於分析營運系統內部。營運系統可以看作是由眾多微觀營運構成的層級結構。組織內每個人的工作可以用SIPOC模型表示，組織的營運可以用SIPOC

模型表示，也可看作是多個 SIPOC 模型的集合，每個人的工作都是整體流程的一部分。在內部營運中，存在內部顧客與內部供應者，內部顧客指從其他微觀營運獲得輸入的微觀營運，內部供應者就是向其他微觀營運提供輸出的微觀營運。微觀營運也需要強調顧客優先，顧客優先是善解人意的思考方式，而不是以自我為中心。表1-1是營運系統的輸入輸出與轉化過程舉例。

表 1-1　　　　　　　　營運系統的輸入輸出與轉化過程舉例

營運系統	輸入資源	轉化過程	輸出
航空公司	飛機、機組人員	轉運乘客、貨物	運抵新地點的乘客與貨物
	地勤人員、乘客、貨物		
百貨公司	售貨員	商品擺設	滿載而歸的顧客
	待售商品	提供選購建議	
	顧客	銷售商品	
銀行	職員、設施、能源等	金融服務	獲得服務的企業或個人
	計算機設備等		
冷凍食品生產商	新鮮食品	食品加工	冷凍食品
	操作人員	冷凍	
	食品加工設備		
	冷凍設備		

二、企業營運系統分類

1. 營運系統差異的三個維度

營運系統具有相似的輸入、處理或轉化、輸出的基本模型，但是產品與服務千差萬別，產量大小相差懸殊，轉化的工藝過程各不相同，因此營運系統在營運系統產品產量、產品品種、工藝過程三個維度存在重要的區別。

（1）產品產量

通過擴大產品產量銷量形成規模經濟，依靠規模經濟可以獲得競爭優勢。1995年格蘭仕微波爐產銷20萬臺，市場佔有率達25.1%；1996年實現產銷65萬臺，市場佔有率超過35%；1997年市場佔有率擴大到47.6%，產銷量猛增198萬臺。1998年格蘭仕微波爐年產量達到450萬臺，國內市場佔有率在60%以上，成為世界上最大的微波爐生產廠家之一。格蘭仕微波爐的高層人士的決策是，在單一產品上做到對全球市場的壟斷。「在單一產品上形成絕對優勢，這叫作一個拳頭打人。」格蘭仕迅速形成規模以後，價格和技術的優勢阻止了一些競爭力不強的企業進入市場。大批量生產具有高度的生產重複性，專業化程度高，因而成本較低。許多汽車製造商、家電製造商等依靠大批量生產來降低成本，獲得競爭優勢。

（2）產品品種

出租車公司提供的服務具有多個不同的品種，而公交車提供的服務的品種比較單

一。出租車可以按照顧客要求的線路行駛，可以將顧客及其攜帶的行李送到指定的地點。出租車的營運具有較大的柔性，顧客可以使用電話在規定的時間與地點預約車輛接送，多樣化的服務使顧客需求得到最大限度的滿足。這需要出租車公司具備暢通的信息聯絡網絡，要求出租車司機具備熱情禮貌的言行並熟悉交通路線，對當地地理環境了如指掌。相比之下，公交車必須按照固定的路線日復一日地行駛，在指定的站點運送顧客。靈活的個性化服務需要顧客付出較高的價錢。

公交車公司可以通過增加營運路線，或合理布置站點，或增加車輛數量來提高顧客的滿意度，但公共交通服務作為大眾化的服務，在時間上，在方便程度上無論如何也比不上出租車所提供的定制化服務。定制化生產或服務往往是多樣化、多品種的。多品種生產具有複雜性高、靈活性大、定制化程度高、成本上升快的特點。

（3）工藝過程

服務營運系統的過程是業務處理的過程，製造營運系統的過程主要是生產工藝過程。製造業中的工藝過程分為以下幾種：

①製造加工（fabrication）：將原材料加工成特定形狀的產品，如家具、機械製造。
②裝配（assembly）：將零部件組裝成特定的產品。
③轉化（conversion）：煉鋼、牙膏、啤酒。
④測試（testing）：包含在製造加工、裝配過程及轉化過程中的一個重要環節。

根據工藝過程的以上特徵，相應地可將生產工藝流程分為如下幾種類型：

①工件車間（job shop）：相似的設備依照功能配置在一起，工件按特定的順序通過製造現場的工作中心，工件之間有準備作業。物流可中斷，又稱間歇式生產。
②成批生產車間（batch shop）：標準的工藝專業化生產，用於相對穩定的產品系列的企業，按訂單或庫存生產；產品流程相同，具有重複性。
③裝配線（assembly line）：按照裝配順序，以一定的受控速率從一個工作點到另一個工作點進行裝配生產。
④連續流（continuous flow）：物流穩定、連續、不中斷地通過設備，這些設備通常是高度自動化的，應避免高額的停工和啟動費用。

每一種工藝過程類型與產品的數量與品種的關係可用圖1-2的矩陣表示。矩陣列出了典型的行業，可清楚地看出這些行業的產品特徵、工藝過程特點及其柔性、成本的高低。

2. 營運系統的生產類型

按照工藝過程的類型可以將製造營運系統的生產類型分為項目型、單件小批量型、大量生產型、成批生產型、流水型與大規模定制型，如圖1-3所示。

（1）項目型

項目型主要是靠項目拉動，例如向城市地鐵、核電站、隧道、三峽工程等重型設施提供定制化的設備或機組，這些設備和機組的設計、製造與安裝極其複雜，不同的設施項目要求不同，即使同一設施項目下因使用環境的不同，規格、質量的要求也呈多樣化。項目訂單往往靠投標獲得，項目的工期要求特別嚴格，且多數是在現場裝配完成，變化因素多。項目的複雜性往往要求多個企業或組織協同完成整個項目。

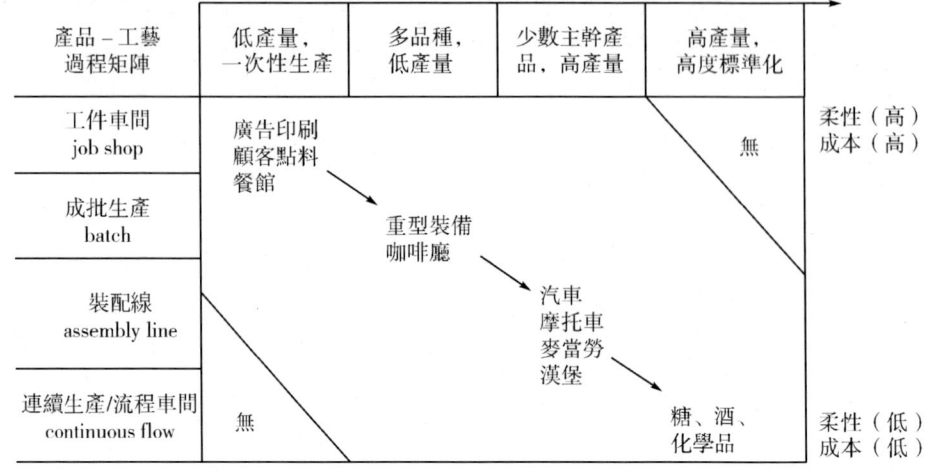

圖 1-2　產品-工藝過程矩陣

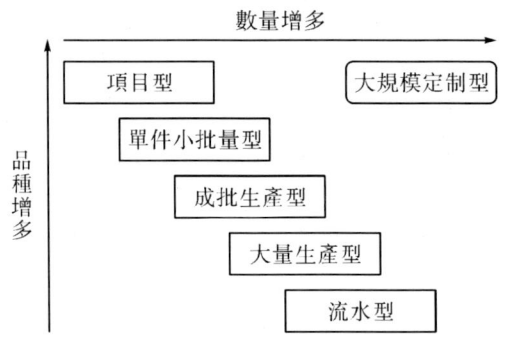

圖 1-3　製造營運系統生產類型與產品數量、品種關係

（2）單件小批量型

單件小批量型生產品種繁多，每一品種的產量極小，生產重複程度低，生產管理複雜，成本高。

（3）大量生產型

大量生產型生產品種少，產量大，生產重複程度高，便於採用流水線、自動線等高效的生產組織形式，以及採用標準的工藝，生產管理便於規範化，且有利於與供應商建立長期合作關係。該類型成本低，產品質量穩定。

（4）成批生產型

成批生產型介於單件小批量型與大量生產型之間。

（5）流水型

流水型生產主要指轉化過程的連續生產，採用高度自動化的設備，物流連續，在生產過程中物資通常發生化學變化，產生中間品、副產品等。

（6）大規模定制型

大規模定制型是指對定制的產品和服務進行個性化的大規模生產。大規模定制型是現

代企業經營的新趨勢，它既追求規模效益，又極力滿足顧客的個性化需求。過去，企業要麼追求低成本，要麼追求品種多樣化。在當今多變的市場環境下，企業為了取得成功，將注意力集中在顧客身上，採用大規模定制方式，理解並滿足不同顧客不斷增長的多樣化需求，同時又保證產品的低成本，有效地為每一個客戶提供個性化服務。大規模定制模式的實現需要準時化（JIT）等先進製造管理模式、現代生產技術及信息通信技術的支持。

常見的大規模定制方式有以下幾種：

①自我定制。購買標準化的產品，由客戶自己或第三方定制。

②運輸地定制。在運輸地對標準化產品進行定制。

③服務定制。對標準化產品提供定制服務。

④混合定制。對工廠價值鏈中的最後一項活動進行定制，保持其他活動的標準化。

⑤模塊化定制。對部件進行模塊化，使其與定制產品結合。

⑥柔性定制。利用柔性製造系統生產完全定制的產品。

3. 營運系統的服務類型

美國行銷學者菲利普‧科特勒在《行銷管理》一書中給出了服務的定義：一方能夠向另一方提供的基本上是無形的任何活動或利益，並且不會導致任何所有權的產生。它的生產可能與某種有形產品聯繫在一起，也可能毫無關聯。

在 ISO9000 系列標準中，對服務的定義是：服務是為滿足顧客需要，在同顧客接觸中，供方的活動和供方活動的結果。

從管理角度看，服務既然是一種活動，服務組織就必須對活動過程進行有效的計劃、組織與控制；服務既然是一種結果，就必須達到滿足顧客要求的目的。

從產出角度定義，服務是顧客通過相關設施和服務載體所得到的顯性收益和隱性收益的完整組合。其實任何企業所提供的產出都是「有形產品+無形服務」的混合體，但各自所占的比例不同。

從顧客角度來說，顧客無論購買有形產品還是無形服務，其目的不僅是為了得到產品本身，而且也是為了獲得某種效用或收益。

（1）服務營運系統的特徵

①服務的無形性

服務與產品不同，往往是不可觸摸的。這是服務作為產出與有形產品最本質、最重要的區別。雖然有時服務和一些物資形態相關聯，如飛機、病床等，但人們真正要買的是一些不可觸摸的東西。例如，在航空公司要買的是旅行服務而不是飛機；在醫院要買的是健康和醫療服務而不是病床。

②服務生產和消費的同時性

這是服務的顯著特徵。服務是開放系統，要受傳遞過程中需求變化的全面影響。服務的生產和消費同時進行使得產品的預先檢測成為不可能，使服務能力（設施能力、人員能力）計劃必須能夠對應顧客到達的波動性，使得服務的「生產」與「銷售」無法區分，所以必須依靠它的指標來保證質量。

③服務的易逝性

服務的易逝性即不可存儲性，使得服務不能像製造業那樣依靠存貨來緩衝供貨，適

應需求變化。服務不使用將會永遠失去。例如，飛機上的空座位和旅館裡的空房間都產生了機會損失。因此，服務能力的充分利用成為一個管理挑戰。

④顧客的參與性

在製造業，工廠與產品的使用者、消費者完全隔離。而在服務業，顧客作為參與者出現在服務過程中，這種參與有主動和被動，因此也有可能促進或妨礙服務的進行。這就要求服務業經理必須重視設施的設計。顧客的知識、經驗、動機乃至誠信都會直接影響服務系統的效率，顧客處在營運系統之中。在服務業中，經理與顧客的接觸程度是重要的。

(2) 服務營運系統的分類

服務營運雖有許多共性，但也存在不同的服務類型。從不同的分類維度和視角來分析服務類型，將有助於我們深入瞭解服務業的內涵和精髓，從而有針對性地對服務營運管理進行研究。

①單一維度分類

單一維度分類中一種著名的方法是奇斯（Chase）提出的客戶聯繫模型，按照服務過程中與顧客接觸程度的高低，把服務分為「純服務」（如醫療、教育）、「混合服務」（如銀行、零售）和「標準生產服務」（如倉儲、批發）。克利亞（Killeya）也提出過類似的觀點，即把服務分為「軟服務」和「硬服務」。「硬服務」提供過程，強調機器與機器之間，以及人與人之間的相互作用；而「軟服務」則強調人與人之間的相互作用。

②多維分類

多維分類包括二維以上的分類方法，通過不同視角組合進行分析，是對不同服務類型的進一步細分。施米諾在1986年提出的服務流程矩陣如圖1-4所示。他根據兩個不同的維度來區分服務行業：接觸程度、個性化服務程度的高低，以及勞動力密集程度的高低。這一矩陣分為四個類別。首先，服務工廠（service factory）的兩個維度都很低。例如商業航班，若一個航線計劃分別是10點和18點出發的兩個航班，他們絕對不會為了一兩個客戶調整計劃；而大眾服務（mass service）有較高的勞動力密集程度，但與顧客的接觸程度和個性化服務程度較低；當與顧客的接觸程度或個性化服務程度成為主要目標時，大眾服務就會變成專業服務（professional service）。

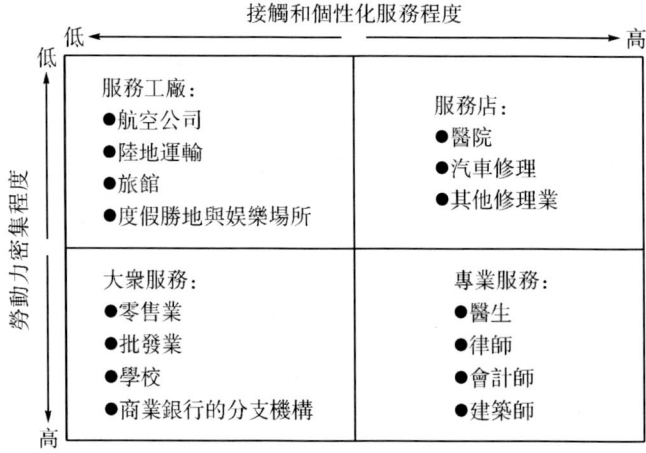

圖1-4　服務流程矩陣

当然这种划分方式并不是一成不变的。随着时间的推移，很多服务营运的本质发生了变化，最明显的是大规模的分解和多样化。曾经是典型的服务作坊或大众服务类型的企业特征不再清晰，企业正在服务流程矩阵的不同象限中跨越。

专业化服务型个性化程度高、与顾客接触程度高，需要具有专业知识的人员，如会计师、谘询顾问、律师、医生等；大众化服务型定制化程度低、与顾客接触程度相对较低，满足大众化的需求，如超市、学校、银行储蓄服务等；商店式服务型介于以上两者之间，如体育用品商店、汽车维修部等。

（3）服务接触管理

顾客与服务组织的任何一方面进行接触都会得到关于服务质量的印象，接触的那段时间被称为「真实的一刻」。它来源于斗牛术语，最早由理查（Richard）引入服务管理中，以强调服务接触的重要性。其含义是顾客对一个服务企业的印象和评价往往取决于某一个瞬间或服务过程中某一非常具体的时间。必须强调的是，服务接触可以发生在任何时间、地点。同时服务管理人员要牢记：不管顾客与组织中的什么人接触，都会视其为整个服务组织。多数顾客不会在服务接触以外的时间去思考一项服务。因此，把握服务接触的短暂时刻，给顾客留下好印象就变得非常重要。服务接触主要由以下四个要素构成，它们构成了服务接触管理的主要对象。

①顾客

顾客是服务接触中最主要的要素。顾客对服务质量的评价、整体满意度、是否再来的决定，都极大地取决于他在这次服务接触期间的感受。因此，服务提供系统的设计必须考虑以一种最有效和最高效的方式来满足顾客要求。但最重要的一点是：顾客希望受尊重、得到礼貌待遇及和其他顾客相同的服务。无论什么性质的服务，这都是服务接触最基本的要求。

②服务员工

这里的服务员工指直接与顾客打交道的一线人员，他们是服务接触中另一个重要的人的因素。他们同样希望得到顾客和其他服务员工的礼貌对待，希望得到顾客和管理者的好评。因此，他们必须拥有必要的知识和经过适当的培训。服务员工代表其服务组织，是保持服务提供系统正常运转的力量。他的言行会被顾客认为是服务组织的言行。顾客期望服务员工是他的最好代理，最大限度地考虑他的利益。这种双重角色有时对于服务员工很矛盾，尤其在顾客的最好利益与服务组织的政策发生冲突时。

此外，服务接触对于服务员工仅是众多正常工作中的一项。任务的重复使得他们只重视效率和有效性，而没有考虑有些顾客或缺乏经验，或心情焦虑，或有特殊要求等，但很多情况下，顾客对员工表现出来的诸如友善、温暖、关怀和富有感情等人际交往技能也非常在意，甚至往往能决定一次服务接触的成败。因此，服务管理者有责任帮助服务员工培养这些技能，并对员工加以培训，使他们具有一定的行为规范，更好地服务顾客。同时，员工满意也非常重要。只有员工满意、具有献身精神，他们才能为顾客提供最好的服务；若顾客满意了，他们还会再来。

③服务提供系统

服务提供系统包括设施设备、各种用品、服务程序和步骤，以及规则、规定和组织

文化。但它影響服務接觸的只有顧客看到、接觸到的部分,這部分的設計和運用必須從顧客角度出發。

④有形展示

有形展示包括一項服務和服務組織可能形成顧客體驗的可觸的所有方面,包括服務企業所在的建築物的外形設計、停車場、周邊風景,以及建築物內的家具擺設、燈光、溫度、噪音水準和清潔程度等,還有服務過程中使用的消費品、使用手冊、服務人員的著裝等。有形展示對於服務接觸的成功非常重要,尤其是在顧客到場的服務類型中,顧客滿意與否通常都在當時出結論。通常顧客在服務設施內停留時間越長,有形展示越重要。

另外,有形展示還有可能影響員工的行為。由於員工要在服務設施內度過絕大部分工作時間,因此其工作滿意度及工作動力和績效也受有形展示的影響。因此,其設計還應該考慮到如何使員工無障礙地執行任務。

三、企業營運管理的定義及其職能

1. 營運管理的定義

營運管理(Operations Management,簡稱 OM)是指對生產和提供公司主要的產品和服務的系統進行設計、運行和改進。同市場行銷和財務管理類似,營運管理是一個有明確的生產管理責任的企業職能領域,它是對企業生產或傳遞產品的整個系統的管理。

營運管理與運籌學、管理科學和工業工程的本質區別在於:營運管理屬於管理範疇;而運籌學和管理科學是各領域在制定決策時都會應用到的定量方法(如關鍵路徑法);工業工程則涉及工程領域(如工廠自動化),但營運管理獨特的管理作用使之有別於其他學科。

2. 營運管理職能

企業具有三大核心職能:產品與服務開發、營運與行銷。財務會計、工程與技術、人力資源、信息技術等也是企業的重要職能,對三大職能提供支撐,如圖 1-5 所示。營運職能負責生產或提供產品與服務,在製造企業中主要依靠生產車間(工廠),在服務業中則主要依靠業務部(戰略業務單元)。各種職能是相互交叉的。

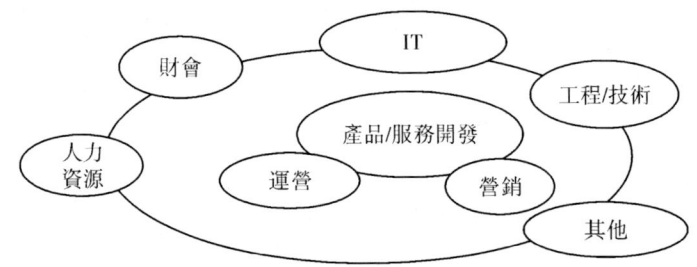

圖 1-5　企業三大核心職能

(1) 營運經理的職責

在一些公司中營運經理被稱為營運總監,製造公司中有生產總監、生產副總、國際營運總監等。這些職位是相通的,執行的都是營運職能,具體職責體現在三個方面:

①對產品/服務的製造、發送活動負有直接責任，主要包括：
・理解營運系統戰略目標；
・制定公司的營運戰略；
・設計營運系統的產品/服務與工藝過程；
・營運計劃與控制；
・改善營運系統的績效。
②對公司其他部門的活動負有間接責任，與其他部門密切協作。
③對迎接未來競爭的挑戰負有廣義責任，關注全球化、網絡化製造、綠色製造、知識管理、信息技術、製造與自動化技術等前沿領域，評估其對企業的影響，採取相應的對策：
・全球製造戰略規劃；
・加強與顧客的關係，做一個負責的、考慮周到的服務商；
・加強與供應商的戰略關係，協同製造戰略；
・關心員工生活與發展；
・充分考慮企業的社會責任。

（2）營運職能的戰略作用

營運職能對任何一個公司來說都十分重要，不僅要提供顧客需要的產品和服務，而且對企業戰略的實施、支持、發展發揮著關鍵的作用，具體表現在：貫徹實施公司的戰略；為公司戰略提供支持；為公司提供長期競爭優勢，以推動公司戰略發展。

卓越的營運職能對企業的貢獻表現在四個方面：改進企業薄弱環節、學習行業內先進企業的經驗、形成企業的營運戰略、成為企業的競爭優勢。依靠卓越的營運，企業可通過以下四個階段的發展進而成為領先企業。圖1-6表示了營運職能作用與貢獻的四階段模型。

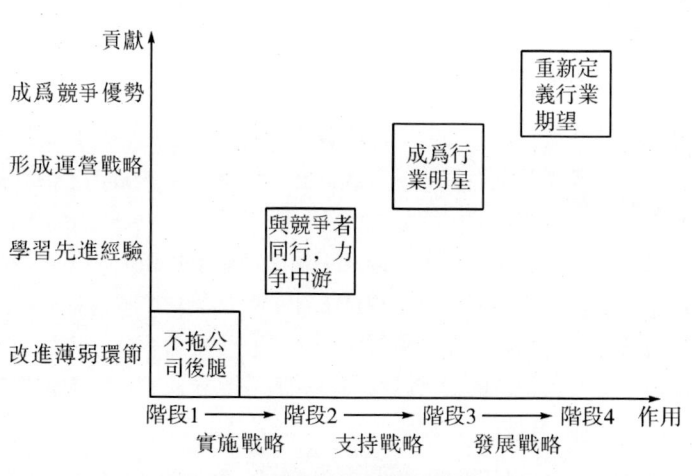

圖1-6 營運職能的戰略作用與貢獻

①改進營運中薄弱環節，在企業各個營運系統中領先，不拖公司後腿，不成為企業的累贅與負擔，不折不扣地貫徹實施公司戰略，保證公司戰略目標的實現。
②以行業內優秀企業為基準，學習其先進的營運管理經驗，力爭保持行業中遊，不

掉隊，力爭使營運系統支持公司總體戰略的實現。

③在競爭中累積經驗，深刻理解企業競爭環境，以精益的思維建立營運戰略。成為行業明星，脫穎而出，但仍不能自滿，應充分利用營運戰略，進一步推動公司戰略的發展，使公司再進入一個新階段。

④著眼於未來的發展，進一步持續改善企業營運，關注協同營運，使營運系統成為企業的競爭優勢，重新定義行業的期望，超越自我，保持企業可持續健康發展。

(3) 小公司的營運管理

從理論上講，營運管理的活動領域與公司的大小沒關係。然而在實踐過程中，小型公司營運與大公司相比有許多不同的特點，必須予以關注。小公司營運管理的特點有以下幾方面：

①小公司管理職能交叉重疊，管理人員往往身兼數職，例如公司總經理往往就是骨幹業務員，人員配備精干，能起到以一頂十的作用；

②小公司採取非正式的組織結構，能夠靈活、迅速地適應變化的情況；

③小公司的營運、行銷、財務職能要通盤考慮；

④小公司往往依靠供應鏈上的大公司發展，處於某供應鏈的環節上，銷售大公司的產品或向大公司提供某些服務。

引人矚目的是互聯網為中外小型公司的發展提供了難得的平等競爭的機會，互聯網上公司無大小。小公司發展成為大公司後，營運模式必須改變，否則容易產生混亂，妨礙企業進一步發展。另一方面，大公司的營運也要借鑑小公司靈活的模式，避免機構臃腫。

第二節　營運系統的績效目標

一、營運系統的總體目標

營運系統要滿足其利益相關者的需求。利益相關者指與營運系統有直接利益關係及可能影響營運系統或受營運系統影響的個人或群體，例如股東、顧客、供應商、社會與政府及員工。股東希望投資回報的經濟效益或價值大；顧客希望得到恰當的產品/服務、質量穩定、交貨及時、可靠、物美價廉、柔性；供應商希望持續經營、在提高自身能力等方面得到幫助、需求信息透明；政府希望增加社會就業機會，提高社區福利，生產優質產品，保證環境清潔；員工希望有長期穩定的工作、合理的報酬、良好的工作環境與廣闊的個人發展前景。營運系統的總體目標是一切營運系統決策的根本出發點，但在具體營運中，需要更加明確的可操作目標。

二、營運系統的績效目標及其度量

1. 營運系統的績效目標

所有的營運系統都具有如下營運績效目標：質量、速度、可靠性、柔性、成本，但在不同的營運系統中每一個目標都有不同的度量標準。

（1）質量

質量績效目標指正確地做事情，提供符合顧客需求、使顧客滿意的產品或服務，從而獲得質量優勢。質量在不同營運系統中有不同的度量標準，如在汽車製造、出租車營運、醫院及超市營運中，質量的解釋各有不同。在汽車廠，質量意味著按設計規範製造、按預定規範裝配、產品性能可靠、產品美觀；在出租車公司，質量意味著車廂內整潔衛生、安靜、溫度適宜、空氣好、計程表準確，按顧客要求提供音樂、路線圖，對顧客熱情友善、樂於助人等；在醫院，質量意味著患者能得到最恰當的治療，治療以正確的方式運行，醫務人員主動徵求患者意見，對患者熱情友善，並加以精神鼓勵等；在超級市場，質量意味著商品狀態好，店內整潔衛生、佈局好、店內通風、溫度適宜、裝飾得體，員工熱情友善、樂於助人，顧客排隊交款等待時間短等。

質量可以增強顧客滿意度，提高營運系統效率，提高營運系統穩定性與可靠性，減少產品或服務的缺陷，降低成本。

（2）速度

速度績效目標指迅速地做事情，盡量快地使顧客獲得產品或服務，從而獲得速度優勢或時間優勢。速度在不同營運系統中有不同的度量標準，如在汽車製造廠，速度意味著在最短的時間內向經銷商提供符合要求的汽車，在最短時間內將備件發送到維修中心等；在出租車公司，速度意味著在最短的時間內將顧客送到目的地；在醫院，速度意味著在最短的時間內為患者提供治療，在最短的時間內提供檢驗結果；在超級市場，速度意味著顧客在最短的時間內完成購物，顧客所購物品在最短時間內交貨，顧客在最短的時間內得到服務。

速度意味著對顧客的要求反應迅速，縮短交貨提前期，減少庫存，可以減少風險，提高產品或服務的可獲得性。

（3）可靠性

可靠性績效目標指按時完成事務，保證公司及時發貨，在向顧客承諾的交貨期內提交產品或服務，從而獲得可靠性優勢。在不同營運系統中有不同的度量標準，如在汽車廠，可靠性意味著按時交貨，按時向維修中心交付零配件；在出租車公司，意味著司機在最短的時間內將顧客安全送到目的地；在醫院，可靠性意味著預約取消率降到最低，醫務人員嚴格遵守預約時間，如實準確反饋檢查結果；在超級市場，可靠性意味著營業按照公示的營業時間，缺貨率降到最低，隨時提供車位，保證合理的排隊時間等。

（4）柔性

柔性績效目標指有能力改變所做的事情，當情況發生變化或顧客需要特別的服務時，能夠相應地改變調整營運系統的活動或營運機制，也可採取一定的方式改變工作內容、工作方式或工作時間。這種變化的能力可以滿足顧客變化的個性化需求，從而獲得柔性優勢。常見的柔性有下列幾種：

①產品服務柔性，獲得不同的產品或服務的能力。

②組合柔性，獲得豐富的產品或服務系列組合的能力。

③數量柔性，營運系統調整自身輸出水準的能力，可提供不同數量的產品或服務。

④交貨柔性，提供可變的交貨時間的能力。

柔性的作用：提高反應速度；滿足顧客個性化需求；滿足顧客變化的需求；適應環境條件的變化；節省時間；提高應變能力；提供創新能力。

有時也用「適應性」作為績效目標。適應性的定義為：滿足新的需求與變革的需求的能力。「柔性」和「適應性」都表明了企業的變革與創新能力。但是，「柔性」表明企業處理當前變革的一個短期概念，而「適應性」是企業對未來變革的準備程度。創新能力表明企業持續改進的發展潛力，為顧客提供更新、更好、功能更多的產品和服務的過程。企業創新包括提供產品/服務的生產和管理過程的創新。

在汽車廠，產品/服務柔性意味著不斷推出新車型，組合柔性意味著可以提供不同型號、不同款式的汽車，數量柔性意味著可以調整汽車的生產能力，交貨柔性意味著可以重新安排生產順序；在出租車公司，產品/服務柔性意味著靈活服務，組合柔性意味著服務組合多，數量柔性意味著可滿足多個顧客接待，交貨柔性意味著可以重新調整目的地；在醫院，產品/服務柔性意味著可以推出新的治療手段，組合柔性意味著治療方案多樣化，數量柔性意味著可接待患者數量，交貨柔性意味著可以重新安排預約時間；在超級市場，產品/服務柔性意味著推出新產品或新穎的促銷活動，組合柔性意味著商品種類齊全，數量柔性意味著可接待顧客數量可大可小，交貨柔性意味著按顧客要求交貨。

（5）成本

成本績效目標指以最低的成本達到需要的種類，獲得成本優勢。改善成本績效的一個重要途徑是首先改善其他目標的績效。在不同營運系統中成本的類型不同，比重也不同。在汽車廠，外購物料與服務、人力成本、技術與設施成本占較大的比重；在出租車公司，則主要是技術與設施成本、人力成本占較大比重；在醫院，技術與設施成本、人力成本外購物料與服務都占一定的比重；在超級市場，外購物料與服務占較大比重，也有技術與設施成本、人力成本。

低成本可以使公司降低售價，從而增加銷售量；低成本可以使公司在現有銷售量基礎上提高獲利水準。

2. 競爭要素及績效目標的選擇

績效目標的選擇與企業競爭要素相關。競爭要素是為企業提供競爭優勢的要素。競爭要素與企業績效目標相對應，如圖1-7所示。

圖1-7　與績效目標相對應的競爭要素

因為企業競爭的重點不同，五大績效目標在不同的營運系統中有不同的度量指標，同一營運系統在不同的時期、不同的情況下選擇的度量指標也不同。為營運系統的績效目標選擇合適的指標，應遵從如下原則：

（1）要與企業戰略相關；

（2）首先考慮非財務指標，以便為操作者、管理者和監督者提供日常決策所需的信息；

（3）盡量簡單，易於營運部門的理解與運用；

（4）可激發、鼓勵業務的不斷改進，而不僅僅是監控；

（5）隨動態市場的需求而變化。

企業在不同時期，競爭要素的重點不同。服務正成為製造型企業的競爭優勢要素，在其下游與服務業相融合，並在價值鏈上實現增值，這也是先進工業化國家後期工業化的一個重要特點。歐美原來的一些製造企業都已經實現了服務轉型，請看以下思科公司的案例。

思科（CISCO）公司作為網絡設備的重要供應商，通過本身及系統集成商的不斷努力和廣大最終用戶的配合，基於網絡系統的特點，針對客戶的不同需求和獨特的要求，開發了廣泛全面的服務項目，向最終用戶提供獨具特色的、充分考慮最終用戶利益的產品服務方式，並在中國建立了一個完善的體系來滿足新的市場的挑戰和要求，如思科為客戶提供產品保修、技術支持等專業化服務。同時，思科針對客戶的大型關鍵業務網絡系統的特定需求，提供從網絡規劃、設計、實施到運行各個階段的全面技術諮詢和專人支持。思科在全球範圍內建立了一套完整的技術支持系統。其全球四大技術支持中心為各個國家和地區的用戶提供了全方位的技術支持。1998年2月在北京成立的中國技術支持中心是思科公司亞太地區技術支持中心的分支，在每天早九點至下午五點向思科公司在中國內地、中國香港及臺灣的金、銀牌系統集成商和服務合同用戶提供中文的技術支持。為了確保客戶在網絡生命週期的每個階段都得到必要的支持服務，思科創建了思科高級服務，它是可單獨使用或結合完整程序包的一部分來使用的全新支持程序套件。思科高級服務的基礎是基於由規劃、設計、實施、運行和優化這五個基本階段組成的網絡生命週期模式。

三、績效目標與獲利能力

卓越的營運系統是具有高的生產率的，主要體現在效率和效果兩個方面。效率與效果的實際操作定義如圖1-8所示。

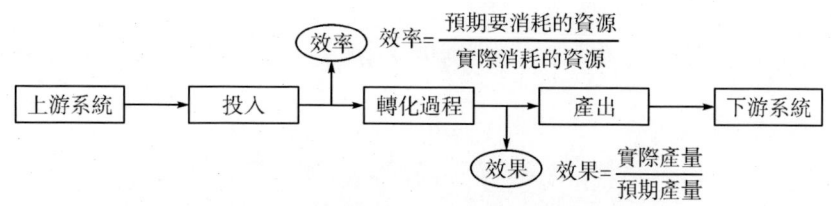

圖1-8　效果和效率的實際操作定義

效率是指在既定的客戶滿意度水準上，公司資源被利用的經濟性；效果是指滿足顧客（及其他利益相關者）需求的程度。

生產率是指系統的產出和投入之間的關係。生產率指數表明了系統在整個時期內生產率的增長情況。生產率的增長方式有以下幾種：

● 在投入不變的基礎上增加產出；

- 在產出不變的基礎上降低投入；
- 同時增加投入和產出，但是產出以較高的速率增長；
- 同時降低投入和產出，但是投入以較高的速率減少；
- 減少投入並增加產出。

TOPP 績效模型認為：效率與效果是企業發展的當前驅動力。在全球動態環境下，企業還需要具備適應性，能夠適應變化的環境；適應性是企業發展的未來驅動力，適應性可以增加企業的收入、降低企業營運成本，並為顧客帶來價值。圖 1-9 表示了效率、效果與適應性對企業獲利能力及顧客價值的影響。

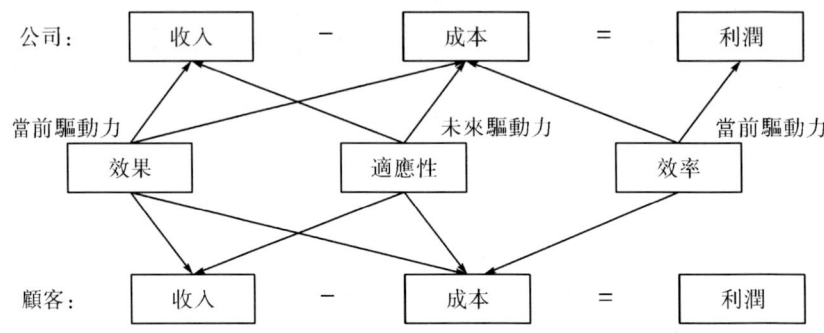

圖 1-9　效率、效果與適應性對獲利能力的影響

成功的營運系統具有較高的獲利能力。在上一節介紹的五大績效目標中，成本對獲利能力有著直接的影響：成本降低，獲利增加。圖 1-10 表示了效率、效果、適應性、質量、速度、可靠性、柔性、創新等對獲利能力的影響。

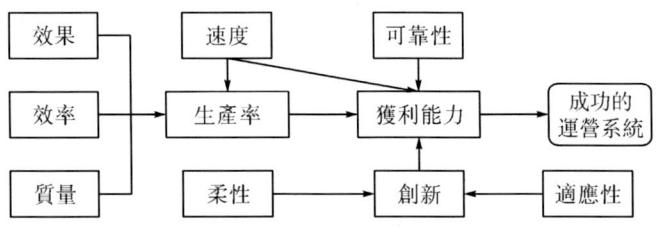

圖 1-10　績效指標與獲利能力的關係

第三節　營運戰略框架與過程

一、營運戰略及其框架

營運戰略是指制定企業各項主要政策和計劃，以利用企業資源最大限度地支持企業的長期競爭戰略。企業營運戰略與企業總體戰略相輔相成，內容廣泛。戰略是一個長期的過程，它必將推動企業的變化。營運戰略決策涉及工藝設計以及對支持該工藝的企業基礎結構的設計。工藝設計包括支持的技術、估計工藝持續時間、研究存貨對工藝的作

用以及確定工藝地點。基礎結構設計決策要考慮規劃和控制系統的邏輯聯繫、質量保證、控制方法、工資結構以及營運職能。

營運戰略框架如圖 1-11 所示。營運戰略包括四個部分：競爭要素與企業戰略對營運系統的要求、營運目標、營運能力及營運策略。下面僅對營運能力、營運策略及信息化戰略進行闡述。

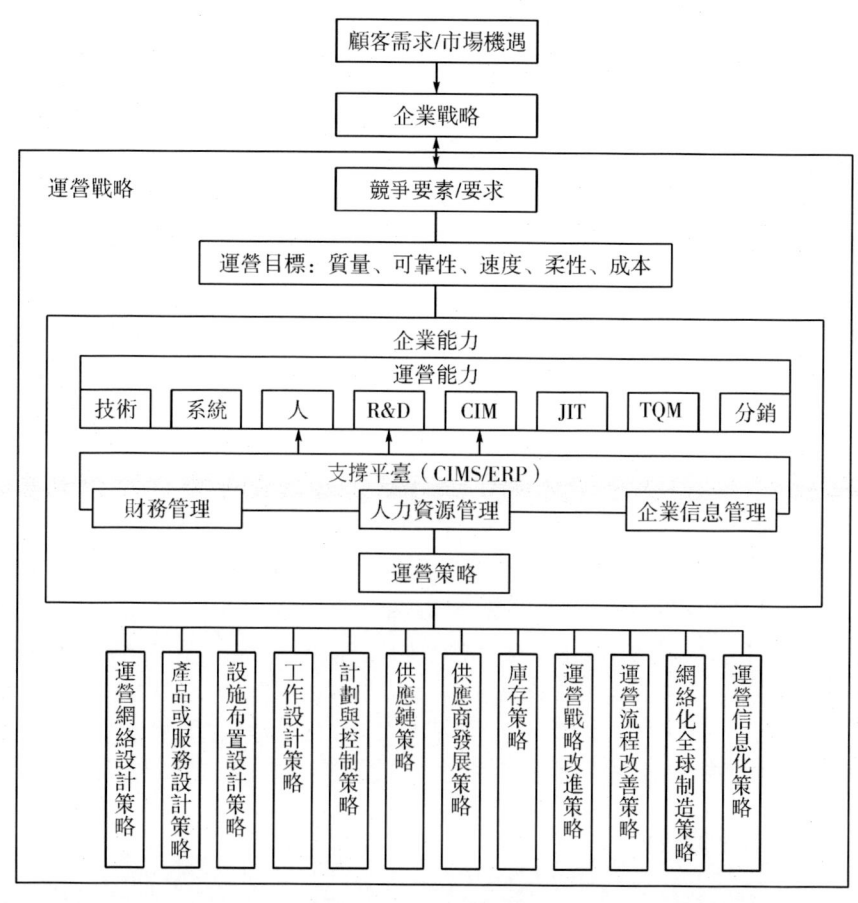

圖 1-11　營運戰略框架

1. 營運能力

營運能力可以成為企業的核心競爭能力，企業從中獲得重要的競爭優勢。營運戰略的制定與實施，必須明確企業的營運能力，尤其是企業的核心能力。核心能力是企業獨有的對競爭要素的獲取能力，是企業在競爭中與競爭對手取得差異的能力。

營運能力取決於營運資源與營運過程。營運資源包括營運系統的技術資源。系統資源（機器、設備自動化系統與營運信息系統）、人力資源等。不可忽視核心能力，如 CISCO 公司擁有的核心技術，使它能夠運用虛擬化製造模式，成為業界領袖；Intel 公司的核心技術和創新能力使它能夠長期壟斷 IT 業；日本家電企業擁有家用空調核心技術如半導體芯片技術（日本的 NEC、三菱、東芝、日立都生產半導體芯片），使它具有絕對的競爭優勢，而中國的許多空調公司利用人力資源的優勢選擇貼牌生產（OEM）方

式。營運過程可包括產品/服務研究與開發（R&D）過程、製造與分銷過程（計算機集成製造 CIM 過程、準時化 JIT 製造過程、採購與銷售等）、營運改善過程（如全面質量管理 TQM）等。營運能力的支撐平臺是計算機集成製造系統 CIMS 或 ERP 系統，主要的支撐功能是財務管理、人力資源管理與企業信息管理等。當今 ERP 變得越來越重要，已經成為企業業務經營的主幹平臺。在這裡，將營運信息系統部分視作重要的營運資源。

2. 營運策略

如何實現營運目標，貫徹營運戰略，營運經理需要關注許多具體的決策問題，如產品/服務決策、工藝決策、設施產量決策、質量決策、庫存決策等，這就需要相應的營運策略。各個營運策略及營運策略與其他功能策略之間需要相互配合，共同構成統一的整體。

通常將營運策略分為兩種：結構性策略與基礎性策略。結構性策略指對營運設計活動、營運的基礎結構產生影響的策略；基礎性策略指影響營運計劃與控制、供應鏈管理及營運改善的策略。在圖 1-12 的營運戰略框架中列出了主要的營運策略。

3. 信息化戰略

企業戰略與遠景目標的確定基於對多種環境因素的智能理解，影響因素主要來自新經濟時代企業面臨的全球動態環境，如行業競爭壓力、競爭者威脅、市場的變化與不確定性、產品的複雜性、客戶的個性化需求與嚴格的交貨期及技術、社會方面的因素。企業必須有效地運用知識，理解眾多因素，以超前的意識，「先發制人」，做出先於競爭者的戰略。為了實現企業目標，必須制定超前的信息化戰略。信息化戰略是營運戰略的重要組成部分，既要支持現有企業戰略，更要支持將來企業戰略，信息化戰略應該能夠驅動企業業務戰略，為企業帶來新的利潤增長點，擴充新的業務，以及從根本上改善客戶服務、客戶滿意度，全面提高業務績效，使企業能不斷累積知識，增強敏捷化的戰略能力，以迎接全球化與信息技術的挑戰。

二、營運戰略的過程

1. 營運戰略的特點

局部戰爭的勝利需要戰場指揮官制定並實施即時、靈活的戰術戰略，以應對戰場上瞬息萬變的局勢，同時局部戰爭又要支持全局戰爭。同樣，營運戰略應充分體現企業戰略在營運系統中的可執行性，營運戰略是企業戰略的重要組成部分；營運戰略不能由遠離一線的「後臺文職人員」想像出來，營運戰略需要從營運改善的累積效應中自下而上發展起來，隨時間的推進，在現實經驗而非理論推斷的基礎上逐漸成形。因此，營運戰略應建立在客觀的分析、創新技能及豐富的經驗基礎之上。營運戰略是倡導連續性和漸進性改善經營理念的結果，反應了企業從經驗中學習的能力，具有很強的針對性和可操作性，抓住了實踐中的關鍵問題。營運戰略影響著企業戰略，一方面，一線管理者瞭解市場與現場，瞭解行業狀況，能夠從本質上分析問題；另一方面，戰略的制定者又需要具有放眼未來的全局觀念與創新思維。因此，在企業營運實踐中需要讓一線管理者與戰略制定者建立密切的互動與平衡關係。

企業所處的環境是變化的，市場是變化的。營運戰略必須以市場為導向，以顧客需求為根本出發點，適時做出調整。堅持過時的競爭規則就會失去顧客。營運戰略需要權衡與決策，因為企業不可能同時滿足所有的競爭要素，管理者必須進行權衡，以確定企業成功的關鍵競爭要素，並將企業資源集中於關鍵競爭要素。麥當勞提供了非常快速的服務，但只能提供高度標準化的快餐食品。Skinner 教授提出的「廠中廠」（plant-within-a-plant）策略，就是要在企業內建立具有不同競爭優勢的生產線，每條生產線可作為一個工廠，具有獨特的競爭優勢，配備相應的工人，這樣避免了營運戰略的混亂，且可實現多種競爭要素。波士頓銀行的個人服務部集中資源為貴賓提供全套的服務，以「銀行中的銀行」的方式為重要客戶提供便捷的服務。索尼公司如果仍然致力於製造優質設備的技術，在產品生命週期越來越短的今天仍然堅守高定價策略，而不去適應新的全球電子市場的變化，必然會失去顧客。

企業還應充分關注核心能力，以核心能力為聚焦點，建立與顧客需求一致的營運戰略。海爾集團聚焦於服務創新，海爾 CEO 張瑞敏認為核心能力是在市場上可以贏得用戶忠誠度的能力。海爾正是靠服務這一聚焦點創造了業界一個又一個的奇跡。

2. 營運戰略過程

華為公司將公司願景定為「豐富人們的溝通和生活」，將公司使命定為「聚焦客戶關注的挑戰與壓力，提供有競爭力的通信解決方案和服務，持續為客戶創造最大價值」。華為公司制定了客戶導向的業務營運戰略，建立了客戶導向的研發管理體系，即建立集成產品開發流程（IPD），縮短產品開發週期，快速準確地滿足客戶需求；建立了面向客戶的業務營運系統：集成供應鏈，提高供應鏈的靈活性和快速反應能力，提高滿足客戶需求的能力，從而產生了許多客戶化的解決方案，向顧客提供定制的網絡解決方案、工程及服務。

現代營運系統要求營運戰略始終要面向顧客，在產品/服務的生命週期全過程中研究不同顧客群體的需求，研究行業競爭者與市場跟進者的活動，確定競爭要素的相對重要性，確定營運系統的關鍵績效目標的優先級，然後制定正確的營運策略。這是將市場需求轉化為營運決策的一般過程。

確定競爭要素相對重要性的一種有效方法是區分訂單贏得要素與訂單資格要素。訂單贏得要素是競爭的決定性因素，對贏得業務訂單具有重要而直接的影響，它表示了公司產品/服務差異化的基本標準。

訂單資格要素是「起碼標準」，企業的產品/服務具備這一基本標準，才會成為顧客購買的對象，否則企業產品/服務沒有資格進入市場。例如，克服國外市場的技術壁壘，僅僅是具備了進入國際市場的訂單資格要素，家電產品要進入歐洲，必須滿足歐洲市場的訂單資格要求，符合 EMI 標準（家電產品要有抗電磁干擾的能力）等。

訂單贏得要素與訂單資格要素是不斷變化的。在歐洲家電市場，達到 EMI 標準是訂單資格要素，但是在中國市場，EMI 標準可能就是訂單贏得要素。

圖 1-12 表示了一般產品/服務生命週期各階段顧客、競爭者特徵、訂單贏得要素與訂單資格要素及營運系統採用的績效目標。

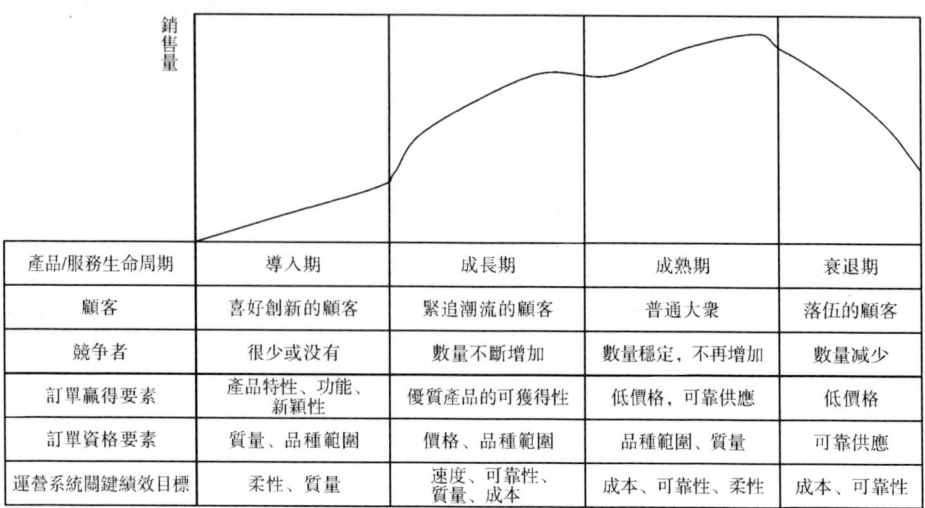

图 1-12　产品/服务生命周期各阶段竞争要素与营运目标

　　营运战略过程中除了要考虑顾客的需求与竞争要素外，还要考虑企业的发展战略，因为企业的发展战略决定了企业的未来定位。

　　企业的发展战略基於对顾客需求与市场机遇的判断。如有些公司将其最重要的客户视为公司制定发展战略的夥伴，为了满足重要客户的需求，公司会采取重要的战略行动，如收购、兼併等。CISCO 公司併购一些小的新技术公司就是为了满足个别大客户的需求。企业战略转型的变化背後，就是组织的变革、企业的整合与业务过程的调整。在企业整合与过程调整中，ERP 信息化系统的快速整合关系到整个系统整合的速度，也直接关系到系统整合後的营运的绩效。在随後的章节中我们将讨论过程的重新再造与营运主体 ERP 系统。

第四节　营运管理的发展

一、营运管理的发展历程

　　表 1-2 列出了营运管理发展历史的时间表。

表 1-2　　　　　　　　　　营运管理的发展历史

年代	概念	工具	创始人
20 世纪 10 年代	科学管理原理	时间研究与工作研究概念的形成	费雷德里克 · W. 泰勒（美国）
	工业心理学	动机研究 活动规划表	弗兰克和吉尔布雷斯（美国） 亨利 · 福特和亨利 · 甘特（美国）

表1-2(續)

年代	概念	工具	創始人
20世紀30年代	經濟批量規模 質量控制	EOQ應用於存貨控制 抽樣檢驗和統計表	F. W. 哈里斯（美國） 休哈特·道奇和羅米格（美國）
	工人動機的霍桑試驗	工作活動的抽樣分析	梅奧（美國）和提普特（英國）
20世紀40年代	複雜系統的多約束方法	線性規劃和單純形法	運籌學研究小組和丹齊克
20世紀50年代和60年代	運籌學的進一步發展	仿真、排隊理論、決策理論、數學、PERT和CPM項目計劃工具	美國和西歐的很多研究人員
20世紀70年代	商業中計算機的廣泛應用	車間計劃、庫存控制、預測、項目管理、MRP	計算機製造商領導的，尤其是IBM公司；約瑟夫·奧里奇和奧里弗·懷特是主要MRP革新者
20世紀80年代	服務質量和生產率、製造戰略示例JIT、TQC和工廠自動化	服務部門的大量生產作為競爭武器的製造 看板管理、計算機集成製造CAD/CAM/機器人等	麥當勞餐廳 哈佛商學院教師 豐田的大野耐一、戴明和朱蘭以及美國工程師組織（美國、德國和日本）
	同步製造	瓶頸分析和約束的優化理論	格勞亞特（以色列）
20世紀90年代	全面質量管理	波里奇獎、ISO9000、價值工程、並行工程和持續改進	國家標準和技術學會，美國質量控制協會（ASQC）和國際標準化組織
	業務流程再造 電子企業	基本變化圖 因特網、萬維網	哈默和主要諮詢公司（美國） 美國政府、網景通信公司和微軟公司
	供應鏈管理	SAP/R3、客戶/服務器軟件	SAP(德國)和ORACLE(美國)
21世紀初	電子商務	因特網、萬維網	亞馬遜網、電子港灣、美國在線，雅虎

在20世紀50年代晚期和60年代早期，專家們開始專門處理營運管理的問題了。愛德華·布曼（Edward Bowman）和羅伯特·法特（Robert Fetter）等人注意到生產系統面臨的問題具有普遍性，因而強調要視生產運作為一個系統的重要性。

二、營運管理的重點內容簡介

1. 準時制生產

20世紀80年代發生了生產管理思想和技術的革命。準時制生產（Just In Time，簡稱JIT）是日本人率先提出的，它集成了一整套活動，通過保持最小的零部件存貨、把零部件及時按需送達工作臺來實現最大能力的生產。這種思想與全面質量控制一樣，旨在積極發現並消除生產過程中的不良因素。在工廠營運和規劃中，產品、工序、原料、物流和員工都被很好地組合起來並且保持相互之間的平衡關係。

2. 製造戰略模式

20世紀70年代末80年代初，哈佛商學院的研究人員開發出製造戰略模式。該模式

強調製造業的經理們可以將他們工廠的生產能力作為戰略競爭的武器。該思想的核心是集中製造和均衡製造的觀念。他們認為，既然工廠不能在各方面達到最優，那麼就可以實施戰略集中式管理，建立一個重點工廠，通過它出色地完成一定範圍內的一系列任務。這樣也同時滿足了對工廠設計和管理的低成本、高質量和高柔性的要求。

3. 服務質量和生產率

服務行業的構成非常複雜，從航空公司到動物園，有很多種不同的類型。因此，很難確定對整個行業產生重大影響的創新者和發展者。然而，麥當勞在質量和生產率方面採用的獨到的方式使其大獲成功，在怎樣提供大量標準化的服務方面有借鑑的作用。

4. 全面質量管理和質量認證

營運管理另外一個重大的飛躍是在20世紀80年代末90年代初出現的全面質量管理（Total Quality Management，簡稱TQM）。所謂全面質量管理是一種可以對公司內部不同群體的質量發展、質量維護、質量改善進行有效整合的系統，其目的是使公司以最低的成本提供能夠讓顧客獲得充分滿意的產品與服務。TQM可以視為質量管理活動演變發展過程的自然產物，包括質量檢驗、質量控制和質量保證。它是營運系統的一種思考和工作方式，強調營運系統全面參與、質量戰略、團隊協作、員工授權、供應商與顧客參與等理念的運用。國際標準化組織頒布的ISO9000認證體系在全球製造業的質量標準制定中發揮了重要的作用。許多歐洲公司要求他們的合作者必須符合ISO9000質量認證的標準，並將這一要求作為簽訂合同的一個條件。

5. 業務流程再造

為了在20世紀90年代全球經濟衰退中保持競爭力，許多公司開始尋求對營運過程的革新，其中改革的重點之一就是對公司業務流程的再造。業務流程再造（Business Process Reengineering，簡稱BRP）是指對企業的業務流程進行再思考和再設計，從而獲得在成本、質量、服務和速度等方面績效的顯著改善。簡單地說，BPR就是指對組織內或組織之間的工作流程進行分析和重新設計，以大幅度提高業務流程的效率和績效。與TQM中普遍提倡的改良思想不同，BRP強調革命性的變革，即重新審視企業現行的所有企業過程，然後取消不能增值的步驟，並對剩餘部分進行計算機處理，最終獲得滿意的產出。

6. 供應鏈管理

供應鏈管理的核心思想是運用集成系統理論來管理從原材料供應商，經過加工工廠和存儲倉庫，直到最終用戶的供應鏈上的由信息、物料和服務組成的流程。外購（Outsourcing）與大規模定制的趨勢迫使企業找尋滿足顧客需求的柔性方法，其關鍵在於優化調整核心活動，盡可能快地回應顧客需求的變化。

7. 電子商務

在20世紀90年代後期，因特網和萬維網引人注目地迅速普及開來。電子商務指的是在廣泛的商業貿易活動中，在因特網開放的網絡環境下，買賣雙方不見面的情況下，實現交易達成的一種新型的商業營運模式，講求的是在網絡銷售中獲得商業盈利。網頁、表格以及交互搜索工具的使用，正在改變著人們收集信息、商務交易和交流方式。它也改變著營運經理協調和執行生產和分銷的職能。

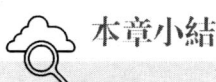 本章小結

　　本章概要性地介紹了企業營運管理的一些基本概念，主要包括企業營運系統模型、關鍵過程、基本分類以及營運管理的定義及其職能等；詳細介紹了有關營運系統的績效目標（主要包括質量、速度、可靠性、柔性、成本等）、競爭要素以及績效目標與獲利能力等；同時還重點分析了營運戰略及其框架與主要過程，以及簡要介紹了營運管理的發展歷程和重點內容。

復習思考題及參考答案

　　1. 營運系統所包括的四個關鍵過程是什麼？
　　答：（1）適應環境制定營運戰略；
　　（2）在營運戰略下進行營運系統的設計；
　　（3）以企業資源計劃（ERP）為骨架的營運系統運行；
　　（4）營運系統的改善或改進。
　　2. 服務營運系統的特徵有哪些？
　　答：（1）服務的無形性；
　　（2）服務生產和消費的同時性；
　　（3）服務的易逝性；
　　（4）顧客的參與性。
　　3. 什麼是營運管理？
　　答：營運管理（OM）是指對生產和提供公司主要的產品和服務的系統進行設計、運行和改進。同市場行銷和財務管理類似，營運管理是一個有明確的生產管理責任的企業職能領域，它是對企業生產或傳遞產品的整個系統的管理。
　　4. 營運系統的績效目標主要包括哪幾個方面？
　　答：（1）質量；
　　（2）速度；
　　（3）可靠性；
　　（4）柔性；
　　（5）成本。
　　5. 營運戰略主要包括哪幾個部分？
　　答：（1）競爭要素與企業戰略對營運系統的要求；
　　（2）營運目標；
　　（3）營運能力；
　　（4）營運策略。

參考文獻

[1] 楊建華, 張群, 楊新泉. 營運管理 [M]. 北京: 清華大學出版社, 北京交通大學出版社, 2006: 8-30.

[2] 理查德·B. 蔡斯, 尼古拉斯·J. 阿奎拉諾, F. 羅伯特·雅各布斯. 營運管理 [M]. 任建標, 等譯. 北京: 機械工業出版社, 2007: 12-15.

[3] 劉麗文. 生產與運作管理 [M]. 北京: 清華大學出版社, 2006: 3-5.

新產品開發

學習目標

1. 掌握新產品開發的概念和分類
2. 瞭解新產品開發的重要性
3. 理解新產品的概念
4. 瞭解新產品開發的過程和組織
5. 掌握新產品開發的常用方法
6. 熟悉新產品開發運作的模式
7. 瞭解 IPD 的基本概念和核心理念
8. 熟悉 IPMT 和 PDT 的業務流程

引導案例

霍尼威爾公司的新產品開發

霍尼威爾（HONEYWELL）儀器公司總部設在費城市郊，在全世界擁有 30 個子公司、141 個廠點，職工總數 86,000 人，1978 年銷售總額達到 35 億美元。它在經營上取得兩條成功的經驗：第一條，「要想到別人未曾想到的」，是指公司在發展上，主要是在新產品發展上，要走在別人的前面，能夠提前拿出適應市場需要的新的產品設計和新的產品；第二條「要注意別人容易忽視的」，是指在產品的性能質量上要找出競爭對手的弱點，設法高出對方一頭。

想到別人未曾想到的，前提是要看到別人已經看到的，知道別人已經知道。為

此，公司要求自己的研究中心、高級職員、技術員對世界新技術和新產品的發展動向能及時瞭解；對未來五至十年世界新技術、新產品的發展趨勢能做出準確的預測；要求其將所收集的情報及時地提供給公司的領導和各部門。

要做到注意別人容易忽視的，首先是要注意別人已經注意的，更要注意別人還沒有注意的。許多廠商在發展新產品的工作上，在相當長的一段時間裡，只注意模仿製造，銷售出去了事，往往忽視產品設計和連續完善。霍尼威爾公司一方面強調新產品的構思、設計和試驗，另一方面注重產成品銷售後的用戶服務，收集反應和不斷改進自己的產品。

這個公司研究發展新產品不惜工本。產品研究發展費，一般占公司銷售總額百分之八左右。1978年支出32,400萬美元，占當年銷售總額的百分之九點三。他們說，搞一個新的品種系列，一般要六年時間，其中一半的時間，即三年用在構思、設計和試驗上。

為了確保新產品在構思、設計上技術經濟的合理性，公司設有評價工程師，專門審議設計圖紙，設計質量如何，最後要由評價工程師在圖紙上簽字。公司一級還設有評議委員會，由公司領導、各部門負責人和高級技術顧問參加，凡是列入長期發展規劃的重大新產品，都要經委員會評議。被評議的新產品，要發給評價證書。新產品試驗特別嚴格：自動控制部分的電子元件、光敏元件，要經過四道工序，正負溫差在華氏一百度以上的老化篩選，易損件要經過長期超負荷運載試驗。

霍尼威爾公司認為，產品質量的改進，是設計和製造過程的延續。他們為了做好產品，使之不斷完善，公司設有眾多的銷售服務工程師，他們到用戶家指導安裝，培訓操作人員，並幫助用戶維修。銷售服務工程師有三條任務：一是保證用戶滿意，建立產品信譽；二是收集產品在使用中的缺陷，帶回來研究改進；三是做廣告宣傳，擴大產品銷路。銷售服務工程師從產品設計工程師和生產工程師中選拔，往往是該項產品的設計工程師跟著產品來做生產工程師和銷售服務工程師的。

凡事要想在前面，走在前面的經營指導思想，保證了這個公司在生產技術、產品質量和盈利方面的領先地位。霍尼威爾公司於1885年在明那布市開業，最早是生產閥門溫度計等產品，這在當時算是世界上最早的自動控制儀器。到20世紀，隨著科學技術的迅速發展，從1935年開始生產自動記錄儀。1950年，世界剛剛進入電子技術時代，他們首先研究數據控制。1962年，他們又最先研究硅整流器，也是世界上最早研究固體硅片集成電路的創始單位之一。1969年，他們已預見到微型程序控制器即將出現，數字控制將變成整個自動控制系統的發展趨勢，而只有微程序控制器才能更好地實現程序控制。1974年，他們與奇異公司合作，以本公司生產的TDC200系列電動單元產品和電子計算機為主體，在亞利桑那州建成全分配電站輸送網自動控制系統。這是世界上第一臺用微處理機編程序的系統，它用同軸電纜在幾英里範圍內將所有信息聯起來，將工廠、寫字間和發電運行中的電流、電壓、熱量、安全報警等環境控制和模擬盤都壓縮到陰極顯像管上，只用少數人監視，最先實現了電站集中自動化控制。

這個公司引為驕傲的最大成就，是他們為國家宇航局設計製造了登月艙自動裝置。在這個體積只有一立方英尺的容器裡，裝有與人腦相似的計算機控制系統和兩個星球之

間的信息聯絡系統，既能幫助飛行器安全降落到月球上，又能將各種感覺和信息反饋到地球。在登月艙自動裝置試製期間，在地上完全模擬月球環境做試驗。模擬白晝試驗時，升溫到華氏237度，延續一週；模擬黑夜試驗時，冷凍到華氏負120度，延續一週。振動試驗為18個加速度，以考驗這個裝置能否適應登月需要。聯邦政府肯把實驗費達10億美元的上天項目交給這個公司，證實了他們在技術和產品上的領先地位。

資料來源：www.docin.com/p-45065119.html

第一節　新產品開發的概述

一、新產品開發的概念和分類

1. 新產品的開發概念及分類

新產品開發是指企業從事新產品的研究、試製、投產，以更新或擴大產品品種的過程。新產品的研究開發是企業的一項艱鉅的、長期的、核心的戰略，是實現企業的長期可持續的發展的必然要求，包括基礎研究（basic research）、應用研究（applied research）和開發研究（development research）。

基礎性研究又可分為純基礎研究（pure fundamental research））和目的基礎研究（objective fundamental research）。純基礎研究以探索新的自然規律、創造學術性新知識為使命，與特定的應用、用途無關。這種研究一般主要在大學、國家的研究機構中進行。目的基礎研究則是為了特定的應用、用途所需的新知識或新規律而用基礎研究的方法進行的研究。通常，企業中進行的基礎研究大部分屬於此類。這類的研究只探索科學規律，而不考慮成果所能帶來的經濟效益。所以說無論是純基礎研究和目的基礎研究，都是非經濟性的。

應用研究是指探討如何將基礎研究所得到的自然科學知識、新規律應用於產業而進行的研究，或者說應用研究是運用基礎研究的成果和知識，為創造新產品、新技術、新材料、新工藝的技術基礎而進行的研究。所以也稱為產業化研究。

開發研究是指運用基礎研究和應用研究的結果，為創造新產品新方法、新技術、新材料或改變現有產品、方法、技術而進行的研究。這種研究具有明確的生產目的。也就是說，在應用研究階段，還並沒有具體的產品意識，而在開發研究階段，開始與具體的新產品、新技術聯繫起來，因此，也有人把開發研究稱為企業化研究。

2. 新產品的概念和分類

新產品不一定都是新發明創造的產品。在產品的性能、技術和材料等任何一個部分的創新都屬於新產品的範疇。根據新產品的創新程度的不同，可將新產品分為以下類型：

（1）創新產品（突破產品）主要指採用科學技術的新發明所生產的產品，一般具有新原理、新結構、新技術、新材料等特徵。新產品有獨創性，一般伴隨新技術的突破而誕生，有利於企業保持持續的競爭力。如第一臺個人電腦IBM5150、東芝1985年推出的第一臺筆記本電腦、摩托羅拉1973年推出的第一部手機。

（2）換代產品是指產品的基本原理不變，部分採用了新技術、新材料、新的元器件，使產品的性能有了很大的提高和突破的產品。換代新產品，可以拓展產品系列，保持市場活力，延長產品系列的生命週期，確保利潤增長，如汽車新車型、電腦的升級等等。

（3）派生產品（改進型新產品）是對現有的產品的綜合和改進。派生產品是指在設計與製造流程中，對現有的產品採用各種改進技術，使產品的功能、性能、質量、外觀和型號有一定的改進和提高的產品。如：增加電視機的遙控功能、增加電風扇的定時功能等等。

（4）本企業新產品。對本企業來說是新的，但是對市場來說並不是新的產品，企業一般不會完全仿照市場上的已有產品，而是在造型、外觀、零部件等方面做部分改動後再推進市場。

二、新產品開發的重要性

產品是企業競爭的載體，企業之間的競爭歸根到底是企業產品之間的競爭，新產品是保持利潤增長的基礎，是企業戰略發展的需要，企業要在競爭中生存，在生存中求發展，就必須開發新產品。

對企業來說，新產品研究與開發的重要意義可以從以下幾個方面闡述：

1. 新產品開發決定企業的興衰成敗

當今市場需求迅速變化，技術進步日新月異。新產品的研究與開發能力和相應的生產技術是企業贏得競爭的根本保證。新產品能夠為利益相關者提供某種價值，滿足未滿足的市場需要，不論是改進型新產品的開發，還是全新產品的開發都可以為企業帶來某種競爭優勢。

2. 新產品開發影響企業搶占市場的能力

在激烈的市場競爭中，那些不斷地開發新產品並快速將之推向市場的企業，將以先入為主的優勢搶占更多的市場份額。例如，據統計，在個人電腦行業，由於產品開發的週期和產品生命週期的不斷縮短，個人電腦製造類企業如果將其新產品推遲6～8個月推出，將喪失50%～75%的銷售份額。

3. 新產品開發是企業戰略調整和結構轉型的需要

社會需求是一個動態發展的過程，企業的產品戰略方向必須要適應這種需求的變化。社會消費的發展趨勢是從單一到多樣，從低層次到高層次，消費的重心也隨著社會經濟發展的水準而轉移。企業增強新產品的開發能力，可以使企業的戰略重心和產品結構緊隨這種變化，在產品的競賽中獲得主動權。例如，在當前的經濟環境和社會環境下，顧客對於產品的需求越來越多樣化，這就對企業的個性化的定制生產能力提出了要求，要求企業有很強的產品研發能力來支持這種個性化定制生產的有效實施。

在結構調整中，產品的結構是最基本的，靠產品結構的調整來適應市場需求的數量變化與品種變化，來實現企業經營結構的調整。企業要在整體目標的指導下，合理配置資金，集中力量把對調整結構具有顯著作用的重點產品和技術改造項目做好。

4. 新產品開發的設計影響企業產品的成本、質量和製造的效率

新產品開發設計是生產製造的前提和基礎，它決定了新產品所採用的零部件、原材料、工藝流程和技術理論，這些都會直接影響到新產品的製造成本和質量。通過研究開發，不斷進行新材料、新技術的革新，產品改進工藝流程，提高生產效率，是降低成本費用的有效途徑。同時，合理的新產品的開發設計也是產品質量的重要保障。許多研究結果充分地說明了這一點，例如：Boothroyd 引用福特汽車公司的報告表明，儘管產品的設計和工藝費用只占整個產品費用的 5%，卻影響了總費用的 70% 以上。如圖 2-1 所示：

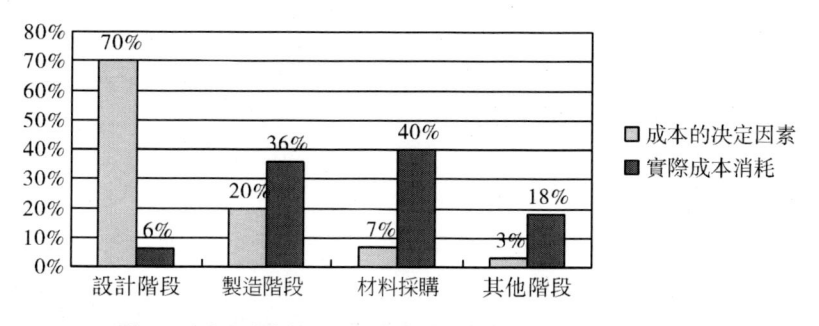

圖 2-1　產品成本的決定因素構成及實際成本消耗構成示意圖

5. 新產品開發是產品更新換代的需要

產品有其生命週期，一種產品從誕生到消亡一般要經歷投入期、成長期、成熟期和衰退期幾個階段。在不同的階段顧客對產品的需求是不一樣的。隨著技術進步和需求的變化，產品的生命週期越來越短，更新換代速度加快。這對企業的產品研發能力提出了越來越高的要求，企業要不斷地改進產品，促進產品需求的增長，延長其生命週期，乃至更快地開發出更新換代的產品，從而在產品的生命週期中獲得更大的收益。如圖 2-2 所示：

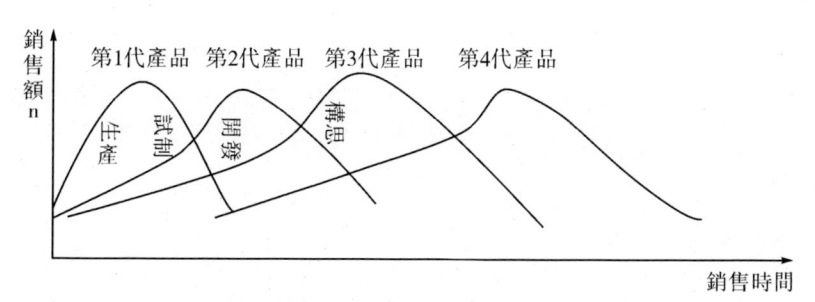

圖 2-2　產品的生命週期

三、新產品開發的發展趨勢

20 世紀 90 年代以來，企業所處的市場環境和社會環境都發生了巨大的變化，企業產品的開發在這種情況下也呈現出一些新的趨勢。

1. 全球化市場和虛擬開發組織

進入 20 世紀 90 年代以來，隨著經濟全球化的發展，競爭變得越來越激烈。企業面

對的是全球化的市場，這就對企業的產品研發能力提出了更高的要求。因特網的出現為企業在全球範圍內尋找產品開發的合作夥伴提供了便捷的渠道，因此近年來出現了跨國合作產品開發的新形式，這就是虛擬產品開發組織。

2. 需求的多樣化，定制生產

現代企業認為，顧客是最重要的外部資源，是長期利潤之本。因此，要讓企業贏得競爭優勢，企業必須根據顧客的需求來設計產品。但是顧客的需求是多樣化的，即使對同樣功能的產品，每個人也有不同的外觀要求。因此，為了滿足顧客的個性化需求，產品定制的概念被提了出來。例如，戴爾的銷售網絡上，任何顧客都可以根據自己的喜好定制筆記本電腦。靠這種定制化的服務，戴爾在20世紀90年代成為筆記本市場銷售增長最快的電腦公司之一。因此，滿足顧客的個性化定制的產品設計是近年來最顯著的趨勢之一。

3. 協同產品開發

由於產品從概念形成到最終交付顧客使用的過程中，顧客、研發、生產人員和供應商對最終產品的形成都有重要的影響，所以在產品的開發過程中就需要讓這些有關人員參與進來共同設計，包括顧客、銷售人員、零部件供應商、生產人員、物流管理人員等，這樣設計出來的產品既能滿足顧客的需求，又有良好的可製造性和運輸性，並且能夠降低成本。

4. 強調環保意識

可持續發展是今後工業發展的一個新的主題，各國政府將環保問題納入發展戰略，相繼制定出各種各樣的政策法規，以約束本國及外國企業的生產經營行為。因此產品開發必須圍繞「減少對環境的污染和破壞」的主題展開，減少對資源的消耗和浪費，樹立環保意識，如可拆卸性、可回收性、可維護性、可重複利用性等，在滿足環境目標的同時，保證產品應有的功能、質量和使用壽命。環境意識設計是企業今後進行產品開發時所必須考慮的問題。

5. 技術外包

技術外包是研發（research and development，R&D）活動中的一個新趨勢。許多企業為了提高自己的核心競爭能力，把一些不是本企業專長的非核心技術外包給其他企業，而自己集中力量於產品的核心技術開發。

四、新產品開發的對象

產品的設計對象並不僅僅是產品本身，還要通過設計造就企業的技術優勢、質量優勢、成本優勢與服務優勢，從而產生競爭優勢。用華為總裁任正非的話說，「在設計中構建技術、質量、成本和服務優勢，是我們競爭力的基礎。」新產品/服務設計的對象應該包括下列三個方面。

1. 產品與服務的概念：為顧客提供預期收益

顧客購買的不單是產品/服務本身，更看重的是購買預期收益。例如，顧客在購買冰箱時，或許也在購買這樣的預期收益：迷人的外殼；省電、噪音低、食品保鮮、不串味；適合在廚房安放，冰箱上可放廚具櫃，或在客廳安放，冰箱上可擺酒櫃等；冰箱對

其他電器沒有電磁影響；可作為家具使用等。

2. 產品與服務的組件集合：產品與服務的總和

如購買冰箱所包括的內容有：產品（冰箱本身），服務（如「三包」服務，售後跟蹤服務，送貨服務等）。

3. 工藝過程：產品/服務組件的相互作用方式和順序

如冰箱的各個組件、部件之間的相互作用、相互連接的方式，裝配的順序等。

第二節　新產品開發的過程和組織

一、新產品開發的過程

新產品開發的過程包括產品構思、產品的可行性研究、產品設計與試製、引進產品的市場評估等一系列的活動。下面分別對產品開發的各個階段予以論述。

1. 產品構思

產品開發的過程開始於產品構思，而構思來源於對市場需求所進行的分析，來源於技術的推動，也可能來源於競爭對手的產品和服務。這個階段的基本工作內容包括產品的技術預測和市場預測、方案的收集和總體的構思。企業在新產品開發的前期應該對國內外有關產品的技術先進性、市場現狀、市場需求和經濟情報進行研究分析，制定長遠的發展規劃，確定產品開發的目標以及新產品的構思或有關產品的改良建議等活動，這是新產品孕育、誕生的開始。新產品構思的來源主要是兩個方面：一是企業內部，包括研究開發、市場行銷和高層管理等部門；另一個是企業外部，包括用戶、競爭對手、經銷商、供應商、政府機關和科技諮詢部門等，特別是用戶。有大量實證研究表明，從市場需求出發所形成的新的產品構思創意，較之技術導向而言，更能發現和利用市場機會，真正掌握用戶的需要和產品應具備的特性，從而更易獲得成功。

2. 產品開發的可行性研究

產品開發的可行性研究是指在眾多的新產品構思中進行考察，檢查新產品構思的創意技術和商業上的可行性，挑選出符合企業經營目標的新產品構思，形成產品的設計方案。並非所有的產品構思都能發展成為新產品。因此，必須對產品構思進行篩選，並明確擬定開發產品應具備的基本功能和特性。同時也應盡量避免發生誤舍和誤用的決策失誤。對保留的產品構思創意，應進一步描述出其主要的結構形式、主要參數、目標成本等基本特徵。

篩選創意時主要考慮兩個因素：一是該創意是否與企業的戰略目標相適應；二是企業是否有足夠的能力開發該創意。

3. 設計階段

這是從技術上把新產品構思變成現實的一個重要階段，是實現社會或用戶對產品特定性能要求的創造性勞動。該階段包括產品功能設計、產品製造設計、產品設計審核與產品最終測試等方面。產品的設計是一個遞階、漸進的過程。產品設計是從產品要實現

的總體功能出發，從系統構思產品方案，然後逐步細化，劃分成不同的子系統、組件、部件、零件，最後決定設計參數。從產品的功能設計到產品的製造還需要進行產品製造的工藝設計。工藝設計是指按產品的設計要求，設計出從原材料加工成產品所需要的一系列加工過程、工時消耗、設備和工藝裝備需求等的說明。

4. 產品試製和評估

這是按照一定的技術模式實現產品的具體化或樣品化的過程。它包括新產品試製的工藝準備、樣品試製和小批試製等幾方面的工作。在製造業中，工程師設計出供測試和性能分析的產品樣品，並對試製中所需的工藝流程、技術要求、設備和原料進行評估。最終將產品樣品投入市場環境中試用，考察和研究用戶對產品性能、包裝和促銷等方面的信息反饋，確保研究產品符合要求。

5. 市場試銷

市場試銷，實際上是在限定的市場範圍內，對新產品的一次市場實驗。市場試銷不僅能增進企業對新產品銷售潛力的瞭解，而且有助於企業挑選與改進市場行銷方法。由於產品的不同，其市場試銷的方法也有所不同；對於經常購買的消費品，可以用試用率和購買率兩個指標來考察；對於工業產品，常使用產品使用實驗法、貿易展覽會、批發商和零售商陳列室法。這些試銷方法可以使企業摸清消費者和用戶對產品的反應，以便對產品加以改進和補充，或者淘汰完全不能滿足市場需求的產品。但是試銷也有一些弊端，有時反應的市場需求信息不夠準確，還容易暴露企業新產品的信息。因此，有的企業為了避免同行搶占市場就省去了這一階段。

二、新產品開發的組織

1. 串行的產品設計方法

產品開發的五個基本步驟都是必要的，但是這些步驟的組織順序並不一定是固定的。在傳統的產品開發模式中，產品的開發各階段是由企業內不同職能部門的不同人員依次進行的，因而通常被稱為串行工程。如圖2-3（a）所示。

串行工程模式是以職能部門為基礎來組織產品開發的，各個職能部門之間沒有同期的溝通和及時的反饋。多年來，企業的產品開發一直採用串行的方法，即從產品構思、可行性研究、產品設計，一直到加工製造和裝配一步步在各部門之間順序進行。串行的產品開發過程存在著許多弊端，首要的問題是以部門為基礎的組織機構嚴重地妨礙了產品開發的速度和質量。產品的設計人員在設計過程中難以考慮到顧客的需求、製造工程、質量工程等約束因素，易造成設計和製造的脫節；所設計的產品可製造性、可裝配性較差，是產品的開發過程變成了設計、加工、實驗、修改的多重循環，從而造成設計改動量大，產品開發週期長，產品成本高。歸納起來，串行的產品開發過程存在的主要問題如下：

（1）各下游開發部門所具有的知識難以加入早期設計。越是設計的早期階段，降低費用的機會越大。費用隨時間成指數增加。

（2）各部門對其他部門的需求和能力缺乏理解，目標和評價標準的差異和矛盾降低了產品整體開發過程的效率。

要進一步提高產品質量、減少產品成本、縮短產品上市時間，必須採用新的產品開發策略，改進新產品開發過程，消除部門之間的隔閡，集中企業所有資源，在產品設計時同步考慮產品生命週期中所有因素，以保證新產品開發一次成功。

2. 並行的產品設計方法

為了解決串行的產品設計方法的弊端，減少產品的開發時間和成本，人們提出了並行工程的產品設計方法，它能夠並行地集成設計、製造、市場、服務等資源。如圖2-3（b）所示。根據 Winner 等人（1988）對並行工程的定義，並行工程是對產品及相關過程，包括製造過程和支持過程，進行並行、一體化設計的一種系統方法。這種方法力圖使產品開發者從一開始就考慮產品全生命週期從概念形成到產品報廢的所有因素，包括質量產品、進度和用戶需求。如表2-1 所示：

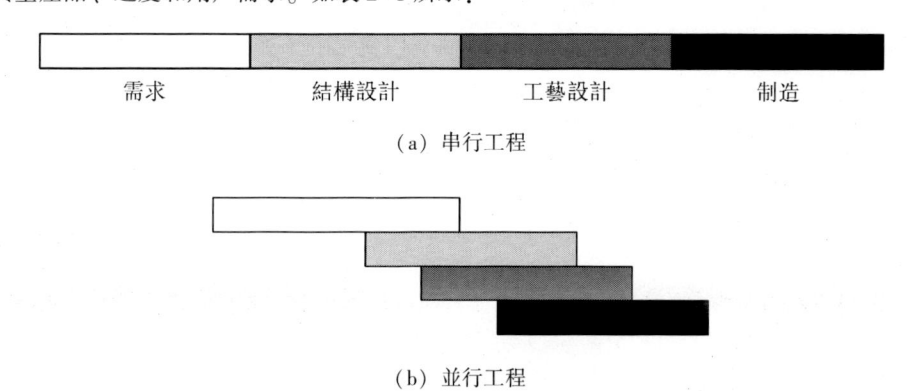

(a) 串行工程

(b) 並行工程

圖 2-3 產品開發的兩種組織形式

表 2-1　　　　　　　　　　產品設計時要考慮的因素

過程	需求階段	設計階段	製造階段	行銷階段	使用階段	終止階段
考慮的因素	顧客需求產品功能	降低成本提高效率	易製造易裝配	競爭力（低成本、標新立異）	可靠性，可維護性，操作簡便	環境保護

（1）並行工程的主要思想

並行工程是一種強調各階段領域專家共同參加的系統化產品設計方法，其目的在於將產品的設計和產品的可製造性、可維護性、質量控制等問題同時加以考慮，以減少產品早期設計階段的盲目性，盡可能早地避免因產品設計階段不合理因素對產品生命週期後續階段的影響，縮短研製週期。並行工程的主要思想有：

①設計時同時考慮產品生命週期的所有因素（可靠性、可製造性、設計結果），同時制定產品設計規格和相應的製造工藝，並準備生產文件。

②產品設計過程中各個活動交叉進行。由於各部門的工作同步進行，各種相關的生產製造問題和用戶不滿意的問題，在項目研發準備階段能得到及時溝通和解決。

③不同領域技術人員的全面參與和協同工作，實現生命週期中所有因素在設計階段的集成，實現技術、資源、過程在設計中的集成。

④高效率的組織結構。產品的開發過程是涉及所有部門的活動。通過建立跨職能產品開發小組，能打破各部門間的壁壘，降低產品開發過程中各職能部門之間的協調難度。

（2）並行工程的關鍵支持技術

並行工程是集成地並行設計產品及相關過程的系統化方法，它要求產品開發人員從設計一開始即考慮產品生命週期中的各種因素。其關鍵技術包括：

①並行產品開發過程的建模、仿真與優化。並行工程與傳統生產方式的本質區別在於它把產品開發的各個活動作為一個集成的、並行的產品開發過程，強調下游過程在產品開發早期參與設計過程；對產品開發過程進行管理和控制，不斷改善產品開發過程。

②並行工程的集成產品開發團隊。產品開發由傳統的部門制或專業組變成以產品（型號）為主線的多功能集成產品開發團隊（Integrated Product Team，簡稱IPT）。

③並行工程協同工作環境。在並行工程產品開發模式下，產品開發是由分佈在異地的採用異種計算機軟件工作的多學科小組完成的。多學科小組之間及多學科小組內部各組成人員之間存在著大量相互依賴的關係，並行工程協同工作環境支持IPT的異地協同工作。協調系統用於各類設計人員協調和修改設計，傳遞設計信息，以便做出有效的群體決策，解決各小組間的矛盾。PDM系統構造的IPT產品數據共享平臺，在正確的時間將正確的信息以正確的方式傳遞給正確的人；基於Client/Server結構的計算機系統和廣域的網絡環境，使異地分佈的產品開發隊伍能夠通過PDM和群組協同工作系統進行並行協作產品開發。

④數字化產品建模與CAx/DFx使能工具。基於一定的數據標準，建立產品生命週期中的數字化產品模型，特別是基於STEP標準的特徵模型。產品設計主模型是產品開發過程中唯一的數據源，用於定義覆蓋產品開發各個環節的信息模型，各環節的信息接口採用標準數據交換接口進行信息交換。數字化工具定義是指廣義的計算機輔助工具集。最典型的有CAD、CAE、CAPP、CAM、CAFD（計算機輔助工裝系統設計）、DFA（面向裝配的設計）、DFM（面向製造的設計）、MPS（加工過程仿真）等。它們被廣泛用於CE產品開發的各個環節，在STEP標準的支持下，實現集成的、並行的產品開發。

⑤產品系列化、零部件標準化、通用化。為擴大產品結構繼承性，提高產品設計質量，減輕設計工作量，縮短設計週期，在設計階段推行產品系列化、零部件標準化、通用化。

產品系列化是對相同的設計依據、相同的結構性和相同使用條件的產品，將其基本尺寸和參數按一定的規律編排，建立產品系列型譜，以減少產品品種，簡化設計。

零部件標準化，是在產品系列化的基礎上，在企業內不同型號的產品之間擴大相同的通用零部件。在產品品種數相同的情況下，就可以大大地減少零部件的種類。

零部件通用化，是按國家標準生產零部件。當標準化水準提高後，會縮短設計的工作量，相應地縮短了設計週期。

標準化技術（ST）通過制定標準，選擇使用標準件，使小批量生產獲得大批量生產的規模效益，可以很大程度地減少單個零件的製造成本。但過多選擇或一味追求使用標準件必然造成零件的某些功能的冗餘和浪費，就實現某一功能而言，往往會造成成本的增加。

（3）並行工程的人員組成

產品開發是一種創新活動，特別強調人的作用，離開了人的創造性思維，要設計出

創新產品是不可能的。而且，開發過程是一種全方位、涉及眾多部門和人員的活動，因而組織和人員之間的溝通、協作顯得尤為重要。一般情況下，並行工程的參加人員以工作小組的方式組成，包括：

①製造人員、裝配人員、質量人員、行銷人員。製造人員、裝配人員、質量人員、行銷人員等下游人員加入到開發小組，參與產品設計的早期活動，有利於預防設計的先天不足，減少開發的時間和費用，確保產品設計一次成功。

②顧客和供應商。顧客和供應商加入到產品開發之中，能減少不確定性，在設計中更好地反應顧客需求，提高產品適應市場的能力。

③環保人員。環保人員加入到產品設計小組中，其作用是在產品設計時要考慮到產品終止時的資源重複使用和環境保護問題。

在產品開發的不同時期，工作小組成員的作用是不同的。隨著產品開發過程的進展，小組成員之間的主次關係是變化的。在概念形成階段，以市場行銷人員和顧客為主，其他人員為輔；在設計階段，以設計人員為主，製造人員、行銷人員、質量人員為輔；到製造階段，以製造人員為主。

(4) 並行工程的實施效益

實施並行工程，會為企業帶來許多明顯的效益：

①縮短產品投放市場的時間。在產品供不應求的時代，顧客主要考慮產品的功能，要求功能的完善程度和實用性，其他的要求則放在次要的位置。隨著製造技術的發展，商品充足，顧客看重產品的價格。當製造商通過諸如精益生產等方式盡力降低成本，把價格降到一定程度後，顧客又開始注重產品質量。市場的發展態勢表明，縮短交貨期將會成為下一階段的主要特徵。並行工程技術的主要作用就是可以大大縮短產品開發和生產準備時間。

據報導，由於實施了並行工程的虛擬產品開發策略，福特公司和克萊斯勒公司將他們新型汽車的開發週期由 36 個月縮短至 24 個月。設計和試製週期僅為原來的 50%。

表 2-2 是洛克希德公司和法國航空發動機公司運用並行工程前後開發週期的比較。

表 2-2　　　　　　　企業運用並行工程前後開發週期的比較

項目	洛克希德公司	法國航空發動機公司
運用並行工程前	導彈開發週期為 5 年	航空發動機的開發週期為 54 個月
運用並行工程後	導彈開發週期為 2 年	航空發動機的開發週期為 24 個月

資料來源：熊光楞. 並行工程的理論與實踐 [M]. 北京：清華大學出版社，2001，268~273.

②並行工程可在三個方面降低成本：

首先，它可以將錯誤限制在設計階段。據有關資料介紹，在產品生命週期中，錯誤發現得愈晚，造成的損失就愈大。

其次，並行工程不同於傳統的「反覆試製樣機」「反覆做直到滿意」的做法，強調「一次達到目的」。這種「一次達到目的」的要求是靠軟件仿真和快速樣機生成實現的，省去了昂貴的樣機試製。

最後，由於在設計時考慮到加工、裝配、檢驗、維修等因素，強調了產品的整體成

本優化，因此，產品的全生命週期成本降低了，既有利於顧客，也有利於製造者。

③採用並行工程技術，盡可能將所有質量問題消滅在設計階段，使所設計的產品便於製造，易於維護。這就為質量的「零缺陷」提供了基礎，使得製造出來的產品甚至用不著檢驗就可上市。事實上，根據現代質量控制理論，質量首先是設計出來的，其次才是製造出來的，並不是檢驗出來的。檢驗只能去除廢品，而不能提高質量。並行工程技術主要是從根本上保證了質量的提高。

例如福特（Ford）公司和克萊斯勒（Chrysler）公司與IBM合作開發的虛擬製造環境，用於其新型車的研製。在樣車生產之前，新技術發現其定位系統的控制及其他許多設計缺陷，避免了公司以後的損失。

④增強功能的實用性。由於並行工程在設計過程中，同時有銷售人員參加，有時甚至還包括顧客，這樣的設計方法緊貼市場趨勢，反應了用戶的需求，從而保證去除顧客不需要的冗餘功能，降低設備的複雜性，提高產品的可靠性和實用性。另外，並行工程增強了企業的市場競爭能力。由於並行工程可以較快地推出適銷對路的產品並投放市場，而且設計模型合理使生產製造成本降低，同時保證產品質量，因而，企業的市場競爭能力將會得到加強。

表 2-3　　　　　　　並行工程與傳統的串行工程的比較

項目	並行工程	傳統的串行工程
產品質量	較好；在生產前就已注意到產品的製造問題	設計與製造之間溝通不足，致使產品質量無法達到最優化
生產成本	由於產品的易製造性提高，生產成本較低	新產品開發成本較低，但製造成本可能較高
生產柔性	適用於小批量、多品種產品；適用於高新技術產品	適用於大批量、單一品種生產；適於低技術產品
產品創新	較快速推出新產品，能從產品開發中學習，新產品投放市場快，競爭能力強	不易獲得最新技術以及市場需求變化趨勢，不利於產品創新

資料來源：胡慶夕，俞濤，方明倫. 並行工程原理與應用 [M]. 上海：上海大學出版社，2001：4.

（5）並行工程的實例

目前，並行工程廣泛地應用在國防、飛機、汽車、電子、機械製造等行業，產品從簡單零件的開發到諸如飛機、計算機等複雜系統的開發，從單件產品（如車載導航裝置）發展到批量產品（如汽車）。下面舉幾個例子來說明。

波音公司的飛機生產。美國波音飛機製造公司投資40多億美元，研製波音777型噴氣客機，採用龐大的計算機網絡來支持並行設計和網絡製造。從1990年10月開始設計到1994年6月僅花了3年零2個月就試製成功，進行試飛，一次成功，即投入營運。在實物總裝後，用激光測量偏差，飛機全長63.7米，從機艙前端到後端50米，最大偏差僅為0.9毫米。波音777的整機設計、部件測試、整機裝配以及各種環境下的試飛均是在計算機上完成的，使其開發週期從過去8年時間縮短到3年多，甚至在一架樣機未生產的情況下就獲得了訂單。

如果沒有並行工程技術的應用，設計如此龐大的設備，要想在這麼短的時間內達到

這樣高的精度，幾乎是不可能的。

波音公司在其他的飛機製造中也廣泛地使用了並行工程技術。波音－西科斯基公司在設計製造 RAH-66 直升機時，使用了全任務仿真的方法進行設計和驗證，通過使用數字樣機和多種仿真技術，花費 4,590 小時的仿真測試時間，卻節省了 11,590 小時的飛行時間，節約經費總計 6.73 億美元，獲得了巨大收益。同時，數字式設計使得所需的人力減到最少，在 CH-53E 型直升機設計中，38 名繪圖員花費 6 個月繪製飛機外形生產輪廓圖，而在 RAH-66 中，一名工程師用一個月就完成了。

齊車公司是中國一家專門生產鐵路貨車的大型工業企業。過去，在企業的鐵路貨車產品開發過程中，產品開發週期長。體現在：設計過程中，數據傳遞速度慢，不能集成與共享，數據的一致性與完整性難以保證；更改管理過程不規範，易產生意外錯誤；手工紙質管理方式管理繁雜、查詢困難，使利用已有資源受到限制，而鐵路貨車產品的繼承性較強，這就嚴重影響了已有資源的有效利用，難以進行快速開發。另外，齊車公司現行產品開發採用部門制，設計處完成產品設計後交給工藝處進行工藝設計，工藝設計完成後進行產品試製。這種部門制不利於在產品開發的上游階段全面考慮下游的一些因素，從而導致修改次數多，產品開發週期長。

齊車公司於是實施並行工程，首先建立開發團隊，在原來設計處、冷工藝處、熱工藝處的基礎上組建產品開發中心，建立包含設計、工藝、製造等部門技術人員的集成化產品開發團隊，建立以產品為中心的產品開發模式；其次，建立產品數據管理系統，實現產品數據的集成化管理；另外採用了先進的產品性能分析軟件，降低衝壓模具和鑄造模具製造的返工次數，僅澳糧車一項產品開發，在產品試驗和模具製造兩項費用就節約 129 萬元，縮短了 30%～40% 的產品開發週期。

第三節　新產品開發的思想和技術

一、價值工程

價值工程（ValueEngineering，VE），也稱價值分析（Value Analysis，VA）。價值工程起源於 20 世紀 40 年代的美國，它是第二次世界大戰後出現的工業管理新技術之一，是一門技術與經濟結合的邊緣性系統管理技術，是指以產品或作業的功能分析為核心，以提高產品或作業的價值為目的，力求以最低壽命週期成本實現產品或作業使用所要求的必要功能的一項有組織的創造性活動，有些人也稱其為功能成本分析。價值工程涉及價值、功能和生命週期成本三個基本要素。

1. 價值

價值工程中所說的「價值」有其特定的含義，與哲學、政治經濟學、經濟學等學科關於價值的概念有所不同。價值工程中的「價值」就是一種「評價事物有益程度的尺度」。價值工程把「價值」定義為：「對象所具有的功能與獲得該功能的全部費用之比。」用公式表示如下：

$$V = F/C$$

式中，V 為「價值」，F 為功能，C 為成本。

2. 功能概念

功能是指產品（系統）所具有的特定用途和使用價值，是構成產品本質的核心內容。人們購買產品是為了獲得它的功能，而不是要獲得產品本身。如購買電腦是要獲得他們進行數據處理、娛樂的功能，而不是購買它的顯示器、鍵盤等一系列部件，只要能實現人們對電腦功能的要求，電腦可以有多種技術結構及外在形態。

價值工程認為，功能對於不同的對象有著不同的含義：對於物品來說，功能就是它的用途或效用；對於作業或方法來說，功能就是它所起的作用或要達到的目的；對於人來說，功能就是他應該完成的任務；對於企業來說，功能就是它應為社會提供的產品和效用。總之，功能是對象滿足某種需求的一種屬性。

3. 成本概念

價值工程所謂的成本是指產品在其生命週期中人力、物力和財力資源的耗費。它既包括前期的研發、設計、製造、實驗、銷售的費用，又包括後期的使用、保養、維修、能耗、保險等費用，基本上可以分為產品的設置費與維持費兩大部分。生命週期成本與產品功能有著內在的聯繫，通常研製開發費用隨著產品功能的提高而增加。而使用費用則隨著功能的完善而下降。根據一般情況，較低的設置費會帶來帶來較高的維持費用，用戶進行產品選擇時要進行產品生命週期的系統思考。

價值工程作為一門現代管理技術具有很強的實用性和可操作性，但在更高層次上則研究不足，理論深度不夠，思維空間狹窄，同時，面對各種不同的複雜事物，數學模式單一，不利於更好、更有力地發揮它在促進社會生產力中的作用。

事實上，許多非工程類社會系統同樣希望以最少的代價來取得最大的功能效應，同樣可以進行價值分析。以最少的代價獲取最優的功能不僅是價值工程的基本思想，也是許多學科的基本思想。SAVE（美國價值工程師協會）在 1996 年 6 月 9 日的芝加哥年會上，更名為 SAVE International（美國國際價值工程師協會），提出的口號是：The Value Society——價值的協會。新會號和新口號旨在面向世界、面向所有學科的價值領域，與所有以提高價值為目的的組織或個人團結協作，這標誌著價值工程開始全面走向世界、全面走向其它學科領域。

二、質量功能展開

1. 質量功能展開技術簡介

質量功能展開（Quality Function Deployment，簡稱 QFD），是一種在設計階段應用的系統方法，它採用一定的方法保證將來自顧客或市場的需求轉化為產品的設計和工程設計的特徵，並配置到產品製造過程的各個工序和生產計劃中，從而保證最終產品最大限度的滿足用戶的要求。這一技術產生於日本的造船工業，在美國得到進一步發展，並在全球得到廣泛應用。

實施質量功能展開後，企業收到的效益是巨大的。日本豐田公司應用質量功能展開技術後，從 1979 年 10 月到 1984 年 4 月，開發新的集裝箱車輛費用累積降低 61%，產

品開發週期減少 1/3，而質量有較大的提高。

質量功能展開是一種系統性的決策技術。在設計階段，它可保證將顧客的要求準確無誤地轉換成產品定義（具有的功能、實現功能的機構和零件的形狀、尺寸、公差等）；在生產準備階段，它可以保證將反應顧客要求的產品定義準確無誤地轉換為產品製造工藝過程；在生產加工階段，它可以保證製造出的產品完全滿足顧客的需求。在正確應用的前提下，質量功能展開技術可以保證在整個產品壽命循環中，顧客的要求不會被曲解，也可以避免出現不必要的冗餘功能，還可以使產品的工程修改量減至最少，也可以減少使用過程中的維修和運行消耗，追求零件的均衡壽命和再生回收。正是由於這些特點，質量功能展開真正成為一種可以使製造者以最短的時間、最低的成本生產出功能上滿足顧客要求的高質量產品。

2. 質量功能展開的原理和方法

質量功能展開是採用一定的規範化方法將顧客所需特性轉化為一系列工程特性。所用的基本工具是「質量屋」。

質量屋（House of Quality，HOQ）的概念是由美國學者 J. R. 豪瑟（J. R. Hauser）和唐克勞辛（Don Clausing）在 1998 年提出的，質量屋矩陣是 QFD 方法中最重要的技術工具。它通過一個複雜的多元展開圖將通過市場調查和基準數據得來的顧客需求轉換為在新產品設計過程中所必需的一系列具有確定優先度等級的工程目標。這種質量屋矩陣在使用過程中要根據具體需求做出輕微的變化，以適應每一個特定的項目或主要使用者群體。但在 QFD 實施過程中通用的質量屋矩陣包括六個主要部分：顧客需求、技術需求、關係矩陣、競爭分析、屋頂和技術評估。如圖 2-4 所示：

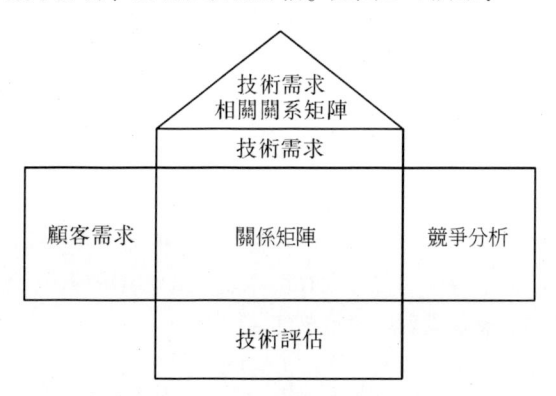

圖 2-4　質量屋基本結構

質量屋基本結構包括以下幾個方面：

(1) 顧客需求

各項顧客需求可以簡單地採用圖示列表的方式，將顧客需求 1、顧客需求 2……顧客需求 n 填入質量屋中。也可以採用分層調查表的方式，或採用系統圖表示。KANO 表示顧客需求的性質或類型，一般用字符 B、O、E 來分別表示基本型、期望型和興奮型三種顧客需求類型。

(2) 技術需求

技術需求可以採用簡單的列表、樹圖、分層調查表或系統圖的方式描述，技術需求

是用以滿足顧客需求的手段，是由顧客需求推演出的，必須用標準化的形式表述。技術需求可以是一個產品的特性或需求指標，也可以是指產品的零件特性或技術指標，或者是一個零件的關鍵工序及屬性等。

（3）關係矩陣

描述技術需求和顧客需求之間的相關程度，是質量屋的本體部分，它用於描述技術需求（產品特性）對各個顧客需求的貢獻和影響程度。圖中所示的質量屋關係矩陣可採用數學表達式 R＝［rij］nc×np 表示。rij 是指第 j 個技術需求（產品特性）對第 i 顧客需求的貢獻和影響程度，即兩者的相關程度。

（4）競爭分析

競爭分析是站在顧客的角度，對本企業的產品和市場上其他競爭者的產品在滿足顧客需求方面進行評估。

（5）技術需求相關關係矩陣——屋頂

技術需求相關關係矩陣主要用於反應一種技術需求，如一項產品特性對其他產品特性的影響。

（6）技術評估

對技術需求進行競爭性評估，確定技術需求的重要度和目標值等。

3. QFD 過程的功效和其他應用

QFD 方法具有很強的功效性，具體表現為：

（1）QFD 有助於企業正確把握顧客的需求

QFD 是一種簡單的、合乎邏輯的方法，它包含一套矩陣，這些矩陣有助於確定顧客的需求特徵，以便於更好地滿足和開拓市場，也有助於決定公司是否有力量成功地開拓這些市場，什麼是最低的標準，等等。

（2）QFD 有助於優選方案

在實施 QFD 的整個階段，人人都能按照顧客的要求評價方案。即使在第四階段，包括生產設備的選用，所有的決定都是以最大限度地滿足顧客要求為基礎的。當做出一個決定後，該決定必須是有利於顧客的，而不是工程技術部門或生產部門，顧客的觀點置於各部門的偏愛之上。QFD 方法是建立在產品和服務應該按照顧客要求進行設計的觀念基礎之上，所以顧客是整個過程中最重要的環節。

（3）QFD 有利於打破組織機構中部門間的功能障礙

QFD 主要是由不同專業、不同觀點的人來實施的，所以它是解決複雜、多方面業務問題的最好方法。但是實施 QPD 要求有獻身和勤奮精神，要有堅強的領導和一心一意的成員，QFD 要求並勉勵使用具有多種專業的小組，從而為打破功能障礙、改善相互交流提供了合理的方法。

（4）QFD 容易激發員工們的工作熱情

實施 QDD，打破了不同部門間的隔閡，會使員工感到心滿意足，因為他們更願意在和諧的氛圍中工作，而不是在矛盾的氛圍中工作。另外，當他們看到高質量的產品時，他們會感到自豪並願意獻身於公司。

（5）QFD 能夠更有效地開發產品，提高產品質量和可信度，更大地滿足顧客

為了產品開發而採用 QFD 的公司已經嘗到了甜頭，成本削減了 50%，開發時間縮短了 30%，生產率提高了 200%。如，採用 QFD 的日本本田公司和豐田公司已經能夠以每三年半時間投放一項新產品，與此相比，美國汽車公司卻需要 5 年時間才能夠把一項新產品推向市場。

QFD 作為一種強有力的工具被廣泛用於各領域。它帶給我們的最直接的益處是縮短週期、降低成本、提高質量。更重要的是，它改變了傳統的質量管理思想，即從後期的反應式的質量控制向早期的預防式質量控制的轉變。你還會發現，他能幫助我們衝破部門間的壁壘，使公司上下成為團結協作的集體，因為開展 QFD 不是質量部門、開發部門或製造部門中某一個部門能夠獨立完成的，它需要集體的智慧和團隊精神。

三、故障樹分析技術

故障樹分析技術（Fault Tree Analysis，簡稱 FTA）就是在系統設計的過程中，通過對可能造成系統故障的各種因素（包括硬件、軟件、環境、人為因素等）進行分析，畫出邏輯框圖（即故障樹），從而確定系統故障原因的各種可能組合及其發生概率，以計算系統故障概率，採取相應的糾正措施，提高系統可靠性的一種設計分析方法。

FTA 是 1961 年由美國貝爾實驗室的華生（H. A. Watson）和漢塞爾（D. F. Hansl）首先提出的，並用於「民兵」導彈的發射系統控制，取得了良好的效果。目前 FTA 是公認的對複雜系統進行安全性、可靠性分析的一種好方法，在航天、航空、核能、化工領域得到了廣泛應用。

FTA 的目的是通過 FTA 過程透澈地瞭解系統，找出薄弱環節，以便改進系統設計、運行和維修，從而提高系統的可靠性、維修性和安全性。其作用主要有以下幾個方面：

（1）全面分析系統故障狀態的原因。FTA 具有很大的靈活性，不但可以對系統可靠性作一般分析，而且也可以分析系統的各種故障狀態。不僅可以分析某些元器件、零部件故障對系統的影響，還可以對導致這些部件故障的特殊原因比如環境的、甚至是人為的原因，進行分析，予以統一考慮。

（2）FTA 可表達系統內在聯繫，並指出元器件、零部件故障與系統故障之間的邏輯關係，找出系統的薄弱環節。

（3）FTA 可弄清各種潛在因素對故障發生影響的途徑和程度，因而許多問題在分析過程中就被發現和解決了，從而提高了系統的可靠性。

（4）通過故障樹可以定量地計算複雜系統的故障與單元故障的關係，為檢測、隔離及排除故障提供指導，對不曾參與系統設計的管理維修人員來說，故障樹相當於一個形象的管理、維修指南，因此對培訓使用系統的人員更有意義。

（5）故障樹建成後，可以清晰地反應系統故障和單元故障之間的關係。

FTA 在系統生命週期的任何階段都可採用。然而，在下面三種情況下採用最為有效：

①設計早期階段。這時用 FTA 的目的是判明故障模式，並在設計中進行改進。

②詳細設計和樣機生產後，批生產前的階段。這時用 FTA 法的目的是要證明所要製造的系統是否滿足可靠性和安全性的要求。

③使用階段。分析、研究和改進故障檢測、隔離及修復措施和軟硬件時。

四、網絡化製造

1. 網絡化製造的背景和內涵

20世紀90年代以來,隨著信息技術與計算機網絡技術的發展以及市場競爭環境向全球化方向發展,世界經濟正經歷著一場深刻的革命。面向21世紀的先進製造模式如並行工程、虛擬製造、精益製造、敏捷製造等不斷湧現。為了適應網絡經濟時代的變化,需要建立一種具有快速回應機制的網絡化製造模式和系統。1991年美國里海大學在研究和總結美國製造業的現狀和潛力後,發表了具有劃時代意義的報告《21世紀製造業企業發展戰略》,提出了敏捷製造、虛擬企業的企業內部和企業之間的靈活管理三者集成在一起,利用信息技術對千變萬化的市場機遇做出快速回應,最大限度地滿足顧客的需求。敏捷製造的提出大大推動了製造哲理和生產模式及製造系統工程的研究,新理論不斷出現。

網絡化製造技術是將網絡技術與製造技術相結合的所有相關技術與研究領域的總稱,是經濟全球化和信息時代的產物。它的具體內涵是企業利用網絡技術(包括Internet、VPN、無線網絡等)進行市場開拓、產品設計、生產製造、產品銷售、零件採購、企業管理等一系列活動的總稱。

網絡化製造系統的內涵:在一定區域內(如國家、省、市、地、縣),採用政府調控,產、學、研相結合的組織模式,在計算機網絡(包括因特網和區域網)和數據庫的支撐下,動態集成區域內的企業、高校、研究所及其製造資源和科技資源,形成一個包括網絡化的製造信息系統、網絡化的製造資源系統、虛擬倉庫、網絡化的銷售系統、網絡化的產品協同開發系統、虛擬供應鏈及其網絡化的供應系統等分系統和網絡化的分級技術支持中心及服務中心的開放性的現代集成系統。

網絡化製造是下一代製造系統的模式,美國國家製造科學研究中心(NCMS)提出了美國下一代製造(NGM)的定義,啓動了相關的研究項目。為了開發下一代製造與流程技術,由多個國家研究機構與企業參與的智能製造系統(IMS)項目截至2000年11月29日已經啓動了18項課題研究,已有3項完成。其中日本、澳大利亞、歐盟、加拿大、美國的25家企業和21家科研機構參與的21世紀全球製造項目GLOBE-MAN21(1999年3月完成)以幫助製造企業應對全球製造環境、建立擴展企業的方法論、模型與技術,傳播全球製造的新進展為主要目標。作為GLOBE-MAN21的繼續,1999年10月啓動GLOBEMAN(企業網絡中的全球製造與工程)項目。具有數字化、敏捷化、柔性化特徵的網絡化製造是適應全球動態環境的21世紀的製造模式。建立這一模式將是當前乃至今後較長一段時期內製造業所面臨的最緊迫的任務之一,是製造業贏得市場、快速發展、獲得競爭優勢的關鍵。

2. 網絡化製造系統的相關技術

網絡化製造系統涉及的技術大致可以分為總體技術、基礎技術、集成技術與應用實施技術。

(1)總體技術:總體技術主要是指從系統的角度研究網絡化製造系統的結構、組

織與運行等方面的技術，包括網絡化製造的模式、網絡化製造系統的體系結構、網絡化製造系統的構建與組織實施方法、網絡化製造系統的運行管理、產品生命週期管理和協同產品商務技術等。網絡化製造系統相關的總體技術主要包括產品生命週期管理（Product Life-Cycle Management，簡稱 PLM）、協同產品商務（Collaborative Product Commerce，簡稱 CPC）、大批量定制（Mass Customization，簡稱 MC）和並行工程（Concurrent Engineering，簡稱 CE）等。

（2）基礎技術：基礎技術是指網絡化製造中應用的共性與基礎性技術，這些技術不完全是網絡化製造所特有的技術，包括網絡化製造的基礎理論與方法、網絡化製造系統的協議與規範技術、網絡化製造系統的標準化技術、產品建模和企業建模技術、工作流技術、多代理系統技術、虛擬企業與動態聯盟技術、知識管理與知識集成技術等。

（3）集成技術：集成技術主要是指網絡化製造系統設計、開發與實施中需要的系統集成與使能技術，包括設計製造資源庫與知識庫開發技術、企業應用集成技術、ASP 服務平臺技術、集成平臺與集成框架技術、電子商務與 EDI 技術、Web Service 技術以及 COM+、J2EE 技術、XML、PDML 技術、信息智能搜索技術等。

（4）應用實施技術：應用實施技術是支持網絡化製造系統應用的技術，包括網絡化製造實施途徑、資源共享與優化配置技術、區域動態聯盟與企業協同技術、資源（設備）封裝與接口技術、數據中心與數據管理（安全）技術和網絡安全技術等。

3. 網絡化製造中的重要過程

網絡化製造可跨越地域的限制，擴展至全球製造。網絡化製造應包括如下幾個重要的過程：

（1）全球並行工程

並行工程在全球層次上，沒有邊界與時間遲滯。全球並行工程是全天候的工程。將敏捷企業的各個組織及需求、技術與能力進行優化設計，並通過不同的虛擬企業組織管理起來，實行以產品、過程及虛擬供應鏈為核心的全球三維並行工程。

（2）全球分佈製造管理

全球分佈製造管理是指全球製造公司中所有事情的管理、監督與控制，包括供應商管理、製造管理、裝配管理、後勤管理及經銷商和客戶管理。

（3）全球柔性生產系統

在某些程度上，企業正嘗試獲得柔性可編程系統，可在任意特定的時刻生產不斷增加的產品組合。

（4）產品生命週期管理

產品生命週期管理聯結產品生命週期內的所有活動：從獲得訂單到生產、運輸、客戶支持，然後到不同生命週期階段產生的信息返回公司。產品生命週期管理的關鍵是遍布產品生命週期各階段的信息流及在不同的生命週期階段不同組織間的數據和知識的無縫轉換。

（5）全球項目管理

管理新產品項目，需要支持投標過程、概念設計過程及啟動後項目管理過程的工具，項目管理成為有效組織、管理網絡化製造的過程與技術。

（6）協同產品製造過程

企業通過 ERP 軟件實現了企業內部信息化管理，提高了企業內部管理效率，聯盟企業通過供應鏈管理（SCM）軟件規劃供應鏈，提高整個供應網絡的效率，企業通過客戶關係管理（CRM）軟件贏得和改善顧客滿意度，但是為支持產品協同製造過程，有必要將產品設計、工程、分銷、行銷及客戶服務，緊密地聯繫起來，形成一個全球知識網，使分佈於價值鏈環節的不同角色在產品的全部生命週期內互相協同地對產品進行設計開發、製造與管理，並讓客戶參與系統。因此，產品協同商務（CPC）應運而生。CPC 涉及產品數據管理（PDM）、CAD/CAM/CAE/CAPP、生產規劃、可視化過程建模等。

產品異地協同設計製造包括異地協同設計加工、異地協同產品設計製造集成平臺、異地協同過程管理及 Web 技術應用等。產品異地協同製造運用集成化產品工藝開發方法、集成化產品團隊和集成化的計算機環境，以並行工程為基礎，快速實現產品設計和工藝過程設計。

4. 動態聯盟

動態聯盟又稱虛擬企業和虛擬組織，是基於盟主企業核心能力的一種外部優化整合，即盟主企業將投資和管理的注意力集中於自身核心能力上，而一些非核心能力或自己短時間內尚不具備的能力則依靠外部盟員企業來提供。企業的這種組織形式可以幫助企業獲取、利用全球資源，可以避免環境的劇烈變動給組織帶來的衝擊。

網絡化製造的動態聯盟充分利用網絡技術，將各夥伴企業的核心能力和資源集成在一起，形成一個臨時的經營實體——基於網絡的動態聯盟，以共同完成某項任務，完成任務後動態聯盟隨即解散，各個夥伴企業又分別去參與其他市場競爭。網絡化製造動態聯盟的所有成員可以根據市場需要和產品特點，通過各種不同的方式進行組合。由於網絡化製造動態聯盟的主要支撐技術是因特網，所以其運作空間可以根據具體需要擴展到區域，甚至是跨國界和全球性的動態聯盟。

第四節　集成產品開發模式

一、基本概念

集成產品開發（Integrated Product Development，簡稱 IPD）作為先進的產品開發模式，其基本概念概括如下：

1. 新產品開發是一項投資決策

IPD 模式十分強調對產品開發進行有效的投資組合分析，以投資回報為依據決定是否對該新產品立項開發，並在開發過程中設置許多技術評審點和決策評審點，通過階段性評審來決定該新產品開發項目是繼續、暫緩、終止，還是改變方向。

2. 基礎市場的開發

IPD 強調產品創新一定是基於市場需求和競爭分析的創新。為此，IPD 將商機的把

握、商業模式的確定、市場需求的分析、產品的定義作為流程的第一步，強調從開始就把事情做正確。

3. 跨部門的協調

IPD 採用跨部門的產品開發團隊，通過有效的溝通、協調以及決策，達到盡快將產品推向市場的目的。

4. 異步開發模式

異步開發模式也稱並行工程。通過嚴密的計劃、準確的接口設計，IPD 模式把原來許多後續的串行業務流程提前，改為並行流程，這樣可以大幅縮短新產品上市的時間。

5. 技術重用性

IPD 採用公共基礎模塊（Common Building Block，簡稱 CBB）及平臺化設計理念來提高產品的開發效率。

6. 結構化的流程

新產品開發的相對不確定性，要求開發流程在非結構化和過於結構化之間找到平衡。

二、核心理念

IPD 模式的新產品開發核心理念與傳統產品開發模式的差別是非常明顯的，兩者在核心理念上的差別體現在以下方面：IPD 模式中對新產品的開發是作為投資進行管理的，其追求的是投資的匯報；在 IPD 模式中對新產品的開發以技術創新為目的，其追求的是新產品的市場應用；在 IPD 模式中對新產品的開發是以客戶為中心的市場形成，其追求的是客戶對新產品的滿意度。

IPD 模式是市場驅動與技術驅動的有機結合體，從頭到尾都強烈地體現出產品開發的市場意識和投資意識，強烈地追求市場需求的滿足和企業的價值回報，並將其作為一切產品開發工作的指導思想和基本綱領。為確保市場競爭意識和投資回報意識不是僅停留在口號上，IPD 模式用產品開發中新的組織架構和新的業務流程對此加以保障。而傳統產品開發模式僅以技術驅動作為創新型企業的核心，以所採用技術的先進性、技術指標的突破性、填補空白的水準作為新產品的成功標誌，該模式在產品開發中的市場意識和投資回報意識是非常淡薄的。不要簡單認為以上這些問題只是一些思想認識上的問題，就是這些在新產品開發中的核心理念上的本質差別，最終形成了 IPD 與傳統產品開發模式之間的本質差別。

目前，雖然 IPD 模式是國際上大多數企業都認同的產品開發管理模式，並成為國際上進行新產品開發的首選模式，但到目前為止，IPD 模式還沒有形成統一的國際標準和公認的認證體系，因此在實施 IPD 模式時要避免「教條主義」，不要為了實施 IPD 模式而實施。企業的管理者一定要頭腦清醒，以解決傳統產品開發模式中的現存問題為核心，以提升企業競爭力和經營效益為目的來實施 IPD 模式。

三、組織架構

集成產品開發模式的組織架構如圖 2-5 所示。圖中的虛線框為 IPMT（Integrated

Product Management Team 集成產品管理團隊，簡稱 IPMT），IPMT 的成員中涵蓋了高新技術企業中的部分領導成員及企業中的主要的職能部門、業務執行部門的負責人。圖 2-5 的下邊有若干個虛線框，每一個虛線框都稱為一個 PDT（Product Development Team，產品開發團隊，簡稱 PDT），成員來自於企業內的各個業務執行部門。圖 2-5 如果有多個虛線框，就意味著有多個 PDT，可分別稱為 PDT_1……PDT_n。每一個 PDT 代表一個產品線，PDT_1 代表第 1 個產品線，PDT_n 代表第 n 個產品線。

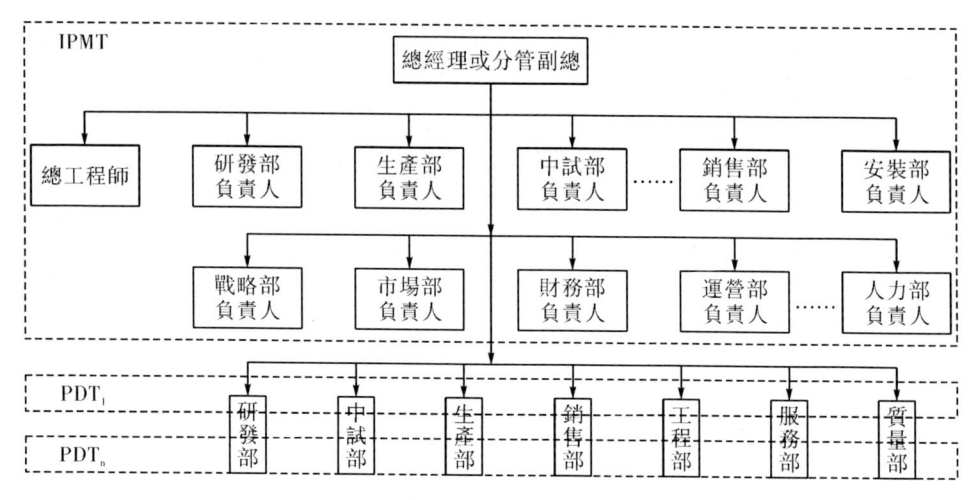

圖 2-5 集成產品開發模式的組織架構

IPMT 是決策管理團隊，由企業決策層指定人員組成，職責是確保企業有正確的產品定位及規劃，保證項目資源到位、控制投資方向。一個 IPMT 可同時管理多個 PDT，並從市場的角度考察它們是否盈利，並適時終止前景不好的項目，保證將有限的資源投入高回報的項目上。

IPMT 在組織形式上是一個虛擬的團隊。參加 IPMT 的成員要麼是企業最高管理層成員，要麼是企業的部門負責人，平時都有自己的本職工作，只有當 IPMT 需要開會決策時，成員才聚集起來行使 IPMT 的權力。IPMT 這個虛擬團隊有負責人和核心領導團隊，負責人至少應是企業的副總經理，也可能由總經理親自擔任。IPMT 的核心領導團隊是 IPMT 的領導核心。

PDT 是具體的產品開發團隊，是執行團隊，成員由業務執行部門的班組長及員工組成，作用是制訂具體的產品策略和產品開發計劃，執行產品開發計劃、確保按計劃及時地將新產品投放到市場。PDT 是一個依產品線的建立而動態組織起來的實體組織，成員在產品開發週期期間一起工作，由產品線經理全權負責，是產品線經理負責的項目單列式組織結構。當 IPMT 決定立項組建一個新的產品線時，就要從各個業務執行部門及部分必要的職能部門中，調配相應的人員加入 PDT 組織中來。參加 PDT 的人員需要接受雙重領導，這些人員本身的歸屬還是原來的職能部門或業務執行部門，只是被借調到 PDT 之中來工作，日常的工作接受 PDT 的指揮及考核，但如果該人員不能勝任 PDT 的工作，PDT 有權將該人員退還給其原來所在的部門，並可以要求該部門再重新派遣合適的人員參加工作。

四、跨部門團隊

1. IPMT 團隊的作用

在傳統的產品開發模式中，產品的策劃、立項工作都以研發部為核心，而研發部進行產品策劃、立項時以技術創新為目的。其常常以技術的先進性、領先性作為產品開發立項的重要評審依據。在傳統模式中，雖然也考慮市場的需求，但相比技術因素，對市場的考慮是相對較少的。

集成產品開發模式把產品策劃和產品立項都看作投資行為、戰略決策及企業高層的決策行為，並交由集成產品管理團隊 IPMT 來負責。IPMT 的決策信息的來源是市場信息、客戶的需求反饋、競爭對手的信息、技術的發展趨勢、當前企業的產品現狀、企業的發展戰略等。依據以上的信息來源，IPMT 隨後會做企業的產品策劃、制訂融合併優化各產品線的業務計劃、提出產品線的規劃、提出資金和資源的配套計劃等工作。IPMT 的核心工作是把握商機、確定商機的產品盈利模式及制訂綜合商業計劃。

IPMT 的引入與傳統產品開發模式相比，最大的不同點在於有關產品商機的把握、商業模式的確定、商業計劃的制訂、投資計劃的決策不再是唯技術論。在 IPMT 的決策過程中，研發部負責人、技術總監雖都參與決策，但技術因素只是決策的考慮因素之一，產品的最終綜合競爭能力、商業模式、投資回報率才是 IPMT 進行決策的關鍵內容。

2. PDT 團隊的作用

在傳統的產品開發模式中，業務執行部門都是「管理碉堡」，各自為政。各業務執行部門，如研發部、中試部、生產部、銷售部、工程部、服務部等，因許多部門之間的上級領導各不相同，會出現誰也不服誰管、各司其職、互不妥協、難以協調的局面。這會嚴重阻礙產品開發進程。遲來的用戶新需求、信息又會隨時中斷正在進行的產品開發進程，甚至會造成產品開發項目的中止、廢損。

但在集成產品開發模式中，每一個 PDT 中都包括了研發、中試、生產、銷售、工程、服務、財務、市場等業務執行部門及職能部門的人員，大家組成了一個新的實體而不是虛擬的團隊。這個團隊的成員雖來自不同的職能部門和業務執行部門，但此時大家都有一個相同的領導，即該 PDT 的產品線經理。

五、業務流程

1. IPMT 的業務流程

IPMT 的業務流程如圖 2-6 所示，IPMT 的決策依據是來自於企業內部、外部的各種信息，並按照擬定的決策流程對這些信息進行梳理、判斷，最後提出新產品規劃、立項、發布、中止的決策意見。IPMT 的決策是以企業戰略方向的制定、商業盈利模式的確立、核心競爭能力的建立為中心的，以技術路標、產品路標的提出作為 IPMT 與 PDT 的接口、交接內容。也就是說，IPMT 更關注的是企業的競爭能力、盈利能力，而不是新產品的具體實現方式。

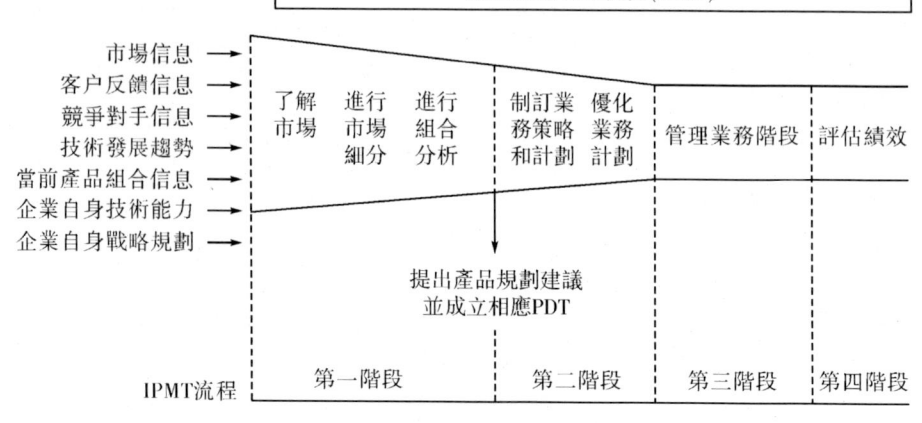

圖 2-6　IPMT 業務流程圖

（1）IPMT 流程的第一階段

該階段是產品線規劃階段。從圖 2-6 的最左邊開始，將市場信息、客戶反饋信息、競爭對手信息、技術發展趨勢、當前產品組合信息、企業自身技術能力、企業自身戰略規劃等作為產品線規劃階段的輸入信息，在經過瞭解市場、市場細分、產品組合分析、制定業務策略和產品計劃等細化流程後，最終完成流程第一階段的工作。該階段的輸出文件是新產品的規劃建議報告。

圖 2-6 中，從瞭解市場到進行市場的細分，到進行組合分析，再到業務策略和產品計劃的制訂，是該階段中更為細化的子流程。每一個細化子流程環節的執行都應有明確的判斷結果。要知道，並不是所有納入 IPMT 流程的新產品創意都能夠形成新產品的規劃，有許多新產品的創意在經過細化子流程的各環節時會被否決，所以圖 2-6 所示的 IPMT 流程示意圖是左邊寬右邊窄的圖形。這表明進入該階段的創意產品項目是很多的，但隨著流程的不斷推進，能留存的創意產品會逐漸減少，最後在該階段能生成新產品規劃報告的創意產品是很少的。這也充分說明採用集成產品開發模式不是唯技術的驅動方式，而採用的是技術驅動與市場驅動相結合的評判方式。

生成了新產品的規劃報告並不等於新產品的正式立項。因參與 IPMT、SPT 團隊的人員是以管理、市場、戰略、規劃人員為主的團隊，他們對新產品的具體實現方法和過程中所需的資金及產品實現後的具體成本是難以判斷的，而這些信息內容正好又是進行新產品立項決策所需要的重要依據，所以 IPMT 管理團隊在做出新產品的規劃意見後，要成立相應的 PDT 團隊，指定 PDT 的負責人，並由其來組建 PDT 的初始團隊。IPMT 要將新產品的規劃建議提供給成立的 PDT 團隊，由 PDT 對新產品的具體實現方法和過程中所需的資金及產品實現後的具體成本和開發所需時間進行判斷。

（2）IPMT 流程的第二階段

該階段是新產品的規劃階段，從 IPMT 提出新產品規劃建議報告開始，到完成規劃、批准新產品開發正式立項為止。在該階段，IPMT 要評審 PDT 上交的產品概念報告及產品計劃報告，以決定是否同意正式進行新產品的開發立項。隨著流程階段的具體實施、推進，也會有一些已進入產品規劃階段的新產品項目被中途否決，最後能進入立項

階段的新產品數量會少於規劃階段的新產品數量。新產品的立項階段是 IPMT 流程中十分重要的一個階段，因為一旦 IPMT 決定進行新產品開發立項，新產品的開發資金就要全面到位，大量的產品開發人員也將要從各個部門進入 PDT，產品開發資金的消耗就會全面鋪開，所以新產品的正式開發立項對於高新技術企業而言也屬於重大決策。

(3) IPMT 流程的第三階段

該階段是產品開發、測試、驗證、發布階段，從新產品的正式開發立項開始，到新產品正式發布為止。在該階段中，IPMT 按與 PDT 簽署的新產品開發協議，按計劃、預算給 PDT 配置人力、物力、資金資源，保證提供必要的開發條件。PDT 要進行新產品的開發、測試、驗證、發布。之後，IPMT 要對 PDT 的新產品驗證報告、發布報告進行評審，以決定該新產品能否正式發布。

該階段中的重要決策，就是對現產品的正式發布。之所以這是一個重要的決策，是因為新產品一旦正式發布就要進行大規模的生產和銷售，這時企業就要投入更大規模的資金進行生產備料準備和生產能力準備，同時還要進行大規模的市場廣告宣傳、市場啟動。這時的資金投入量是遠遠大於立項資金需求量的。如果這時新產品還存有隱性缺陷，或市場的競爭格局已發生了明顯的不利變化，抑或競爭對手推出了更先進的競爭產品，而企業的決策層還沒有察覺到，還是仍按 IPMT 的原計劃進行新產品的正式發布並進行大規模的生產和銷售佈局，將會產生非常嚴重的後果。

(4) IPMT 流程的第四階段

該階段是產品生命週期管理階段，從新產品的正式發布開始，到新產品退市為止。該階段的時間長短非預先制訂，可能會很長，但也可能很短。該階段新產品的投資回報率是決定性因素，當該新產品的盈利能力很強時，生命週期自然會被延長。但當該新產品的競爭能力明顯下降、產品已轉為虧損狀態且看不到扭虧為盈的可能性時，IPMT 就要通過評審來決定是否中止該產品的生命週期，並要求 PDT 做出中止前的準備計劃和中止後的產品替代方案。

2. PDT 的業務流程

集成產品開發模式的產品業務流程如圖 2-7 所示。它與傳統產品開發模式在開發階段的最大差別為：一是傳統產品開發模式是以企業自身為中心、以技術創造為核心、以自我產品的銷售目的的方式，而集成產品開發模式是以滿足客戶需求為目的的方式；二是傳統產品開發模式的開發過程主要是技術方案的設計、實現的過程，而集成產品開發模式的過程是一個完整的從產品概念到產品計劃、產品開發、產品測試、產品驗證、產品發布、產品生命週期管理的全過程，在產品概念和計劃階段就考慮到了客戶對新產品各方面的需求和企業內部各中游、下游環節對新產品的需求，並依此進行了細緻的新產品定義，把客戶及內部作業的需求轉變為產品規格說明書，並對產品規格的可實現性進行了全面的分析和初步驗證。

產品開發過程管理為產品開發提供一種按階段進行的開發流程模式，有以下幾個特點：

(1) 過程階段化：整個過程從信息收集、整理到立項、設計、開發、測試、驗證，最終到系統級測試直至產品發布，經過了若干階段。

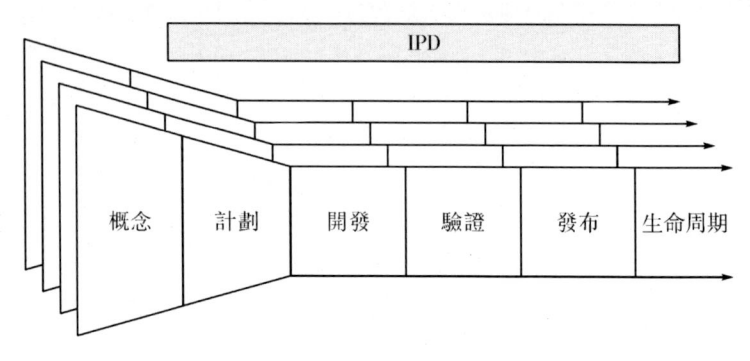

圖 2-7　PDT 的業務流程

（2）關鍵階段接口關口化：關鍵階段之間需要引入決策機制，嚴格評審提交的方案，以決定是否符合進入下一個階段的條件。

（3）設計開發同步化（並行化）：在設計開發的過程中，許多其他過程也先後啟動，生產技術人員、採購人員、測試人員等開始介入產品的設計和開發工作；成本控制、時間控制、風險控制等也同步進行；硬件、軟件開發和其他過程的信息交互在不同的階段都有相應的規定。生產部門的提早介入也是同步開發的一大特色。

（4）任務明確、組織結構清晰：每一個任務都要有明確的輸入信息、處理方式、實現步驟和輸出結果。對於過程中的任務需要落實到部門或責任人，明確責任承擔、任務執行、任務審查的責任人。各個任務不是獨立的，之間的信息接口需要明確（內容和所處的階段位置）。各項任務的分離並不意味著人員、組織的分離。

（5）文檔模塊化：項目進展的每個環節都有相應的文檔模板支持，這需要長時間的累積和不斷地豐富完善，以形成文檔建設規範。只有這樣才能使產品的過程管理具有可操作性。

與 IPMT 相比的職責和任務，PDT 更關注於新產品的開發過程，從產品概念的確立到產品計劃的制訂及產品的立項、開發、測試、驗證、發布，一直到產品生命週期的管理。

本章小結

勞動對象是生產力三要素之一，產品或服務是生產運作系統的重要組成部分。新產品的開發和創立是一門科學，是關乎企業生死存亡的命題。而將產品從設計開發到銷售給顧客則是生產運作管理過程的實現。本章的主要內容包括新產品的類型、新產品開發的重要性、新產品開發的趨勢以及新產品開發的步驟，著重介紹了新產品開發新組織形式——並行工程，以及新產品的開發的主要思想和技術，最後介紹了集成產品開發模式的基本概念、核心理念、組織架構、業務流程等。本章的重點是新產品開發的組織方式和新產品開發的主要思想和技術。

復習思考題及參考答案

1. 新產品開發對企業發展有哪些重要的意義？

答：（1）新產品開發決定企業的興衰成敗；

（2）新產品開發影響企業搶占市場的能力；

（3）新產品開發是企業戰略調整和結構轉型的需要；

（4）新產品開發的設計影響企業產品的成本、質量和製造的效率；

（5）新產品開發是產品更新換代的需要。

2. 目前呈現出的新產品開發的趨勢有哪些？

答：（1）全球化市場和虛擬開發組織；

（2）需求的多樣化，定制生產；

（3）協同產品開發；

（4）強調環保意識；

（5）技術外包。

3. 新產品開發的組織形式有哪幾種，各有什麼優缺點？

答：（1）串行的組織方式又叫串行工程，是一種傳統的產品開發模式，產品的開發各階段是由企業內不同職能部門的不同人員依次進行的。串行的產品開發過程存在的主要問題如下：

①各下游開發部門所具有的知識難以加入早期設計。越是早期設計階段，費用降低的機會越大。費用隨時間成指數增加。

②各部門對其他部門的需求和能力缺乏理解，目標和評價標準的差異和矛盾降低了產品整體開發過程的效率。

（2）並行工程是對產品及相關過程，包括製造過程和支持過程，進行並行、一體化設計的一種系統方法。這種方法力圖使產品開發者從一開始就考慮產品生命週期從概念形成到產品報廢的所有因素，包括質量產品、進度和用戶需求。

①縮短產品投放市場的時間；

②並行工程可有效地降低成本；

③採用並行工程技術，盡可能將所有質量問題消減在設計階段，使所設計的產品便於製造，易於維護；

④增強功能的實用性。

4. 簡述質量功能展開的原理和功能

答：（1）質量功能展開（QFD）是一種系統性的決策技術，在設計階段，它可保證將顧客的要求準確無誤地轉換成產品定義（具有的功能、實現功能的機構和零件的形狀、尺寸、公差等）；在生產準備階段，它可以保證將反應顧客要求的產品定義準確無誤地轉換為產品製造工藝過程；在生產加工階段，它可以保證製造出的產品完全滿足顧客的需求。在正確應用的前提下，質量功能展開技術可以保證在整個產品壽命循環中，顧客的要求不會被曲解，也可以避免出現不必要的冗餘功能，還可以使產品的工程修改減至最少，也可以減少使用過程中的維修和運行消耗，追求零件的均衡壽命和再生回收。

（2）QFD方法具有很強的功效性，具體表現為：
①QFD有助於企業正確把握顧客的需求；
②QPD有助於優選方案；
③QFD有利於打破組織機構中部門間的功能障礙；
④QFD容易激發員工們的工作熱情；
⑤QFD能夠更有效地開發產品，提高產品質量和可信度，更大地滿足顧客。

5. 簡述IPD模式的核心理念

答：IPD模式的新產品開發核心理念與傳統產品開發模式的差別是非常明顯的，兩者在核心理念上的差別體現在以下方面：IPD模式中對新產品的開發是作為投資進行管理的，其追求的是投資的匯報；在IPD模式中對新產品的開發以技術創新作為目的，其追求的是新產品的市場應用；在IPD模式中對新產品的開發是以客戶為中心的市場形成，其追求的是客戶對新產品的滿意度。

參考文獻

[1] 陳志祥，李莉. 生產與運作管理［M］. 北京：機械工業出版社，2009：32-42.

[2] 趙啓蘭. 生產運作管理［M］. 北京：清華大學出版社，北京交通大學出版社，2008：79-96.

[3] 李全喜. 生產與運作管理［M］. 北京：北京大學出版社，中國林業大學出版社，2007：94-133.

[4] 陳榮秋. 生產與運作管理［M］. 北京：科學出版社，2005：99-116.

[5] 田英，黃輝，夏維力. 生產與運作管理［M］. 西安：西北工業大學出版社，2005：21-56.

[6] 楊建華，張群，楊新泉. 營運管理［M］. 北京：清華大學出版社，北京交通大學出版社，2006：33-55.

[6] 楊毅剛. 企業技術創新的系統方略［M］. 北京：人民郵電出版社，2015：54-58.

第三章

選址決策和設施佈局

學習目標

1. 瞭解企業設施選址的主要因素和評價方法
2. 瞭解製造業設施佈局的原則和類型
3. 熟悉常用的設施布置的方法
4. 瞭解非製造企業設施佈局的基本方法和考慮因素

引導案例

星巴克的選址策略和流程

僅僅5年，星巴克從一個無名小卒成長為一位耀眼的明星，並迅速演變為一種標榜流行時尚的符號。在都市的地鐵沿線、鬧市區、寫字樓大堂、大商場或飯店的一隅，在人潮洶湧的地方，那墨綠色商標上的神祕女子總是靜靜地對你展開笑顏。

星巴克的選址策略主要有三個方面：一是明確星巴克的定位為「第三生活空間」，就是除了家和辦公室，中間還應該有一個地方可以提供大家休息、暢談、洽談商務，星巴克進入市場的切入點就是這一點。二是首先考慮的是諸如商場、辦公樓、高檔住宅區此類匯集人氣聚集人流的地方。三是對星巴克的市場佈局有幫助，或者有巨大發展潛力的地點，星巴克也會把它納入自己的版圖，即使在開店初期的經營狀況很不理想。例如，星巴克全球最大的咖啡店是位於北京的星巴克豐聯廣場店，當初該店開業時，客源遠遠不能滿足該店如此大面積的需要。經營前期一直承受著極大的經營壓力，但隨著周邊幾幢高檔寫字樓的入住率不斷提高及區政府對朝外大街的改造力度不斷加大，星巴克

預測豐聯店一定會成為該地區的亮點。於是其最終咬著牙關堅持了下來。現在該店的銷售額一直排名北京市場前列。

星巴克的選店依重於當地公司，其流程分為兩個階段：第一階段是當地的星巴克公司根據各地區的特色選擇店鋪，這些選擇主要是來自三個方面，一是公司自己的搜尋，二是仲介介紹，三是各大房產公司在建商樓的同時，也會考慮主動引進星巴克來營造環境。在上海，這三種選擇方式的比例大概是1：1：2。第二階段是總部的審核，星巴克的中國公司將店面資料送至亞太區總部由他們協助評估。星巴克全球公司會提供一些標準化的數據和表格，來作為衡量店面的主要標準，而這些標準化數據往往是從各地的選店數據建立的數據庫中分析而來的。

事實上，審核階段的重要性並不十分突出，主要決定權還是掌握在當地公司手中。如果一味等待亞太區測評結束，很可能因為時間而錯失商機。據上海片區星巴克的負責人介紹，往往在待批的過程中，地方店面已經開始動手裝修。「雖然95%的決定權在地方公司，但是也有制約機構來評定我們的工作。」一位部門負責人透露：在星巴克，一方面理事會會根據市場回報情況，評定一名經理的能力。另一方面，會計部會監控各店面的經營情況。

商圈的成熟和穩定是選址的重要條件，而選址的眼光和預測能力更為重要。比如，星巴克的上海新天地店和濱江店，一開始生意都是冷冷清清，然而新天地獨特的娛樂方式和濱江店面對黃浦江，賞浦西風景的地理優勢，使得這兩家店面後來都風生水起，成為上海公司主要的利潤點。

南京店的開立更是星巴克選址的一個典型的範例。當時，店址面臨兩個選擇，一個是在南京市的新街口商圈，這裡人口密集，有4~5家大型場，新街口商圈的東方商廈是一家經營高檔商品的大型商場，這裡的消費者的層次與星巴克的消費人群類似，而且消費水準穩定；另一個是南京市北極閣地區，這裡風景優美，環境安靜而不嘈雜。更重要的是，這裡是省市政府機關的工作區域，在星巴克看來，政府公務員消費也是不可小覷的一塊。另外，南京正在修建的地鐵就從那裡路過。星巴克對於兩個地區的流動人群作了調查，從他們的穿著、年齡、男女比例來確定潛在的客戶數量。「星巴克更多是一個偏向女性化的咖啡店，帶著些夢幻和情，」公司一位負責人介紹，「而且女性客人往往會帶來她的男友或者夥伴，而男性客人往往是獨來獨往。」最終東方商廈與星巴克一拍即合，以抽成的租金方式，建立了在南京的第一家星巴克。據星巴克的負責人解釋，將第一家店開設在新街口，看中的是其穩定成熟的商業氛圍，可以維持營業額的穩定。

資料來源：https://wenku.baidu.com/view/12a5b51fad02de80d5d8403b.html?from=search

第一節　生產運作系統的佈局和選址

選擇廠址既是新企業必須做出的決定，也是老企業在改建、擴建、搬遷以及擴張兼併或選擇新的合作夥伴時不得不面臨的問題。

一、設施選址的基本問題和影響因素

1. 設施選址的定義

設施：生產運作的硬件系統，包括廠房、車間、倉庫、營業場所等。

設施選址（Facility Location）是指如何運用科學的方法設計設施的地理位置，使之與企業的整體經營運作體統有機結合，以便有效、經濟地達到企業的經營目的。

設施選址的基本問題包括兩個層次的決策問題：第一個層次是宏觀層次的戰略性問題，即選擇什麼區域；第二個層次是操作層次的具體定位問題，即在所選擇的區域內，根據區域的具體情況及企業生產或服務經營活動的要求，來確定設施的具體位置。

2. 選址的重要性

選址是一項耗資巨大的永久性投資，如果工廠或者商店已經建成，才發現設施地址選擇錯誤，則為時已晚，難以補救。新的廠房不利於生產運作，生產成本將會提高，而此時將廠房移動是不可能的。如果易地重建廠房，勢必耗資巨大；如果繼續維持生產，則會造成生產成本提高、職工隊伍不穩定等現象，企業將處於不利地位。可以說，選址不當將「鑄成大錯」，輕者企業會造成重大的財產損失，重者會使企業失去競爭優勢。

一個企業的競爭力將直接受到其地理位置和環境的影響。對於製造業企業來說，其地理佈局決定著某些直接成本的高低，如原材料和產品的運輸成本、勞動力成本及其他輔助設施的成本等。對於服務業企業來說，選址的問題直接影響著供需關係（如客流量）。此外，選址的問題還影響著員工的情緒、相互之間的關係以及公共關係等。

隨著經濟全球化的發展，全球化範圍的選址問題受到了人們的重視，全球化的一個重要特徵是製造活動從集中式到分佈式的轉變，人們面對的不再是一個單一的工廠選址問題，而是為由不同的零部件廠、裝配廠以及市場構成的製造網絡選址的問題。與單一工廠的選址問題相比，網絡選址可以更有效地利用不同地方乃至世界各地的資源與能力優勢。

3. 選址的影響因素

（1）廠址條件和費用

建廠地區的地勢、地質、土地開發程度和基礎設施建設，都會影響到建設投資。顯然，在平地上建廠比在丘陵或山區建廠要容易施工得多，造價也低得多。在地震地區建廠，所有的建築物和設施都要達到抗震要求。同樣，在有流沙和下沉的地面上建廠，也都要有防範措施，這些措施都將導致投資增加。此外，選擇在荒地上還是在良田上建廠，以及土地上的基礎設施建設都會影響投資額度。需要強調的是，中國的人均耕地面積十分有限，選擇廠址要盡可能不占良田或少占良田。

新建廠區需要大量的投資，土地的價格與區域的選擇有著直接的關係。遠離城市中心地段的土地價格，顯然要比城市中心的土地價格低，租金同樣會大大低於城市中心地段的租金。通水、通電、通氣及土地平整等費用也是建新廠區的一項重要投資，同樣需要納入選址的考慮範圍之內。基礎設施主要是指企業生產運作所需的外部條件，一般指「七通一平」。「七通」是指郵通、上下水通、路通、電信通、煤氣通、電通、熱力通；「一平」指場地平整。基礎設施建設是給投資者提供建廠開店的便利條件。

(2) 交通運輸條件

企業的一切生產經營活動都離不開交通運輸。原材料、工具和燃料進場，產品和廢物出廠，零件協作加工，都有大量的物料需要運輸；職工上下班，也需要交通方便。交通便利能使物料和人員準時到達需要的地點，讓生產活動能正常進行，還可以使原材料產地與市場密切聯繫。

在運輸工具中，水運運載量最大，運費較低；鐵路運輸次之；公路運輸運載量較小，運費較高，但最具有靈活性，能實現門到門運輸；空運運載量最小，運費最高，但速度最快。因此，選擇水陸交通都很方便的地方是最理想的。在考慮運輸條件時還要注意產品的性質。生產粗大笨重產品的工廠，要靠近鐵路站或河海港口；製造出口產品的工廠，廠址要接近碼頭。

在企業輸入和輸出過程中，有大量的物料進出。企業在進行選址時要根據本企業及產品的實際情況選擇是接近原材料供應地，還是接近消費市場。

①接近原料或材料產地：原材料成本往往占產品成本的比重大。優質的原材料與合理的價格，是企業所希望的。下述情況的企業應該接近原料或材料產地：

·原料笨重而價格低廉的企業，如磚瓦廠、水泥廠、玻璃廠、鋼鐵冶煉廠和木材廠等；

·原料易變質的企業，如水果/蔬菜罐頭廠；

·原料笨重，產品由原料中的一小部分提煉而成，如金屬選礦和制糖；

·原料運輸不便，如屠宰廠。

②接近消費市場：工廠區位接近消費市場的主要目的，是節省運費並及時提供服務。在作選址決策時，要追求單位產品的生產成本和運輸成本最低，不能追求只接近消費市場或只接近原料或材料產地。一般來說，下述情況的企業應該接近消費市場：

·產品運輸不便，如家具廠、預制板廠；

·產品易變化和變質，如制冰廠、食品廠；

·大多數服務業，如商店、消防隊、醫院等。

(3) 勞動力資源的供給情況

勞動力資源需要考慮的因素是：勞動力的成本和可得性、地區的薪資水準、勞動生產率以及工會在勞動關係中的作用等等。比如：在經濟全球化的今天，許多企業尤其是跨國公司都試圖在全球範圍內尋找勞動力成本最低的地區。

勞動密集型的企業，人工費用占成本的大部分，應在勞動力資源豐富、工資低廉的地區設廠建址，這樣可以降低人工成本。

對於高新技術企業等知識、技術密集型的企業，對於勞動力資源的素質要求較高，人工成本占製造成本的比例很大，而且員工的技術水準和業務能力又直接影響產品的質量和產量，為了獲得高水準的勞動力資源，這類企業一般應在教育和科技發達大城市選址。

(4) 與協作廠家的相對位置

廠址選擇還應考慮企業與上下游和合作企業的協作是否方便。和人類一樣，企業也有「群居」性的特徵。由於專業化的分工，企業必然與周圍其他企業發生密切的協作

關係。因此企業選址時還應該考慮產業群落的影響。例如，外協廠家較多的企業，應盡量接近外協廠家，或使中心企業與周圍企業處於盡量接近的地域內。典型的外協零部件較多的企業是汽車製造企業，美國的底特律、日本的豐田市都是有名的汽車城，就是由於集中了大批的汽車裝配廠和零部件供應廠家而形成的。

（5）自然條件

自然因素主要是氣候條件和水資源狀況：

①氣候條件：氣候條件將直接決定著企業的生產狀況，也影響員工的身體健康和工作效率。根據美國製造業協會的資料，氣溫在 15℃～22℃ 之間，人們的工作效率最高。另外企業產品的特點對溫度、濕度、氣壓等條件都有特殊的要求。如德國大眾在大連投資的發動機工廠臨海而建，但由於當地氣候過於潮濕，許多發動機零部件在生產或存放過程中極易銹蝕，無奈只好再投資 1,000 多萬元將主要車間封閉並安裝中央空調增加了企業的運作成本。

②水資源情況：根據企業水資源的耗用情況的大小，考慮企業的選址，同時注意當地有關環保方面的問題。有些企業耗水量巨大，應該在水資源充足的地方建廠，如造紙廠、發電廠、鋼鐵廠、化纖廠等。有些企業，如啤酒廠對水質的要求高，則不僅要靠近水資源，而且要考慮水質。一般來說，耗水量大的企業對水質造成的污染也大，選址時同時也要考慮當地環保的有關規定，安裝治理污染的設備。

（6）社會因素

社會因素主要包括當地居民的生活習慣、文化教育水準、宗教信仰和生活水準等。

不同國家、民族和地區的生活習慣都不盡相同，符合當地生活習慣和欣賞習慣的產品將會暢銷，而違背當地人生活習慣的產品將會找不到銷路。

在文化水準高的地區建廠將有助於招聘到一些高水準的知識型員工，同時當地的文化氛圍將有助於吸引更多的優秀人才前往。但是文化水準高的地區，人力資源的成本相對於其他地區要高，因此企業在進行選址決策時，應該綜合考慮企業的實際需要。

宗教信仰也是企業選址時不能忽略的一個問題，如果生產企業的性質和產品的性質和當地的宗教信仰相矛盾，工廠建設將會引發一系列不必要的衝突，因此在不發達地區建廠時應該注意並尊重當地居民的宗教信仰問題。

建廠地區的生活水準決定了工廠建成後企業招工的難易程度。生活水準高的地區，配套的技術設施完善，對外地欠發達地區的職工有較強的吸引力。

（7）政治和政策因素

政治因素包括政治局面、法制建設、地區政策、稅收政策等。政治因素對於企業海外投資建廠來說是首先需要考慮的因素。政治局面的穩定與否直接關係到投資的風險大小。政權不穩定的國家，通常法制建設不完善，稅收政策不穩定，很難保證投資者的利益。

政策因素是指國家和地方政府的經濟政策、稅收政策以及其他鼓勵或限制產業發展的政策等。企業建廠時要充分地瞭解地方政府的相關政策規定，例如環境保護方面的法規，高污染的工廠不能到法規不允許的地方建廠。相反，一些國家和地區為了發展地方經濟，吸引外商投資，制定了很多相關的政策，比如地價優惠、稅收優惠以及外商保護

的相關法條，這些直接影響到企業的建廠成本。

二、設施選址的一般步驟

1. 明確廠址選擇的目標

企業選址首先應該明確建廠的目的和目標，制定建廠任務計劃書，概略地確定各類人員的數量，成立建廠工作組。廠址選擇的原因各不相同。如果是擴建，除了考慮費用和效益外，還要考慮對現有企業的經營影響。

2. 分析企業所屬的產業背景

收集、整理有關新工廠的相關數據資料。對企業的產品類型、生產運作規模、占地面積、運輸量、水電氣的消耗量，對工程水文地質條件的要求，「三廢」排放情況等相關資料進行收集分析。同時搜集研究本行業廠址建設的相關案例以及行業發展的趨勢，瞭解相關的政策導向。這個階段要把建廠需要考慮到的因素的相關資料進行搜集整理，為建廠的後續工作提供有效的支持。

3. 綜合評價廠址選擇的影響因素，選擇建廠地區

用合適的選址評價方法，辨識廠址選擇的主要影響因素，圍繞建廠目標和主要因素進行分析，建立評價廠址方案的具體的評價指標體系。

4. 對選擇地區的不同地點進行實際勘探

需建廠工作組到地區現場實地勘察該地區的相關情況，進行可行性和合理性分析，取得當地建設部門的城市規劃圖，聽取有關部門的建廠意見。

5. 定址

三、設施選址的評價方法

當不同的候選地址各有優勢和劣勢時，會很難決定最佳的選址方案。下面介紹幾個常用的選址評價方法。

1. 因素評分法（加權平均法）

選址涉及的因素很多，有些因素是無形的，很難進行量化。因素評分法也稱加權平均法的基本思想就是全面考慮各種影響因素，把各種因素一一列出，並根據對選址決策的影響程度，賦予不同的權重。採用主觀打分的方法將其量化，再採用定量分析的方法進行處理。該方法的主要步驟如下：

（1）選擇相關影響因素

（2）根據各因素對廠址選擇的影響程度，給予其相應的權重。各因素權重總和為1.00（100%）。

（3）給所有因素確定一個統一的數值範圍（0~10或者0~100）。

（4）給每一個候選地點按滿足各因素的程度分別評分。

（5）分別把每個候選地點的每個因素的得分與其權重相乘，再把各因素乘積值相加，得到候選地點的總分。

（6）選擇綜合得分高的地點。

【例3-1】一家攝影公司打算開一家分店，有兩個地點可供選擇。影響因素如表3-

1所示，試確定適宜的地點。

表 3-1　　　　　　　　　　　權重、得分及結果

影響因素	權重	得分 地點 A	得分 地點 B	權重×得分 地點 A	權重×得分 地點 B
臨近有攝影店	0.10	100	60	10.0	6.0
地段繁華，交通便利	0.05	80	80	4.0	4.0
房屋租金	0.40	70	90	28.0	36.0
面積大小	0.10	86	92	8.6	9.2
店面佈局	0.20	40	70	8.0	14.0
營運成本	0.15	80	90	12.0	13.5
合計	1.00			70.6	82.7

顯然地點 B 優於地點 A，選擇地點 B 為分店地址。

有時該方法還可以進行簡化，權重按分值給出，評分只設幾個等級，匯總權重的得分的乘積，選擇分值最高的為最佳方案。見例 3-2。

【例 3-2】某汽車零部件公司在選址時確定了 4 個候選廠址，選定 8 個影響因素，權重及打分情況見表 3-2。

表 3-2　　　　　　　　　　　影響因素與評分結果

影響因素	權重	候選廠址 地點 A	地點 B	地點 C	地點 D
勞動力資源	7	2	3	4	1
原材料供應	3	4	4	2	4
目標市場	6	4	2	3	4
基礎設施	4	1	1	3	4
生活條件	6	1	1	2	4
氣候條件	5	3	4	3	2
環境保護	4	2	3	4	1
可擴展餘地	1	4	4	2	1
合計（權重×得分）		87	91	106	98

計算結果：選定廠址為 C。

2. 量本利分析法

量本利分析法，又稱盈虧平衡分析法。量本利分析是根據成本和銷售量進行分析，在潛在的備選方案之間進行經濟比較和選擇。通過識別和估算每一潛在選址的固定成本和變動成本，可以確定出在預期銷售量的情況下成本最低選址。如圖 3-1 所示。a 為盈虧平衡點，即在此點處，銷售收入和總體成本持平。當銷售量大於 a 時，該選址方案

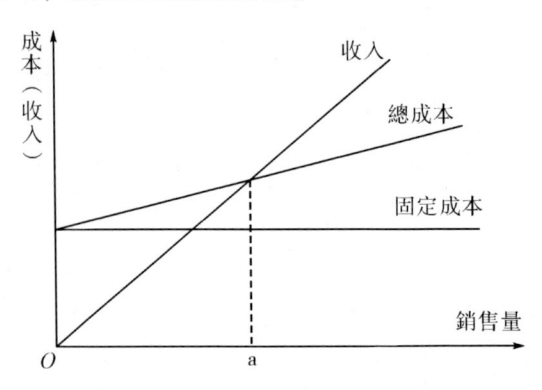

是盈利的；而小於 a 時，該備選方案是虧損的。

圖 3-1　設施選址盈虧平衡分析

【例 3-3】某製造商考慮將新建一處生產製造廠，在城市 A、城市 B 和城市 C 中進行廠址選擇。分析表明，在這三個城市建廠的固定成本分別為 30 萬元、60 萬元和 110 萬元，單位變動成本分別為 750 元、450 元和 250 元，產品的預期銷售價格為 1,200 元。問：在預期年銷售量為 2,000 的情況下，在哪個城市建廠更為經濟？

解：當年銷量為 2,000 時，在城市 A、城市 B 和城市 C 建廠各自的總成本分別計算如下：

城市 A 總成本＝300,000+750×2,000＝1,800,000（元）

城市 B 總成本＝600,000+450×2,000＝1,500,000（元）

城市 C 總成本＝1,100,000+250×2,000＝1,600,000（元）

A 方案、B 方案、C 方案的設施選址盈虧平衡分析如圖 3-2 所示。可見，當預期年銷售量為 2,000 時，在城市 B 建廠的總成本最低。其預期年利潤為：

總收入－總成本＝1,200×2,000－1,500,000＝900,000（元）

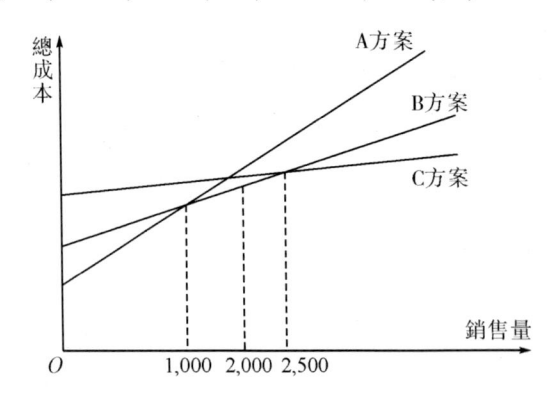

圖 3-2　A 方案、B 方案、C 方案的設施選址盈虧平衡分析

從圖 3-2 中還可以看出，當該產品銷售量低於 1,000 時，在城市 A 建廠所獲的利潤最大；當該產品銷售量高於 2,500 時，在城市 C 建廠所獲的利潤將最大。

3. 仿真法

按物料供應過程運費最少的選址決策可能導致產品發運過程運費增加，反之按產品

發運過程運費最少的選址決策可能導致物料供應過程運費增加。如何從總體上考慮運輸費用最少，是一個難以用解析方法解決的問題。對這種複雜的優化問題，可以採用仿真的方法。

仿真法不是一種單項技術，而是一種求解問題的方法。它可以運用各種模型和技術，對實際問題進行建模，通過模型採用人工實驗手段，來理解需要解決的實際問題。通過仿真，可以評價各種替代方案，證實哪些措施對解決實際問題有效。

第二節 設施的佈局

一、設施佈局原則

設施佈局是指在給定的設施範圍內對多個經濟活動單元進行位置安排，使它們組合成一定的空間形式，從而有效地為企業的生產運作服務，以獲得更好的經濟效益。

設施佈局是在企業選址確定之後進行的，它主要是確定組成企業的各個組成部分的空間位置，同時確定物料流程、運輸方式和運輸路線等。在進行設施佈局時，應遵循以下原則。

1. 企業的廠房佈局應滿足生產過程的要求

廠房、設施和各種建築物的配置，特別是生產車間和設備的配置，應當符合生產運作過程的工藝順序，便於合理地組織生產線。以避免相互交叉和迂迴運輸，從而縮短生產週期，節約生產費用。

2. 靠近協作單位便於整體的協調

物質設施配備的數量應和產品產量、物料流量相適應，使生產聯繫和協作關係密切的單位相互靠近，這樣有利於進行整體管理，實現整體的最優。比如機械加工和裝配車間應該安排在相鄰的位置上。

3. 充分利用現有設施

充分利用現有運輸和設施條件，如鐵路、公路、港口、供電、供水等公共設施。

4. 合理劃分各種區域

按照生產性質，防火和環保要求，合理劃分廠區，如熱加工車間區、冷加工車間區、動力設施區。為了減少居民生活區的污染，生活區應設在上風區。

5. 有效使用廠房面積

充分發揮多層建築、立體佈局的優點，和協作關係的物質設施盡量靠近，總平面布置力求占地面積最小。

6. 要有餘地

工廠布置應考慮擴建餘地，適應企業發展變化的要求。

7. 有利於創造良好的工作環境

為保證職工的身心健康，工廠布置必須認真研究生產運作過程的安全性，配置好防火、防毒、防爆、防污染、傳動防護等設施，滿足工作現場的採光、照明、衛生、取暖

和通風要求，減少噪音和振動的影響，同時，要注意廠區綠化與美化，追求工廠佈局的藝術美觀效果。此外，工廠的佈局還必須重視保護生態環境，妥善考慮「三廢」的處理與周圍社區環境文化協調問題。

設施佈局的目標，就是要將企業內的各種設施進行合理布置，使其相互配合、相互協調，從而有效地為企業的生產經營服務，以實現理想的經濟效益。具體而言，應實現以下目標：

(1) 合理的物料流動。
(2) 工作的有效性和高效率。
(3) 環境美觀清潔。
(4) 滿足容積和空間的限制。

二、設施佈局的影響因素

1. 產品的結構與工藝特點

生產單位的設置應根據產品結構要求，設置相應的製造車間，如生產機械產品的製造企業，生產單位可由毛坯、加工、裝配車間組成；流程式的化工行業則嚴格按工藝流程的階段組成車間。同類型的產品，結構相似，可能採用不同的工藝方法，如齒輪廠的毛坯，可以模鍛或精密鑄造而成，因而相應地設置鍛造車間或鑄造車間，或者鍛造與鑄造車間均設置。

2. 企業的專業化與協作化水準

企業的專業化是以生產的產品品種多少和工藝類型與方法的專業化化程度來衡量的。專業化程度高的企業，年產量較大，生產單位（車間）的任務比較單一。

企業的生產專業化形式不同，相應設置的生產單位也不同。採用產品專業化形式的企業，要求企業有較為完整的生產單位，應設置毛坯車間、機械加工車間、熱處理車間、裝配車間等，如汽車製造企業。採用零件專業化形式的企業，多數沒有完整加工過程的各個工藝階段，可不設置裝配車間或毛坯車間，如齒輪廠等，採用工藝專業化的企業，一般只設有相應工藝階段的車間，如裝配廠，只有部件裝配車間、總裝車間等。

企業的專業化程度高，必然有大量的外協件需進行協作化生產，企業可發展成一個企業集團。

企業的協作化水準不同，相應地由不同的生產單位組成。協作範圍越廣，則企業的生產車間組成越簡單。

3. 生產單位的專業化原則

生產單位專業化的原則和形式，影響企業內部的生產分工和協作關係，決定著物料流向、物流路線和運輸量，它是企業與車間平面布置中必須考慮的重要問題。按照生產流程的不同類型，生產單位專業化原則有工藝專業化和對象專業化原則。

4. 企業的生產規模

企業的生產規模是指勞動力和生產資料在企業集中的程度，如企業職工人數、固定資產總值、產品總產值等，可分為大、中、小規模企業。大型企業的車間規模大，為了便於組織生產，同類生產性質的車間往往設置多個，如機械加工一車間、機械加工二車

間；對於小型企業，則可將加工與裝配設置在一個車間。

三、設施佈局的類型

工廠佈局的基本類型，代表了工廠處理物質設施的基本原則，因此，選擇合適的工廠佈局類型，是工廠佈局的一項重要戰略決策。工廠佈局大致可以分成以下四種基本類型。

1. 按工藝專業化原則佈局

工藝專業化原則又稱工藝式佈局，是按照工藝專業化原則進行工廠佈局，即根據工藝的性質設置單位，把執行同一類功能的設施和人員組合在一起，安排在同一區域。如某產品的工藝過程主要由鑄造、機械加工、熱處理、精密加工、裝配、噴漆、包裝等工藝階段組成，這就使相同類型的工藝設備和工人集中在同一單位中，來完成生產運作過程中的某一工藝階段，實現了對不同產品和零部件的相同和相似的工藝加工。如圖 3-3 所示，被加工的零件根據預先設定好的流程順序從一個地方轉移到另一個地方，每項操作都由適合的機器來完成。醫院是採用工藝專業化原則佈局的典型，每個科室只能完成特定的醫療服務。

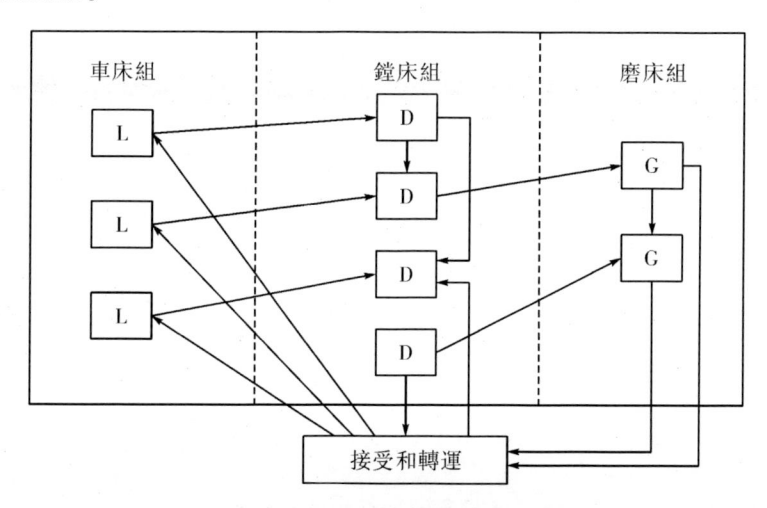

圖 3-3 按工藝專業化原則佈局示意圖

工藝專業化原則佈局具有以下特點：

優點：

（1）相同的設備集中在一起，系統能滿足多樣的工藝要求，便於充分利用設備和生產面積。

（2）加工對象改變，不必重新佈局設備，因此當產品品種變換時，有較強的適應性。此外，設備可以替代使用，個別設備出現故障對系統影響不大。

（3）在同一車間裡進行相同的工藝加工，工藝和設備管理起來較方便，也便於工人之間的技術交流。和工人專業技術熟練程度的提高。

缺點：

（1）由於加工對象由一個車間轉到另一個車間，交叉和往返路線增多，物料運輸

路線長、生產環節多，增加了運輸費用。

（2）在製造系統中有加工間歇，當在製品多時，會出現生產週期長，流動資金占用量大，週轉速度緩慢的情況。

（3）協作關係複雜，協調任務重，從而使車間內部的計劃管理、製品管理、質量管理等工作複雜化。

工藝專業化形式多適用於單件小批生產類型的生產，其產品的變更大，而設備等適應性強。當然，由於設備適應性強，其專用性就不可能太強，帶來的問題是效率不高。

2. 按對象專業化原則佈局

對象專業化原則又稱產品原則佈局，它主要是按照加工產品來設置生產單位的。在一個生產單位中，要集中生產一個產品或一類產品的全部加工或絕大部分加工任務。它是以加工產品、部件、部件、零件為對象組織生產單位的一種專業化形式。產品原則佈局與工藝專業化原則佈局的區別就是工作流程和路線不同。工藝專業化原則佈局中的物流路線是高度變化的，用於既定任務的物料在其生產週期中要多次送往同一加工車間。在產品原則佈局中，設備和車間服務於專門的產品線，採用相同的設備能避免物料迂迴，實現物料的直線運動。如圖3-4所示，每種產品的加工路徑都是直線型。鞋、化工設備和汽車清洗劑的生產都是按產品原則佈局的。

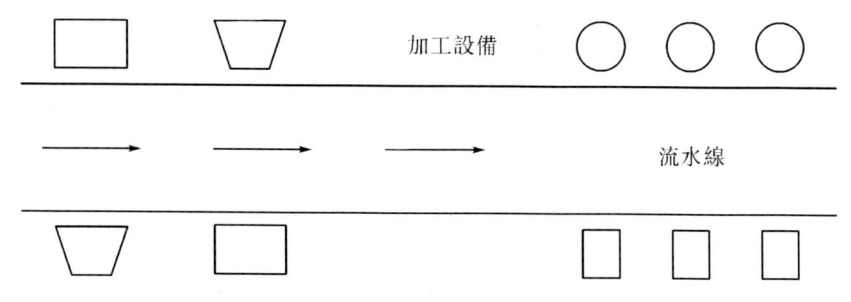

圖3-4 按對象專業化原則佈局示意圖

生產單位的結構形式決定了對象專業化形式有其特有的優勢：

（1）生產比較集中，內部管理比較緊湊。這種生產模式在一個產品單位中，集中生產某種產品，某類產品所需要的各種設備，配備這個相應工種的工人。

（2）在這種生產模式下，因為是在一個生產單位內完成產品的全部或基本加工過程，所以生產週期短，加工運輸、資金占用等明顯減少。這是工藝專業化生產形式不能比的。

（3）減少車間之間的聯繫，簡化計算和核算工作，有利於建立健全生產責任制，也有利於採用先進的生產組織形式。

對象專業化形式也有其明顯的缺點：

（1）對市場需求變化的適應性差。一個生產單位生產的產品，由於市場需求變了，產品就銷不出去。而根據產品配備的生產設備，又因為產品銷售不出去，生產就必須停下來，轉產困難。

（2）某個設備發生故障，會造成整個生產工藝過程的中斷，影響生產，使設備利用率受到限制，所以必須要有一定的備用件和專業維修人員。

（3）在一個生產單位內，各工藝階段內容不同，給工藝管理和指導帶來了不便，也不利於對工藝進行專業化的管理。

對象專業化原則佈局是對大批量生產、相似程度高、變化少的產品進行組織規劃。生產內容、工藝穩定了，就可以採用高效率的設備。只有當給定產品或零件的批量遠大於所生產的產品或零件的種類時，採用產品原則佈局才有意義。例如，電鍍車間、鞋、汽車和化工設備的生產都是按對象專業化原則設計的。

3. 按定位式原則佈局

定位式佈局又叫固定式佈局，是指加工對象體積龐大或質量（舊稱重量）巨大不易移動，生產工人和設備都隨加工對象所在的某一位置而轉移。由於某些產品體積龐大笨重，不容易移動，所以可以保持產品不動，將工作地按生產產品的要求來固定布置。例如，大型飛機、船舶、重型機床等。對於這樣的項目，一旦基本結構確定下來，其他一切功能都能圍繞著產品而固定下來，如機器、操作人員、裝配工具等。

與工藝專業化原則佈局和產品原則佈局相比，定位式佈局的特點是具有相對較少產品數量。生產項目保持在一個地方，工作人員和設備都到這個地點工作。但是這種佈局常常遇到難題：一是在建設過程中，不同階段需要不同的材料，隨時間向前推移，不同材料的安排就變得很關鍵；二是所需材料是不斷變化的，例如，隨著工程的推進，建造一艘船的外殼所使用的鋼板量是不斷改變的。這些致使固定位置佈局問題技術發展緩慢，不同企業處理固定位置佈局時採用不同的方法。由於固定位置佈局問題在現場很難解決，一個替代的策略就是讓盡量多的工作在遠離現場的地方得到解決。

在定位式佈局中，按照作業的級別來安排順序是很普遍的，根據先後工序決定生產階段，要按照物料的技術優先性來安排物料。在對大型的機器設備做佈局時，例如，對沖壓機床進行佈局時就需要遵循這一點，生產要嚴格按照次序來進行；裝配是從基礎開始進行的，新的零件則像建築行業磚砌似的不斷地按順序加到底座上。比如，在造船時，整個建造過程中需要使用的鉚釘應放在船殼附近或船殼內；重發動機部件只需向船殼移動一次，所以應放置在較遠的位置；起重機由於經常要使用，應該放在離船殼較近的地方。

4. 按成組技術（單元製造）佈局

如果按照設計特徵或製造特徵的相似性對生產中的各種零件進行分類，可以分成不同的組，稱零件族。這種按照工藝特徵對零件分類的技術叫做作組技術。所謂的設計特徵是指產品尺寸、形狀和功能，而製造特徵和工藝特徵是指需要的加工類型及順序。具有相似工藝特徵的零件不一定具有相似的設計特徵。那麼在製造過程中，就可以對設備進行分組佈局，每一組設備（一個單元）完成一組工藝相似的零件所需的工藝。這種佈局方式稱為成組技術（單元製造）佈局。如圖 3-5 所示。

成組技術佈局是將不同的機器分成單元來生產具有相似形狀和工藝要求的產品。成組技術佈局現在被廣泛應用於金屬加工、計算機芯片製造和裝配作業。成組技術原則應用的目的是要在生產車間中獲得產品原則佈局的好處，這些好處包括：

（1）工人團隊作業完成整個工作任務，有利於改善人際關係。

（2）在一個生產週期內，工人只能加工有限數量的不同零件，重複程度高，有利

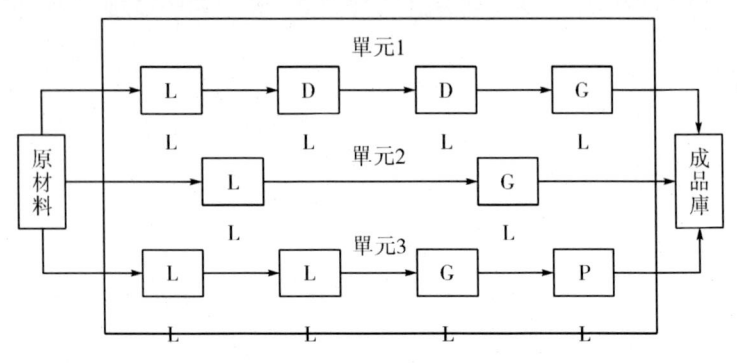

圖 3-5　成組生產單元佈局示意圖

於提高工人操作技能的熟練程度。

（3）在一個生產單元內完成幾個生產步驟，零件在車間之間的移動減少，提高了傳送效率。

（4）加工種類的減少意味著模具的減少，這就意味著模具的更換速度可以大幅度提高，這有利於縮短生產準備的時間。

實踐中，佈局方式往往是混合的。不同的基本佈局類型經常分別運用於同一營運系統的不同部分。表3-3表示了各種布置的優點和缺點。

表 3-3　　　　　　　　　　四種基本佈局類型的優缺點

佈局類型	優點	缺點
定位式佈局	柔性高；產品不移動；顧客不受干擾；員工工作內容豐富	單位成本高；空間和活動的調度安排非常複雜；移動距離長
工藝式佈局	柔性高；系統穩健性好；便於管理	設備利用效率低；流程複雜，組合複雜；顧客排隊時間可能很長
成組技術佈局	可兼顧成本和柔性；團隊作業，系統輸出速度快	調整現有成本可能性高；可能需要更多的工廠和設備；工廠利用率低
產品原則佈局	可實現高產量；便於專用設備採用；物料和顧客的移動十分便利	組合柔性可能很低；系統穩健性不佳，故障影響大；工作重複程度高

四、設施佈局的方法

1. 基於工藝原則的佈局方法

基於工藝原則的佈局是最常用的一種佈局類型，其常用方法有物料運量圖法、作業相關圖法、線性規劃法和計算機輔助佈局法。

（1）物料運量圖法

物料運量圖法就是根據生產過程各單位和各部門之間的物流量大小，確定各部門間的相互位置的佈局方法。它的宗旨就是把相互間物流量大的部門盡量靠近，以使運送成本最小。具體步驟如下：

①根據各單位間的物流量，初步佈局各個生產單位的位置，繪出初步物流圖。

②將表3-4各單元的物料流量進行合併。合併後把數據填在對角線的上方。合併的

目的就是要求出各單元之間物料的總流量。例如，在表3-4中，單元02到單元03的物料流量是6噸，單元03到單元02的物料流量是4，則單元02和單元03之間物料的總流量為6+4=10噸。所以把10填在表3-5中（02，03）這個位置。

表3-4　　　　　　　　　車間之間運量表（單位：10噸）

	01	02	03	04	05	總計
01		7	2	1	4	15
02			6	2		8
03		4		5	1	10
04			6		2	8
05				2		
總計	0	11	14	10	6	

表3-5　　　　　　　　　各單元物料流量的合併

	01	02	03	04	05	總計
01		7	2	1	4	
02			10	2		
03				5	1	
04					4	
05						
總計						

③按運量大小進行初步佈局，將單元之間運輸量大的安排在相鄰位置，並考慮其他因素進行改進和調整，如圖3-6所示。

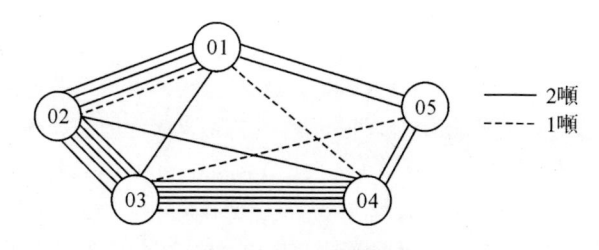

圖3-6　最終佈局圖

需要注意的是，對5個部門之間的設施佈局問題來說，潛在的方案共有（5!）個。在設施佈局的實際問題中，很少有機會比較經濟地找到最優結果。人們常常在經過若干次計算後，滿足於被認為是比較好或可接受的可行方案。尤其是對規模較大的問題，由於可選方案很多，只能求助於計算機軟件幫助解決。

（2）作業相關圖法

作業相關圖法是通過圖解，判斷組織各部分之間的關係，然後根據關係的密切程度加以佈局，從而得出比較優的總平面佈局方案。步驟：

①將關係密切程度劃分 A、E、I、O、X 6 個等級，見表 3-6 所示：

表 3-6　　　　　　　　　　　　關係密切程度

代號	密切程度	分值
A	絕對重要	6
E	特別重要	5
I	重要	4
O	一般	3
U	不重要	2
X	不予考慮	1

②列出導致不同程度關係的原因。

表 3-7　　　　　　　　　　　　關係密切原因圖

代號	關係密切原因
1	使用其間的原始記錄
2	共用人員
3	共用場地
4	人員接觸頻繁
5	文件交接頻繁
6	工作流程連續
7	做類似的工作
8	共用設備
9	其他

③使用這兩種資料，將待佈局的部門一一確定出相互關係，根據相互關係重要程度，按重要等級高的部門相鄰佈局的原則，安排出最合適的佈局方案。

(3) 計算機輔助設施佈局

對於上例 8 個車間的工藝原則佈局問題，總共有 8!（40,320）種可能的佈局方式。這麼大而繁雜的計算，如果沒有計算機的幫助是難以獲得滿意方案的。從 20 世紀 70 年代以來，出現了許多計算機輔助佈局軟件，其中應用最為廣泛的是計算機設施佈局技術 CRAFT（Computer Relative Allocation of Facilities Technique）。CRAFT 的基本原理和上例類似，也是採用啟發式算法。它的初始輸入包括一個物流矩陣、一個初始方案的距離矩陣和單位距離運輸成本。從這些輸入開始，CRAFT 根據運輸成本最小原則，不斷地以迭代的方式對兩個車間位置進行交換，直到所得佈局方案的物流成本不能再降低為止。另外，CRAFT 對於設施間距離是採用正交距離，而不是上例中所用的車間之間直線距離。CRAFT 最多可以計算 40 個車間的佈局問題，迭代不到 10 次就可以得到最終結果，其車間形狀也是標準的矩陣形。

除了 CRAFT 之外，代表性的軟件還有計算機輔助設施設計法（Computerized Facilities Design，簡稱 COFAD）。與 CRAFT 一樣，COFAD 也是改進初始佈局的改進型程序，但還需要加入物料運輸設備的投資額、運行費和效率等數據作為初始輸入，其目的在於同時考慮設施佈局和物料運輸系統，並從中選擇一個最少的物料運輸系統。

另外一類軟件是創生性設計，代表是計算機輔助相關法（Computerized Relationship Layout Planning，簡稱CORELAP）和自動化佈局設計法（Automated Layout Design Program，簡稱ALDEP）。二者均可以根據輸入的數據從無到有構造出一個佈局方案。

2. 基於對象原則的佈局方法

對象原則佈局不同於工藝原則，不存在設備或活動單元的相對位置的佈局，一切都由工藝流程決定，其重點是在生產線和流水線的平衡問題。製造業中的生產線或流水線分為加工線和裝配線。加工線的平衡常常由專門的設備決定，而裝配線的平衡則用分解在組合的方式確定。下面主要介紹從表（From-to）試驗法。

從表實驗法是一種常用的工藝原則佈局方法。從第二節可知，工藝原則佈局方法的缺點是物流效率不高。因此，從表實驗法就是通過列出機器或設施之間的相對位置，以對角線元素為基準計算工作地之間的相對距離，從而找出整個生產單元物料總運量最小或運輸距離最短的佈局方案，使得運輸費用最小。其基本步驟如下：

①選擇典型零件，制定典型零件的工藝路線，確定所用機床設備；
②制定設備佈局的初始方案，統計出設備之間的移動距離；
③確定出零件在設備之間的移動次數和單位運量成本，並計算成本矩陣；
④用實驗法確定最滿意的佈局方案。

【例3-4】一個玩具廠有八個車間。分別為：1——收發部；2——塑模與衝壓；3——鑄造；4——縫紉；5——小型玩具裝配線；6——大型玩具裝配線；7——噴漆；8——機械裝配線。車間的總面積為80米×160米的矩形，該空間被平均分成8格，安排8個車間。現要求設計出運輸費用最少的設施佈局方案。

（1）物流量和物料搬運信息確定

所有物料都裝在一個標準尺寸的木箱中用叉車運輸，叉車每次運輸一箱物料（一個單位貨物）。相鄰車間單位貨物運輸成本為1元，每個一個車間增加1美元。各車間可以對角移動。一年所需的運輸量如表3-8所示。

表3-8　　　　　　　　車間之間的物料流動表

從\至	1	2	3	4	5	6	7	8
1		175	50	0	30	200	20	25
2			0	100	75	90	80	90
3				17	88	125	99	180
4					20	5	0	25
5						0	180	187
6							374	103
7								7
8								

（2）制定初始方案（如圖3-7所示）

依據表3-8計算出各車間之間成本矩陣（表3-9）。一年內總運輸成本為3,474元。

1	3	5	7
2	4	6	8

圖 3-7　車間初始佈局方案

表 3-9　　　　　　　　初始方案的成本矩陣

從＼至	1	2	3	4	5	6	7	8
1		175	50	0	60	400	60	75
2			0	100	150	180	240	270
3				17	88	125	198	360
4					20	5	0	50
5						0	180	187
6							374	103
7								7
8								

（3）改變車間佈局以降低成本

改變布置方案可以採用啟發式的實驗性方法：首先把相互間運輸成本最大的車間或設備分配到鄰近位置。從表 3-9 可以看出，車間 1 和 6 之間運輸成本最大，因此把車間 6 移到車間 1 相近的位置，例如移到原來車間 3 的位置（如圖 3-8）。由於這個移動會改變其他車間之間位置，並會影響它們之間的運輸成本，因此需要再次計算成本矩陣（如表 3-10）。得到總成本為 3,432 元，比初始方案降低 42 元。此時，車間 6 和車間 7 之間運輸成本變得最大，接下來繼續將車間 6 和車間 7 移到鄰近位置。如此，經過多次重複，可得到如圖 3-9 的比較滿意的布置方案。

1	6	5	7
2	4	3	8

圖 3-8　車間佈局第二個方案

表 3-10　　　　　　　第二個方案的成本矩陣

從＼至	1	2	3	4	5	6	7	8
1		175	100	0	60	200	60	75
2			0	100	150	90	240	270
3				17	88	125	99	180
4					20	5	0	50
5						0	180	187
6							748	206
7								7
8								

5	8	1	6
3	2	4	7

圖 3-9　車間佈局最佳方案

　　注意：雖然本例根據運輸成本最小原則得到了最佳方案，但是，除了成本之外的其他因素也必須考慮。例如收發室放在工廠中心是不合適的，而車間 4（縫紉）和 7（噴漆）放在一起也是不妥當的，因為縫紉產生的碎布顆粒容易飄到已經漆好的產品上。因此，在決定最終布置方案時，必須對多方面的因素綜合考慮。

第三節　非製造業的設施佈局

一、辦公室的設施佈局

　　辦公室佈局對於辦公室工作效率的提高、勞動人員生產率的提高及改善「工作生活質量」都具有重要作用。在今天，辦公室工作人員在整個就業人口中所占比重越來越大，因此，辦公室佈局的問題就顯得越發重要。

　　1. 辦公室的佈局特點

　　（1）生產製造系統加工處理的對象主要是有形的物品，因此，物料搬運是進行設施布置的一個主要考慮因素。而辦公室工作的處理對象主要是信息及組織內外的來訪者，因此，信息的傳遞和交流是否方便、來訪者辦事是否方便和快捷，是主要的考慮因素。

　　（2）在生產製造系統中，尤其是自動化生產系統中，產出速度往往取決於設備運轉速度。在辦公室，工作效率高低往往取決於設備運轉的速度，或者說與設備運轉速度有相當大的關係。辦公室的佈局，又會對人的工作速度產生極大的影響。

　　（3）再生產製造系統中，產品的加工特性往往在很大程度上決定設施佈局的基本類型，生產管理人員一般只在基本類型選擇的基礎上進行設施佈局。而在辦公室佈局中，同一類工作任務可選用的辦公室佈局有多種，包括房間的分割方式、每個人工作空間的分割方式、辦公家具的選擇和布置形式等。

　　此外，在辦公室佈局中，也有一些考慮原則與生產製造系統是相同的，例如，按照工作流程和能力平衡要求劃分工作重心和個人工作站，使辦公室佈局保持一定的柔性，以便於未來的調整和發展等。

　　2. 辦公室佈局應該考慮的主要因素

　　辦公室佈局的主要內容是確定工作人員的座位和辦公條件的合理配置。佈局時首先要瞭解辦公室的工作性質和工作內容，內部組織、人員分工、辦公室之間的聯繫。還要瞭解人員的編製，以及根據工作需要應配備的家具、通信工具、主要辦公用品等。在掌握全面信息的基礎上，按辦公室的位置、面積進行合理佈局，並繪製佈局的平面圖，經科學比較、有效修改後，即可按圖進行正式佈局。

(1) 辦公室的外部環境

辦公室的外部環境包括採光、噪音程度等都是辦公室佈局應該考慮的重要問題。光照過強或過弱都會加速人的疲勞，降低人的工作效率。一般來說，自然光優於人造光，間接光優於直射光，勻散光優於聚焦光。另外，辦公室應該考慮安靜和諧的問題，佈局時要力求使辦公室有一個安靜的環境。嘈雜的聲音容易使人緊張，注意力分散，工作失誤。如果辦公場所容易受到外界的干擾，必須採取隔音措施。

(2) 辦公室的內部環境

辦公室的佈局應力求整齊、清潔，保證物品取用的方便。文件箱、文件櫃的大小、高度最好一致，常用的文件箱、相應地放在使用者附近。在安排人員座位時要首先考慮到工作的流程，其次是同一業務小組的工作需要。按人員的數額及其辦公所需空間，設定其空間大小。

(3) 信息交流和傳遞的及時性

信息交流涉及部門內部各種文件資料、電子信息的傳遞，同時也包括部門內部各成員之間的信息溝通。不同部門之間信息交流的量是不一樣的。因此部門之間的位置也是辦公室佈局時需要考慮的重要因素。

(4) 人員的工作效率

辦公室人員具有高智力、高工資的特徵，提高他們的工作效率對於企業來說更具重要意義。辦公室佈局的好壞可以直接影響到他們的工作效率，在佈局中需要考慮他們的工作性質和目標。比如，在銀行營業部、貿易公司、行政審批大廳的辦公場地，開放式的大辦公室佈局讓人交流自然，容易溝通，能夠促進工作效率的提高。而在出版社、醫院診室，開放式的辦公室佈局卻容易相互干擾，使人無法專心工作。

3. 辦公室佈局的主要形式

辦公室佈局根據行業的不同、工作任務的不同有多種形式。歸納起來，大致可以分為以下幾個模式：

(1) 封閉式辦公室。這是比較傳統的佈局方式。這種模式的特點是，一層辦公樓被分割為多個房間，每一個房間是一個工作單位。這種佈局可以保證工作人員有足夠的獨立性，但是在無形中妨礙了人與人之間的交流，不利於上下級之間的溝通，幾乎沒有調整和改變的餘地。

(2) 開放式辦公室。這是近20多年來才發展起來的佈局方式。在一間很大的辦公室內，可以同時容納一個或若幹部門的十幾人、幾十人甚至上百人共同工作。這種佈局方式，不僅方便同事之間及時交流，而且方便部門領導與一般職員的溝通，在一定程度上起到消除等級隔閡的作用。但是這種佈局方式經常會互相干擾，人員之間容易閒聊。

(3) 半開放式辦公室佈局。就是在開放式辦公室佈局的基礎上，進一步發展起來的用半截屏風將人和人適當隔離開的一種組合式佈局方式。這種佈局即有開放式辦公室佈局的優點，又在一定程度上避免了開放式佈局的相互干擾、閒聊等弊病。而且，它還有很大的柔性，可隨時根據情況的變化重新調整。據統計，採用這種形式佈局，建築費用比傳統的封閉式辦公室建築能節省40%，改變佈局的成本也較低。

實際上，在很多企業或組織中，各種佈局都是綜合使用的。20世紀80年代，在西

方發達國家又出現了一種新型辦公佈局——「活動中心」。在每個活動中心裡面，有會議室、討論室、視頻室、接待室、文印室、資料室等進行一項完整工作所需的各種設施場所。辦公樓內設有若干個這樣的活動中心，每一項獨立的工作都集中在一個活動中心裡進行，工作人員根據工作任務的不同在不同的活動中心之間移動。但每個仍保留自己一個傳統式的辦公室。這是一種比較特殊的布置，一般是針對項目型的工作。

20世紀90年代後，隨著信息技術的迅猛發展。一種更新的辦公形式——「遠程辦公」悄然而生。所謂「遠程辦公」，是指利用信息技術和手段，將處於不同地點的工作人員聯繫在一起，共同完成工作的安排方式。還有一種更為形象的描述就是「在家辦公」，人們可以在家、在出差地、在飛機上、在火車上辦公等。信息技術的普及和進一步發展，使人們的工作方式和對辦公方式的需求都發生了改變，而辦公室佈局等工作，也發生了很大的變化。

二、服務業的設施佈局

服務業企業往往比製造企業類型更多更複雜，對諸如百貨商店、超級市場、醫院這樣的服務業企業來說，設計者必須考慮顧客的到來情況，並需要通過精心設計提高顧客的滿意度，從而盡可能擴大銷售額，增加利潤。服務類企業規模較少，大多數屬於勞動密集型，所用的設備也較少，但同樣存在佈局問題，服務業佈局類型也可以分為工藝原則類型和產品類型兩種，不過前者居多。

服務業由傳統的局限於生活消費領域，轉向為整個社會生產、生活服務的各個領域。提起傳統的服務業，人們一般會想到百貨、餐飲、旅遊、理髮行業等。但時至今日，服務業已經從這些傳統的行業擴大到金融、保險、通信、運輸、租賃、諮詢、維修等眾多行業。

零售業服務業佈局的目的就是要使零售店鋪的面積淨收益最大。在實際佈局中，「面積淨收益最大」一般表現為：「搬用費用最小」「產品擺放最多」「空間利用率最大」等，同時還要考慮其他的人性化因素。一般而言，零售服務場所有3個組成部分：環境條件，空間布置及設施功能，徽派、標誌和裝飾品。

1. 環境條件

這是指零售服務行業的背景特徵。如賣場的照明、溫度、音樂、噪聲等，這些環境條件會直接影響雇員的業務表現和工作士氣，同時也會極大地影響顧客對服務的滿意程度、顧客的逗留時間以及顧客的消費態度。雖然其中的許多特徵主要是受建築設計（照明布置、吸音板和排風扇的布置等）的影響，但建築內的布置也對其有影響。比如，食品櫃附近的地方常可以聞到食物的氣味，劇院外走廊裡的燈光必須是暗淡的，靠近舞臺處會比較嘈雜，而入口處的位置往往通風良好。

零售服務場所的背景特徵必須科學地設計，具體涉及光線、顏色、空氣、聲音、音樂。這些要素不能分開單獨設計，因為它們相互之間具有非常相關的聯繫，與零售服務場所的位置、布置、設備等密切相關。譬如，光線與顏色有關，而顏色又和商品的佈局有關。

2. 空間佈局及設施功能

科學設計、合理安排商品的分組場地、空間位置、顧客的行走路徑。行走路徑的設計的目的就是要給顧客提供一條線路，使他們沿著這條線路，能夠盡可能多的看到商品，按需要程度接受各種服務。通道也非常重要，除了確定通道數目之外，還要決定通道的寬度。通道的寬度也會影響服務流的方向。

同樣一些標記的設計也可以吸引顧客的注意力，從而也能起到引導顧客流的作用。

另外要將顧客們認為相關的物品放在一起，而不是按照商品的物理特性、貨架大小、服務條件來擺放物品，這是目前比較流行，也是比較符合人性需求的做法。這在百貨商店的精品服務櫃臺、專賣店、超市的美食櫃臺、日用品櫃臺中常常使用。

對於流通規劃和商品分組，市場研究提供了幾條值得注意的指南：

（1）人們在購物中傾向於以一種環形的方式購物。將利潤高的物品沿牆壁擺放可以提高他們的購買可能性。

（2）超市中，擺放在通道盡頭的減價商品總是要比存放在通道裡面的商品賣得快。

（3）信用卡付帳區和其他非賣區需要顧客排隊等候服務，這些區域應當布置在上層或「死角」等不影響銷售的地方。

3. 徽牌、標誌和裝飾品

徽牌、標誌和裝飾品是在服務場所中具有極其重要社會意義的標誌物。這些物品和周圍環境常常體現了建築物的風格、零售服務場所的價值取向。例如，麥當勞、肯德基、必勝客、奔馳、寶馬的標誌都能夠使人很容易在各種招聘中一眼就識別出來。

本章小結

企業的選址和佈局決策在生產運作中具有十分重要的意義，它將長期影響企業的生產運作活動。本章的主要內容包括企業選址的影響因素、步驟、常用方法，生產設施佈局影響因素和佈局方法以及服務業和辦公室等非製造企業的設施佈局方法。

復習思考題及參考答案

1. 設施選址的影響因素有哪些？

答：（1）廠址條件和費用；（2）交通運輸條件；（3）勞動力資源的供給情況；（4）與協作廠家的相對位置；（5）自然條件；（6）社會因素；（7）政治和政策因素。

2. 企業選址的評價方法有哪些？

答：主要有加權平均法、量本利分析法及仿真法。

3. 設施佈局的影響因素有哪些？

答：（1）產品的結構與工藝特點；（2）企業的專業化與協作化水準；（3）生產單位的專業化原則；（4）企業的生產規模。

4. 什麼是產品專業化原則？其優缺點是什麼？

答：工藝專業化原則又稱工藝式佈局，是按照工藝原則進行工廠佈局，即根據工藝的性質設置單位，把執行同一類功能的設施和人員組合在一起，安排在同一區域。它具有以下特點：

優點：

（1）相同的設備集中在一起，系統能滿足多樣的工藝要求，便於充分利用設備和生產面積；

（2）加工對象改變，不必重新布置設備，因此當產品品種變換時，有較強的適應性；

（3）在同一車間裡進行相同的工藝加工，工藝和設備管理起來較方便，也便於工人之間的技術交流。

缺點：

（1）由於加工對象由一個車間轉到另一個車間，交叉和往返路線增多，物料運輸路線長、生產環節多，增加了運輸費用；

（2）在製造系統中有加工間歇，因而在製品多時，生產週期長，流動資金占用量大，週轉速度緩慢；

（3）協作關係複雜，協調任務重，從而使車間內部的計劃管理、製品管理、質量管理等工作複雜化。

5. 什麼是對象專業化原則？其優缺點是什麼？

答：對象專業化又稱產品原則佈局，它主要是按照加工產品來設置生產單位的。在一個生產單位中，要集中生產一個產品或一類產品的全部加工或絕大部分加工任務。它是以加工產品、部件、部件、零件為對象組織生產單位的一種專業化形式。

優點：

（1）生產比較集中，內部管理比較緊湊；

（2）生產週期短，由此是加工運輸、資金占用等明顯減少；

（3）減少車間之間的聯繫，簡化計算和核算工作，有利於建立健全生產責任制，有利於採用先進的生產組織形式。

缺點：

（1）對市場需求變化的適應性差；

（2）某個設備發生故障，會造成整個生產工藝過程的中斷，影響生產，使設備利用率受到限制；

（3）在一個生產單位內，各工藝階段內容不同，給工藝管理和指導帶來了不便，也不利於對工藝進行專業化的管理。

6. 辦公室的布置一般都考慮哪些因素？

答：（1）辦公室的外部環境；（2）辦公室的內部環境；（3）信息交流和傳遞的及時性；（4）人員的工作效率。

參考文獻

[1] 陳志祥，李莉. 生產與運作管理 [M]. 北京：機械工業出版社，2009：48-65.

[2] 趙啟蘭. 生產運作管理 [M]. 北京：清華大學出版社，北京交通大學出版社，2008：97-152.

[3] 李全喜. 生產與運作管理 [M]. 北京：北京大學出版社，中國林業大學出版社，2007：56-93.

[4] 陳榮秋. 生產與運作管理 [M]. 北京：科學出版社，2005：129-167.

[5] 田英，黃輝，夏維力. 生產與運作管理 [M]. 西安：西北工業大學出版社，2005：57-88.

[6] 楊建華，張群，楊新泉. 營運管理 [M]. 北京：清華大學出版社，北京交通大學出版社，2006：55-59.

第四章

工作設計與工作研究

學習目標

1. 理解工作設計的概念、意義、理論、原則
2. 掌握工作設計的基本方法、內容和步驟
3. 瞭解影響工作設計的主要因素
4. 理解工作研究的概念
5. 掌握工作研究的技術方法
6. 掌握工作研究步驟

引導案例

這究竟是誰的工作？

同平常一樣，張老師提前10分鐘來到多媒體大教室（可容納150人），準備上第3~4節課。他一進門就發現地上有一大堆飲料瓶；走到講臺前，看見臺面和地上居然還有廢紙和空食品袋之類的雜物——這可是從未有過的事情。張老師相當不滿，於是到教室管理室提意見。管理員李師傅態度挺好，但表示愛莫能助，一則他現在正忙著收發多媒體講臺的鑰匙，二則清潔是保潔員的工作。張老師一聽，是這個道理，就回到教室，一邊自己拿出紙巾擦講臺，一邊叫了一個學生找來拖布把地上的水拖了，至於地上的垃圾，只好視而不見了。

課後，張老師碰巧遇到了分管教學保障的王處長，順便提起了這件事。當天下午，所有的課都結束後，王處長來到教學樓的管理室召集相關人員開會。他先通報了從張老

師那裡聽來的情況，管理員李師傅證實確有此事，而且他上午工作結束後到那間大教室看了，門口地上的水痕還很明顯，教室的地面上有廢紙等垃圾。王處長立刻與眾人到了那間教室，果然如此。王處長生氣了，問責李師傅：「雖然張老師反應情況時你在忙，脫不開身，課後你都過來看了，為什麼不打掃？下午上課的老師和學生會是什麼樣的感受？」李師傅一聽，馬上委屈地申辯：「我只是負責管理多媒體教室的使用、登記和收發鑰匙什麼的，清潔是保潔員的事情。」王處長於是轉向幾個保潔員：「誰負責這間教室？」周大姐怯生生地答應：「是我」，然後立刻為自己開脫，「這麼多教室，就我們幾個人，每個人都分了好大一片。我們的工作都是老師下班後才開始的。我中午只能做完小教室，吃晚飯這段時間再做大教室，又忙又累，咋可能每個教室都一天做幾遍嘛。而且我前腳做好，後腳就有人亂扔，我哪裡管得了。」其他幾個保潔員立刻附和，而保安和設備維修員在一旁幸災樂禍似的笑著嘀咕。王處長於是有些惱怒地說：「你們大家的職責就是保證教學環境和教學設施的良好，出現髒亂和濕滑的現象，無論如何是你們這個集體的工作沒有做到位。你們每個人都應該主動積極地把工作做好，不要推來推去的。好了，大家趕緊去干活吧。」

散會後，員工們的心裡都在抱怨：「這事完全不是我的責任，挨頓訓，倒霉！」王處長也明白自己最後的那番訓話產生不了多大的正面效果，心裡很是困惑：如果沒有今天上午的事件，教學樓裡管理維護工作還真的沒有可指責的。但例外總是會發生的，假如發生更嚴重的意外，會怎麼樣？問題究竟在哪裡？又如何解決呢？

資料來源：卿濤，羅鍵．人力資源管理概述［M］．北京：北京交通大學出版社，清華大學出版社，2006：82-83．

第一節　工作設計概述

一、工作設計的概念

工作設計是指為了有效地達到組織目標與滿足個人需要而進行的工作內容、工作職能和工作關係的設計。也就是說，工作設計是一個根據組織及員工個人需要，規定某個崗位的任務、責任、權力以及在組織中工作的關係的過程。

二、工作設計的意義

在開始做每件工作之前，總是要明確要做什麼、要得到什麼結果、要什麼人來做、怎麼樣才能得到預期的結果等問題，這是工作分析的結果。而工作設計則是在工作分析的前提下，來說明工作該怎樣做才能最大限度地提高組織的效率和勞動生產率，怎麼樣使工作者在工作中得到最大限度的滿足，包括在工作中幫助員工個人成長和增加員工福利。顯然，工作設計的目的是明確工作的內容和方法，明確能夠滿足技術上、組織上的要求及員工的社會和個人要求。所以工作設計是關於在組織內，如何實現組織運行目標和與個人積極性相適應的方法，以確保組織績效指標的提高和組織最終目標的實現。

工作設計不僅是人力資源管理工作的核心，同時也是人本管理的基礎。以人為本的

管理不是管理者們的說教與口號，它要真正落實到與員工相結合的工作崗位、工作任務、工作要求上。而要做到這一點，就必須對組織目標、工作職責、員工特性做分析、設計，只有這樣，才能真正做到人事相宜，才能真正體現出對員工的尊重和組織的高績效。

工作設計問題主要是組織向其成員分配工作任務和職責的方式問題。工作設計是否得當，對於激發員工的工作積極性，增強員工的工作滿意感及提高工作績效都有重大的影響。在企業中，多數職位都是為提高效率而設的，工作的內容往往專業面窄、易學、重複性強。這常常導致了很多工作無聊乏味。

管理者應該認識到，沒有一種工作本身是乏味的。工作能否吸引人，取決於它是否能充分發揮員工的能動性。如果不能，它遲早會變得毫無滋味。真正能夠激勵人的工作，可以讓員工投入全部精力，有時甚至能挖掘員工的潛能。好的工作設計能夠收到如下成效：

1. 改善員工和工作之間的基本關係

工作設計打破了工作是不可改變的這個傳統觀念。它是建立在這樣的假設基礎上，即認為工作本身對員工的激勵、滿意和生產率有強烈的影響，工作的重新設計對於提高員工與工作之間的和諧意義非凡，它能夠使員工在安全、健康、舒適的條件下從事生產勞動。

2. 有助於激勵員工，不斷提高生產效率

工作設計不是試圖改變員工態度，而是假定在工作得到適當的設計後，員工積極的態度就會隨之而來。而實踐表明，設計良好的工作的確能夠提高員工的工作積極性，從而提高其工作的效率、改善工作效果。

3. 重新賦予工作以樂趣，更好地滿足員工的多方面需要

在工作設計過程中，要充分考慮到員工個體的差異，強調工作設計應要求員工本人參加、表達意見，這樣會激發員工的主人翁意識和興趣，使其可以從工作中體會到更多源於自主意識的樂趣，進而使其多方面的需要得到更好的滿足。

三、工作設計的相關理論

1. 工作設計中的社會技術理論

工作設計中的社會技術理論認為在工作設計中應該把技術因素與人的行為、心理因素結合起來考慮。任何一個生產運作系統都包括兩個子系統：技術子系統和社會子系統。如果只強調其中的一個而忽略另一個，就有可能導致整個系統的效率低下。因此，應該把生產運作組織看作一個社會技術系統，其中包括人和設備、物料等，既然人也是投入要素，這個系統就應具有社會性。人與這些物性因素結合的好壞不僅決定著系統的經濟效益，還決定著人對工作的滿意程度，而後者，對於現代人來說是很重要的。因此，在工作設計中，與其說把著眼點放在個人工作方式的完成方式上，不如說應該放在整個工作系統的工作方式上。也就是說，工作小組的工作方式應該比個人的工作方式更重要。

如果把生產運作組織方式、新技術的選擇應用和工作設計聯繫起來考慮的話，還應

該看到，隨著新技術革命和信息時代的到來，以柔性自動化為主的生產模式正在成為主流。但是，這種模式如果沒有在工作設計中的思想和方法上的深刻變革，是不可能取得成功的。為此，需要把技術引進和工作設計作為一個總體系統來研究，將技術、生產組織和人的工作方式三者相結合，強調在工作設計中注重促進人的個性的發展，注重激發人的積極性和勞動效率。這種理論實際上奠定了現在所流行的「團隊工作」方式的基礎。

2. 專業化

工業革命時期出現了大型的生產組織，規模化生產已成為當時的主要形式，這就使得生產領域中的分工越來越細，專業化程度不斷提高。分工的思想源於亞當·斯密的勞動分工，它是指並非讓一個人完成全部的工作，而是將工作劃分為若干步驟，由一個人單獨完成其中的某一個步驟。也就是說，個人專門從事某一部分的活動而不是全部活動。

古典管理思想的創始人亞當·斯密最早提出分工和勞動專業化能極大地提高勞動生產率。他具體考察了企業內部的勞動分工能在多大程度上提高勞動生產率，並指出勞動分工之所以能提高勞動生產率原因在於：第一，每個勞動者的熟練程度提高了；第二，節省了通常由一種工作轉到另一種工作所浪費的時間；第三，發明了很多機械，簡化和減少了勞動，使得一個人能夠完成很多人的工作。斯密在揭示勞動分工的優越性的同時，指出分工會給勞動者帶來負面效應：使勞動變得單調枯燥，使勞動者變得愚昧無知，從而使勞動者喪失了工作熱情和勞動積極性，厭倦勞動過程，從而給管理帶來很多問題。雖然斯密認識到了分工與人性的衝突，但他沒有充分認識到分工和專業化給勞動者帶來的負面效應，他認為為了經濟利益而犧牲人性是無可厚非的，因此分工對人性所造成的消極影響可以被忽略。他也沒有認識到過細的勞動分工會使勞動者產生厭倦心理，從而也會降低勞動生產率。

羅伯特·歐文也看到了大工業所帶來的過細的分工和勞動專業化給勞動者帶來的弊病，他認為分工把勞動者很多優秀品質都給扼殺了。他與斯密的區別在於：他認為分工所帶來的弊病可以消除，在理想的社會中，每個人都可以做不同的工作，當他不願從事原來的工作時，可以從事另外一種不同的工作。這對現在的啟示是 20 世紀後期在西方盛行的職位/崗位輪換制度。

查爾斯·巴貝奇發展了亞當·斯密關於分工的思想，進一步分析了分工能夠提高效率的原因：節約了學習所需要的時間，減少了培訓學習的時間；節約了培訓學習的材料；節省了從一道工序到另一道工序所耗費的時間；節省了改變工具所耗費的時間；加快了工作速度，提高了熟練程度；有利於改進工具和機器，有利於機器的發明和技術的革新。

專業化說明工作範圍的大小和所需要技能的多少。專業化程度越高，工作範圍越窄，重複性程度越高，所需要技能越單一。傳統理論認為，專業化程度越高，勞動分工越精細，生產運作效率越高、成本越低。但事實並不完全如此，新的研究表明，高度專業化有優點也有缺點。表 4-1 對高度專業化的優點與缺點進行了概括和對比。

表 4-1　　　　　　　高度專業化的優點與缺點

	對管理人員	對作業人員
優點	培訓簡單 效率高 節約工資	教育、技能要求低 責任小 對心智要求低
缺點	質量激勵困難 作業人員滿意度低	工作單調 晉級升遷機會少 對工作缺乏控制

3. 行為理論

華生是美國心理學家，行為主義心理學的創建人，他的行為主義又被稱作「S-R」心理學，即刺激-反應心理學。在華生看來，心理學應該成為「一門純粹客觀的自然科學」，而且必須成為一門純生物學或純生理學的自然科學。

1878 年，華生出生於南卡羅來納州的格林維爾。在孩提時代，他就顯示出了日後成名立業所需具備的兩個特點：喜歡攻擊，又富有建設性。他曾坦言，在上小學時他最喜歡的活動就是和同學打架，「直到一個人流血為止」。然而，12 歲時他就已經是一個不錯的木匠了。在他成名之後，他甚至為自己蓋了一幢有十幾個房間的別墅。華生是個很有個性的人。據他自己說，上小學時「很懶，有些反叛，考試從未及格過」，「大學生活對我幾乎沒有吸引力……我不擅長社交，沒有幾個知心朋友」。但就是這樣一個似乎缺乏熱情的人，日後改寫了心理學的方向。

1903 年，華生獲得芝加哥大學哲學博士學位，1908 年任約翰・霍普金斯大學教授。在此期間他開始探索用行為主義的方法來取代當時的心理學，他的觀點很快受到了學術界的歡迎。1915 年，華生當選為美國心理學會主席，1913 年發表論文《行為主義者心目中的心理學》。

華生行為主義心理學的主要觀點是：心理學研究行為而不研究意識，心理學的研究方法應該是客觀觀察而不是自我內省，心理學的任務在於預測和控制行為。

華生認為，行為是可以通過學習和訓練加以控制的，只要確定了刺激和反應（即 S-R）之間的關係，就可以通過控制環境而任意地塑造人的心理和行為。他曾有一句名言：給我一打健康的嬰兒，並在我自己設定的特殊環境中養育他們，那麼我願意擔保，可以隨便挑選其中一個嬰兒，把他們訓練成我所選定的任何類型的特殊人物，如醫生、律師、藝術家、商人或乞丐、小偷，而不管他的才能、嗜好、傾向、能力、天資和他們父母的職業及種族如何。可見，華生特別強調環境對人行為的影響，是典型的「環境決定論」。根據這一理論，犯罪心理和行為的形成與發展，是人在不良的環境中不斷學習、訓練的結果。行為主義強調環境的影響，有其合理的一面，但這一理論過分誇大了環境的作用，而忽視了人的主觀能動性，也有它的不足之處。這一理論後來也得到了不斷的改良與補充。

行為理論就是在工作系統的設計中充分考慮人的行為動機，使工作本身更加富有意義，從而提高人員的滿意度。行為理論所採用的方法主要有：工作擴大化、工作豐富化以及工作輪換。

4. 團隊理論

(1) 團隊的概念與團隊過程

①團隊的定義。隨著改革開放的深入，各類企業和政府機關對團隊管理提出了更高的要求，團隊精神的培養，也成為國有企業、鄉鎮企業、民營企業及外資企業管理發展的重要途徑。尤其是在合資企業，由於存在跨文化差異，使得團隊管理更為複雜。如何建設高效的管理團隊，具有十分重要的意義。

關於團隊的定義，不同研究者根據各自出發點，提出了多種觀點。一種意見認為團隊是指由組織中的正式關係而使各成員聯合起來形成的，在行為上有彼此影響的交互作用，在心理上能充分意識到其他成員的存在，並有相互歸屬的感受和協作精神的集體。也有研究者提出，團隊是由這樣一些個體組成，他們因任務而相互依存、相互作用，團隊成員認可自己歸屬於該團隊，外部人員也視這些個體為該團隊的成員，這些人具有相互補充的技能，為達到共同的目的和績效目標而合作。這裡所說的「相互補充的技能」，是指三個方面的技能：技術或職能專長，解決問題和制定決策的技能，處理人際關係的技能。所謂「共同的目的和績效目標」，是指可以使團隊具有良好狀態和動力機制的共同目的，而特定的績效目標則是共同目的的重要組成部分。團隊需要為此發展出一種共同地實現其目標的手段，並且相互之間承擔責任，即「對構成團隊成員基礎的兩個關鍵方面，我們對我們自己和其他人做出承諾；承擔義務並相互信任。」

在此基礎之上，研究認為應注重團隊基本結構。一個有效運作及成熟的團隊必須具有良好的群體結構，主要體現在技能、使命和承擔責任等方面。團隊和群體之間的最重要區別也許就在於，在一個團隊中，各人所作的貢獻是互補的；而在群體中，成員之間的工作在很大程度上是可以互換的。

從管理心理學的研究來看，在群體發展進入較高級階段（如整合階段和成熟階段）時，開始產生協同作用。這時，群體進入了團隊階段。群體與團隊的主要區別還可以從目標結構、協同方式、責任導向、技能模式等方面來討論。群體的基本特徵表現為群體成員共享集體工作目標，工作中強調成員間合作，管理上注意分工與責任導向，技能上體現成員間組合模式。團隊則表現出十分不同的模式。在團隊條件下，成員間形成相互依存的工作目標結構，工作中強調成員之間關係的融合，管理上注意整體責任導向，技能上體現成員間互補模式。如表4-2所示：

表 4-2　　　　　　　　　群體與團隊的基本區別

	群體	團隊
目標結構	共享型	依存型
協同方式	合作式	融合式
責任導向	分工式	整合式
技能模式	組合型	互補型

②團隊過程。團隊的運作和發展與許多因素有關。管理心理學從團隊情景、團隊運作及其對團隊效能影響的角度來解釋團隊過程的關鍵特徵。團隊情景主要包含組織文化、團隊設計、任務結構和其他動力因素。這些情景因素直接影響團隊的互動過程以及

邊界管理模式，進而對團隊效能產生積極效應，例如，任務成效、成員滿意、團隊學習、發展潛力等。從團隊過程來看，有效團隊具有七種關鍵特徵：明確的方向、勝任的成員、明確的責任、高效的程序、積極的關係、主動的激勵、適應的系統。

（2）團隊績效評價

①團隊績效測評的思路。團隊心理學的研究日益注重從影響團隊績效的因素方面入手，分析建立一個有效團隊的途徑。正確地測量和反饋團隊的績效有助於提高團隊的管理效能。傳統的績效評估及其指標的確定比較注意從個體的水準上進行，以職務與工作分析為基礎，注意職務或崗位本身的特點，從人員與職務之間的匹配度來衡量績效；而團隊管理的目標是團隊績效，所以，在近期有關團隊績效的研究中，在測量思路層次上，強調從群體和組織層次上做出分析。在團隊績效的評估中，需要把個體績效和團隊績效結合在一起考慮。同時，根據以往關於團隊績效測評的研究結果，有許多因素影響著團隊效能，在團隊的績效測評設計中必須綜合分析團隊所在的組織情景特徵、團隊任務特徵和人員特徵。有關團隊績效測評的研究，認為團隊績效的因素最少必須包括三個相關變量：團隊領導、團隊動機和團隊能力（包括團隊策略、解決問題方式的優劣等）；此外，團隊的規模和構成可以通過影響團隊人際關係、團隊衝突協調等方面對團隊效能產生影響；團隊目標難度和具體性對於團隊績效的效應是相當穩定的，為團隊成員設置明確的目標有助於提高團隊成員的責任感。

②團隊績效測評指標。關於團隊績效測評的指標問題，需要根據組織和群體的目標加以「裁剪」。因此，只有瞭解團隊績效的各個方面，以及它們之間關係的相對重要性，才能制定出實現團隊績效測評的指標體系。團隊績效測評指標可以分層次設計：最高層次指標包含對具有戰略性、導向性的目標的考核；中級層次指標包含可以量化的目標如銷售量、市場佔有率、生產率等；軟標準包含員工士氣、組織聲譽、員工滿意感等。我們在研究中提出，對於高層經理來說，大體上為任務表現、組織績效和經營績效。對團隊成員的獎懲或績效評價應綜合考慮三方面內容：部門績效、個人任務達成情況、組織經營狀況等各佔三分之一。

現場研究表明，以下指標被廣泛地作為團隊績效評價指標：

出勤率。比較流行的觀點是「出勤率低的人不應被評定為高績效，出勤率高的人也不一定有高績效」。出勤率是目前在團隊績效測評中運用最多且得到廣泛認可的基本指標。

差錯率。由於管理人員在完成任務方面的質量難以直接評價，所以常見的方法是以較少出差錯為評估標準，即以差錯率為指標對團隊績效進行評定。

主動性。員工在工作中的主動性被作為重要指標，能從團隊工作中觀察到，可以採取團隊成員之間相互評定的方法（如以無記名投票的方式進行）。

滿意感。員工滿意感是評價團隊績效的常用指標。關於員工滿意度與團隊績效的關係。

Bowman 和 Motowidlo（1993）提出一種新的績效評價分類，他們認為，績效的測評應分別考察其任務績效和周邊績效。「任務績效」主要是指員工完成工作任務中的核心技術活動的熟練程度，與組織核心技術的執行和維持以及提供服務滿足需求密切相關；

「周邊績效」則是指工作以外的努力程度，在更多支持組織、社會和其他員工的心理環境以達成整體目標的過程中所體現出的熟練程度。周邊績效還可以分為兩個維度：人際促進維度（interpersonal facilitation）和工作奉獻維度（job dedication）。可見，在一個組織中，雖然任何一個團隊的功能各異，但在評價團隊績效時可以採用三個共同指標：團隊對組織既定目標的達成情況，團隊成員的滿意感，團隊的協作能力。

四、工作設計的原則

工作設計的好壞直接影響到工作質量的優劣及工作本身的成敗。從長遠來看，還會影響到整個組織的生存狀態和發展遠景，所以在工作設計時，我們應該盡可能地遵循原則。

1. 因事設崗原則

組織的發展目標決定了工作的性質和任務，而崗位是根據工作設置的，這就是因事設崗的原則。組織中不存在沒有工作的崗位，如果是，那也是「虛崗」，應該撤除。當然設置崗位既要著眼於企業現實，又要著眼於企業發展和未來。另外應按照組織各部門的職責範圍來劃定崗位，一般不能因人設崗（在極特殊情況下，可以因人設崗）。崗位和人應是設置和配置的關係，即人崗匹配，而不是顛倒和混淆。

2. 動靜結合原則

為了適應社會的發展、外部環境的變化、組織戰略目標的轉移等因素，工作設計必須採取開放和運動的態勢，不可能一勞永逸。所以現在很多諮詢公司和企業提出了「職位族」的工作分析方法，但「職位族」的概念太寬泛，不利於每一位員工清晰地掌握自己的工作內容，對責任的劃分也存在一定的模糊的現象。所以為了盡可能地適應外部變化和組織的動態發展，工作設計必須動靜結合，該動則動，宜靜則靜。一般而言，對於基礎性的工作崗位，宜採用靜態為主的工作分析法；而對於跟外界聯繫比較密切、變化較為頻繁的崗位，宜進行動態分析為主。總之動也好靜也好，都必須以企業的核心競爭力為基點，以企業的戰略遠景為依據。

3. 工作滿負荷原則

實行滿負荷工作就是力求使員工的各項指標達到最佳狀態，做到人盡其力、物盡其用、時盡其效。工作設計的一項基本任務，就是保證每個崗位工作量的飽滿和有效勞動時間的充分利用。如果崗位的工作量是低負荷的，那麼必然會導致成本的上升，導致人力、物力、財力等方面的損失和浪費；但超負荷也不行，因為超負荷雖然能暫時帶來效率，但這種效率不可能長久得到維持，長此以往，不僅會影響員工的身心健康，還會給設備等帶來不必要的損壞。所以在工作設計中，應當重視對崗位任務量的分析，盡可能使勞動定額和崗位定員科學化、合理化。

4. 工作環境優化原則

工作環境優化是指利用現代科學技術，改善工作環境中的各種因素，使之適合於勞動者的生理、心理健康，建立起「人—機—環境」的最優系統。

首先，要優化影響工作環境的物質因素。工作環境的物質因素包括工作場所的安排、照明與色彩、設備、儀器和操縱工具的配置等。工作場所的安排要符合生產工藝要

求和人體活動規律，確保工作場所中的勞動者、勞動工具和勞動對象的關係達到最優化結合。這樣既方便員工操作，提高工效，又能保證環境安全和衛生，使員工心情舒暢、狀態良好。適宜的照明和適度的色彩環境能夠給人以舒適感，有利於穩定員工的心理，促進員工工作效率的提高。其次，要改善影響工作環境的自然因素，如工作場所的空氣、溫度、濕度、噪音及綠化等。

工作環境影響工作的效率和結果，良好的環境是保證工作順利完成的基本條件。優化企業工作環境，為勞動者建立良好的勞動氛圍，這是企業重視員工情緒、關注員工需求的具體表現，同時也是企業能夠實現目標的前提和基礎。在進行工作設計的時候，盡量降低工作場所的危險性，降低從事本工作可能患職業病的概率，盡量避免員工在高溫高濕、寒冷、粉塵、有異味、噪音等環境中工作。

5. 員工能力開發原則

當今的企業發展越來越依賴員工，而員工越來越注重個人的發展和能力的提升。員工能力的開發不僅僅通過培訓完成，工作中的實踐鍛煉也是最有效的辦法，並且往往成為員工之所以看重這項工作的原因之一。在工作設計中，應該考慮到工作的設計等能否使員工的能力得到提升，也就是要全面權衡經濟效益和員工心理需要，找到最佳平衡點。工作設計就是要讓員工能夠在適度的挑戰中工作，在適度的挑戰中不斷提高自己的能力。

第二節　工作設計的方法、內容及步驟

一、工作設計的基本方法

在工作設計過程中，至關重要的一個前提就是要明確工作的特徵。工作的特徵可以通過運用四種基本方法中的任意一種得以確定。這四種方法是：激勵型工作設計法、機械型工作設計法、生物型工作設計法和知覺運動型工作設計法。

1. 激勵型工作設計法

激勵型工作設計法所關注的是那些可能會對工作承擔者的心理價值和可激發潛力產生影響的工作特徵。這種方法把態度變量（如工作滿意度、工作參與、出勤、績效等行為變量）看成工作設計的最重要因素。激勵型工作設計法的一個典型例子就是赫茨伯格的雙因素理論。在這一理論中赫茨伯格指出，激勵員工的關鍵並不在於金錢和物質方面的刺激，而在於通過工作的重新設計來使工作變得更加有意義。

2. 機械型工作設計法

機械型工作設計法的目的是尋找一種能夠使效率最大化的方式來構建工作。這種方法強調按照任務的專門化、技能簡單化及重複性的基本思路來進行工作設計。科學管理是一種出現最早也是最有名的機械型工作設計法。科學管理首先要做的是找出完成工作的「一種最好方法」，這通常需要進行時間—動作分析，以找到工人在工作時間內可以採用的最有效的操作方式。然後根據找到的「最佳工作方式」和工人所具有的工作能力進行甄選，並按照這種最佳方式來培訓工人。最後把工人配備到崗位上進行工作時，

還應對工人進行物質方面的激勵，以使其在工作中發揮出最大潛力。

3. 生物型工作設計法

生物型工作設計法，又稱為人類工程學，它所關注的主要問題是個體心理特徵與物理工作環境之間的相互作用。其目的在於以個體工作的方式為中心來對工作環境進行結構安排，從而將工人的生理緊張程度降到最低水準。生物型工作設計法已經應用到對體力要求較高的工作領域進行工作設計。很多生物型工作設計法還強調對機器和技術也要進行再設計，如調整機器操縱杆的位置、形狀、材質等方面的設計，使工人能夠很順手地輕鬆把握和推動。

4. 知覺運動型工作設計法

知覺運動型工作設計法注重的是人心理能力和心理局限，這與關注身體能力和身體局限的生物型工作設計法不同。這種工作設計法的目的在於通過降低工作對信息加工的要求來改善工作的可靠性、安全性及使用者的反應性，確保工作的要求不會超過人的心理能力和心理局限。在實施工作設計的過程中，工作設計人員首先觀察能力最差的人所能夠達到的工作能力水準，之後按照這種水準來確定工作的具體要求。

不同設計方法的特點、區別如表 4-3～表 4-4 所示：

表 4-3　　　　　　　　　　不同的工作設計方法的區別

激勵型工作設計法	機械型工作設計法
1. 自主性 2. 內在工作反饋 3. 外在工作反饋 4. 社會互動 5. 任務/目標清晰度 6. 任務多樣性 7. 任務一致性 8. 能力/技能水準要求 9. 能力/技能多樣性 10. 任務重要性 11. 成長/學習	1. 工作專門化 2. 工具和程序的專門化 3. 任務簡單化 4. 單一性活動 5. 工作簡單化 6. 重複性 7. 空閒時間 8. 自動化
生物型工作設計法	知覺型工作設計法
1. 力量 2. 抬舉力 3. 耐力 4. 座位設置 5. 體格差異 6. 手腕運動 7. 噪聲 8. 氣候 9. 工作間隔 10. 輪班工作	1. 照明 2. 顯示 3. 程序 4. 其他設備 5. 打印式工作材料 6. 工作場所佈局 7. 信息投入要求 8. 信息產出要求 9. 信息處理要求 10. 記憶要求 11. 壓力 12. 厭煩

表 4-4　　　　　　　　不同工作設計方法積極與消極的總結

工作設計方法	積極的結果	消極的結果
激勵型方法	更高的工作滿意度 更高的激勵性 更高的工作參與度 更高的工作績效 更低的缺勤率	更多的培訓時間 更低的利用率 更高的錯誤率 精神負擔和壓抑出現的更大可能性
機械型方法	更少的培訓時間 更高的利用率 更低的差錯率 精神負擔和壓力出現的可能性低	更低的工作滿意度 更低的激勵性 更高的缺勤率
生物型方法	更少的體力支出 更低的身體疲勞度 更少的健康抱怨 更少的醫療性事故 更低的缺勤率 更高的工作滿意度	由於設備或者工作環境的變化而帶來更高的財務成本
知覺運動型方法	出現差錯的可能性降低 發生事故的可能性降低 精神負擔和壓力出現的可能性降低 更少的培訓時間 更高的利用率	較低的工作滿意度 較低的激勵性

二、工作設計的主要內容

工作設計的主要內容包括工作內容、工作職責和工作關係的設計三個方面：

1. 工作內容

工作內容的設計是工作設計的重點，一般包括工作廣度、深度、工作的完整性、工作的自主性以及工作的反饋五個方面：

（1）工作的廣度，即工作的多樣性。工作設計得過於單一，員工容易感到枯燥和厭煩，因此設計工作時，應盡量使工作多樣化，使員工在完成任務的過程中能進行不同的活動，保持對工作的興趣。

（2）工作的深度。設計的工作應從易到難，對員工工作的技能提出不同程度的要求，從而增加工作的挑戰性，激發員工的創造力和克服困難的能力。

（3）工作的完整性。保證工作的完整性能使員工有成就感，即使是流水作業中的一個簡單程序，也要是全過程，讓員工見到自己的工作成果，感受到自己工作的意義。

（4）工作的自主性。適當的自主權力能增加員工的工作責任感，使員工感到自己受到了信任和重視。認識到自己工作的重要，使員工工作的責任心增強，工作的熱情提高。

（5）工作的反饋性。工作的反饋包括兩方面的信息：一是同事及上級對自己工作意見的反饋，如對自己工作能力，工作態度的評價等；二是工作本身的反饋，如工作的質量、數量、效率等。工作反饋信息使員工對自己的工作效果有全面的認識，能正確引導和激勵員工。

2. 工作職責

工作職責設計主要包括工作的責任、權力、方法以及工作中的相互溝通和協作等方面。

（1）工作責任。工作責任設計就是員工在工作中應承擔的職責及壓力範圍的界定，也就是工作負荷的設定。責任的界定要適度，工作負荷過低，無壓力，會導致員工行為輕率和低效；工作負荷過高，壓力過大，又會影響員工的身心健康，會導致員工的抱怨和抵觸。

（2）工作權力。權力與責任是對應的，責任越大權力範圍越廣，否則二者脫節，會影響員工的工作積極性。

（3）工作方法。包括領導對下級的工作方法，組織和個人的工作方法設計等。工作方法的設計具有靈活性和多樣性，不同性質的工作根據其工作特點的不同，採取的具體方法也不同，不能千篇一律。

（4）相互溝通。溝通是一個信息交流的過程，是整個工作流程順利進行的信息基礎，包括垂直溝通、平行溝通、斜向溝通等形式。

（5）協作。整個組織是有機聯繫的整體，是由若干個相互聯繫、相互制約的環節構成的，每個環節的變化都會影響其它環節以及整個組織運行，因此各環節之間必須相互合作、相互制約。

3. 工作關係

組織中的工作關係，表現為協作關係，監督關係等各個方面。

通過以上三個方面的崗位設計，為組織的人力資源管理提供了依據，保證事（崗位）得其人，人盡其才，人事相宜；優化了人力資源配置，為員工創造更加能夠發揮自身能力，提高工作效率，提供有效管理的環境保障。

三、工作設計的步驟

為了提高工作設計的效果，在進行工作設計時應按以下幾個步驟來進行：

1. 需求分析工作設計

第一步就是對原有工作狀況進行調查診斷，以決定是否應進行工作設計，應著重在哪些方面進行改進。一般來說，出現員工工作滿意度下降和積極性較低、工作情緒消沉等情況，都是需要進行工作設計的現象。

2. 可行性分析

在確認工作設計之後，還應進行可行性分析。首先應考慮該項工作是否能夠通過工作設計改善工作特徵；從經濟效益、社會效益上看，是否值得投資。其次應該考慮員工是否具備從事新工作的心理與技能準備，如有必要，可先進行相應的培訓學習。

3. 成立工作設計小組

評估工作特徵在可行性分析的基礎上，正式成立工作設計小組負責工作設計。小組成員應包括工作設計專家、管理人員和一線員工，由工作設計小組負責調查、診斷和評估原有工作的基本特徵，分析比較，提出需要改進的方面。

4. 制訂工作設計方案

根據工作調查和評估的結果，由工作設計小組提出可供選擇的工作設計方案，工作設計方案中包括工作特徵的改進對策以及新工作體系的工作職責、工作規程與工作方式等方面的內容。在方案確定後，可選擇適當部門與人員進行試點，檢驗效果。

5. 評價與推廣

根據試點情況及進行研究工作設計的效果進行評價。評價主要集中於三個方面：員工的態度和反應、員工的工作績效、企業的投資成本和效益。如果工作設計效果良好，應及時在同類型工作中進行推廣應用，在更大範圍內進行工作設計。

四、影響工作設計的主要因素

一個成功有效的工作設計，必須綜合考慮各種因素，即需要對工作進行周密的有目的的計劃安排，並考慮到員工的具體素質、能力及各個方面的因素，也要考慮到本單位的管理方式、勞動條件、工作環境、政策機制等因素。具體進行工作設計時，必須考慮以下幾方面的因素：

1. 員工的因素

人是組織活動中最基本的要素，員工需求的變化是工作設計不斷更新的一個重要因素。工作設計的一個主要內容就是使員工在工作中得到最大的滿足，隨著文化教育和經濟發展水準的提高，人們的需求層次提高了，除了一定的經濟收益外，他們希望在自己的工作中得到鍛煉和發展，對工作質量的要求也更高了。只有重視員工的要求並開發和引導其興趣，給他們的成長和發展創造有利條件和環境，才能激發員工的工作熱情，增強組織吸引力，留住人才。否則，隨著員工的不滿意程度的增加，帶來的是員工的冷漠和生產低效，以致人才流失。因此，工作設計時要盡可能地使工作特徵與要求適合員工個人特徵，使員工能在工作中發揮最大的潛力。

2. 組織的因素

工作設計最基本的目的是為了提高組織效率，增加產出。工作設計離不開組織對工作的要求，具體進行設計時，應注意：

（1）工作設計的內容應包含組織所有的生產經營活動，以保證組織生產經營總目標的順利實現。

（2）全部工作構成的責任體系應該能夠保證組織總目標的實現。

（3）工作設計應該能夠助於發揮員工的個人能力，提高組織效率。這就要求工作設計時全面權衡經濟效率原則和員工的職業生涯和心理上的需要，找到最佳平衡點，保證每個人滿負荷工作，使組織獲得組織的生產效益和員工個人滿意度。

3. 環境因素

環境因素包括人力供給和社會期望。

（1）工作設計必須從現實情況出發，不能僅僅憑主觀願望，還要考慮與人力資源的實際水準相一致。例如：在中國目前人力資源素質不高的情況下，工作內容的設計應相對簡單，在技術的引進上也應結合人力資源的情況，否則引進的技術沒有合適的人使用，造成資源的浪費，影響組織的生產。

（2）社會期望是指人們希望通過工作滿足些什麼。不同的員工其需求層次是不同的，這就要求在工作設計時考慮一些人性方面的東西。

在 21 世紀，激勵越來越受到管理者的重視，因為它是對員工從事勞動的內在動機的瞭解和促進，從而使員工在最有效率、最富有創造力的狀態下工作。工作設計直接決定了

人在其所從事的工作中幹什麼、怎麼幹，有無機動性，能否發揮其主動性、創造性，有沒有可能形成良好的人際關係等。優良的工作設計能保證員工從工作本身尋得意義與價值，可以使員工體驗到工作的重要性和自己所負的責任，及時瞭解工作的結果，從而產生高度的內在激勵作用，形成高質量的工作績效及對工作高度的滿足感，達到最佳激勵水準，為充分發揮員工的主動性和積極性創造條件，組織才能形成具有持續發展的競爭力。

第三節 工作研究

一、工作研究概述

工作研究是一門實用性很強的先進管理技術，是技術與管理相結合的應用科學，它通過對現行的以工作系統為研究對象的工程活動，應用人類工程學和行為科學等的原理，對現有的各項工藝、作業、工作方法等進行系統分析，用方法研究技術，進行工作程序、操作程序的分析、研究，改進工作流程或工作方法，消除、減少多餘的非生產性的動作（如：尋找、選擇、逗留等），制定合理的工序結構，確定標準的工作方法。工作研究是指運用系統分析的方法把工作中不合理、不經濟、混亂的因素排除掉，尋求更好、更經濟、更容易的工作方法，以提高系統的生產率。其基本目標是避免浪費，包括時間、人力、物料、資金等多種形式的浪費。工作研究的目標在西方企業中曾經用一句非常簡潔的話來描述過：work smart, not hard。提高生產率或效率的途徑有多種，例如通過購買先進設備、提高勞動強度來實現。工作研究則遵循以內涵方式提高效率的原則，在既定的工作條件下，不依靠增加投資，不增加工人勞動強度，只通過重新組合生產要素、優化作業過程、改進操作方法、整頓現場秩序等方式，消除各種浪費，節約時間和資源，從而提高產出效率、增加效益、提高生產率。同時，由於作業規範化，工作標準化，還可使產品質量穩定和提高，人員士氣上升。因此，工作研究是企業提高生產率與經濟效益的一個有效方法。

從某種意義上來說，一方面，人類在發展過程中一直都在自覺或不自覺地進行工作研究，並對工作研究的更高級形式——工具的改進和發明以及工作過程管理進行研究，因而人類的生產能力和生產率不斷提高。另一方面，每一個人在其一生中也都在盡力從各方面進行工作研究，例如怎樣更快、更好地割草、擦自行車，怎樣更省力地學習等等。

二、工作研究的方法技術

工作研究所包括的方法技術主要有兩大類：方法研究與時間研究。

1. 方法研究

方法研究主要是通過對現行工作方法的過程和動作進行分析，從中發現不合理的動作或過程並加以改善。方法研究分為樣本法和標準要素法。

（1）樣本法（work sampling method）

樣本法在作業測定中是使用很廣泛的一種方法。這種方法的基本原理是，並不關心

具體動作所耗費的時間，而是估計人或機器在某種行為中所占用的時間比例。例如，加工產品、提供服務、處理事務、等候檢修，或空閒，這些都可看作為某種「行為」，都會占據一定的時間。對這些行為所占用時間的估計是在進行大量觀察的基礎上做出的。其基本假設是：在樣本中觀察到的某個行為所占用的時間比例，一般來說是該行為發生時所占用的時間比例。在給定的置信度下，樣本數的大小將影響估計的精度。

（2）標準要素法（Elemental Standard Data Approach）

標準要素法這種方法的基本原理是：在不同種類的工作中，存在著大量相同或類似的工作單元，實際上不同工作是若干種，（這個種類是有限的）工作單元的不同組合。因此，對於工作單元所進行的時間研究和建立的工作標準，可應用於不同種類工作中的工作單元。而這樣的工作單元的標準，一經測定，即可存入數據庫，需要時隨時可用。

2. 時間研究

時間研究這種方法的主要用途是建立工作的時間標準。一項工作（通常是一人完成的）可以分解成多個工作單元（或動作單元）。在時間研究中，研究人員用秒表觀察和測量一個訓練有素的人員，在正常發揮的條件下各個工作單元所花費的時間，這通常需要對一個動作觀察多次，然後取其平均值。觀察、測量所得到的數據，可以計算為了達到所需要的時間精度，需要樣本數有多大。如果觀察數目還不夠，則需進一步補充觀察和測量。最後，再考慮正常發揮的程度和允許變動的幅度，以決定標準時間。工作研究中的方法研究和時間研究是相互關聯的。方法研究是時間研究的基礎、制定工作標準的前提，而工作測定結果又是選擇和比較工作方法的依據。時間研究主要使用的方法是既定時間標準設定（PTS）法。既定時間標準設定（Predetermined Time Standards，簡稱PTS）法是作業測定中常用的一種方法。這種方法比標準要素法更進了一步，它是將構成工作單元的動作分解成若干個基本動作，對這些基本動作進行詳細觀測，然後做成基本動作的標準時間表。當要確定實際工作時間時，只要把工作任務分解成這些基本動作，從基本動作的標準時間表上查出各基本動作的標準時間，將其加合就可以得到工作的正常時間；然後再加上寬放時間，將其加合，就可以得到工作的正常時間；最後再加上寬放時間，就可以得到標準工作時間。

三、工作研究的步驟

1. 選擇研究對象

生產運作管理人員每天遇到的問題多種多樣，同時工作研究的範圍也是極為廣泛的，這就有一個如何選擇合適的工作研究對象的問題。一般來說，工作研究的對象主要集中在系統的關鍵環節、薄弱環節，或帶有普遍性的問題方面，或從實施角度容易開展、見效的方面。因此，應該選擇明顯效率不高、成本耗費較大、急需改善的工作作為研究對象。研究對象可以是一個生產運作系統全部，或者是某一局部，如生產線中的某一工序、某些工作崗位，甚至某些操作人員的具體動作、時間標準等。

2. 確定研究目標

儘管工作研究的目標是提高勞動生產率或效率，但確定了研究對象之後還需規定具體的研究目標。這些目標包括：

（1）減少作業所需時間；
（2）減少生產中的物料消耗；
（3）提高產品質量的穩定性；
（4）增強職工的工作安全性，改善工作環境與條件；
（5）改善職工的操作，減少勞動疲勞；
（6）提高職工對工作的興趣和積極性等。

3. 記錄現行方法

將現在採用的工作方法或工作過程如實、詳細地記錄下來。可借助於各類專用表格技術來記錄，動作與時間研究還可借助於錄像帶或電影膠片來記錄。儘管方法各異，但都是工作研究的基礎，而且記錄的詳盡、正確程度直接影響著下一步對原始記錄資料所作分析的結果。現在有不少規範性很強的專用圖表工具，它們能夠幫助工作研究人員準確、迅速、方便地記錄要研究的事實，為分析這些事實提供標準的表達形式和語言基礎。

4. 分析

詳細分析現行工作方法中的每一個步驟和每一動作是否必要，順序是否合理，哪些可以去掉，哪些需要改變。這裡，可以運用表4-5所示的5W1H分析方法從六個方面反覆提出問題。

表4-5　　　　　　　　　5W1H分析法

WHY（為什麼）	● 為什麼這項工作是必不可少的？ ● 為什麼這項工作要以這種方式這種的順序進行？ ● 為什麼為這項工作制定這些標準？ ● 為什麼完成這項工作需要這些投入？ ● 為什麼這項工作需要這種人員素質？	WHAT	這項工作目的何在？
		HOW	這項工作如何能更好完成？
		WHO	何人是這項工作的恰當人選？
		WHERE	何處開展這項工作更為恰當？
		WHEN	何時開展這項工作更為恰當？

5. 設計和使用新方法

這是工作研究的核心部分，包括建立、使用和評價新方法三項主要任務。建立新的改進方法可以在現有工作方法基礎上，通過「取消-合併-重排-簡化」四項技術形成對現有方法的改進，這四項技術俗稱工作研究的ECRS（或四巧）技術，其具體內容如下表所示。

表4-6　　　　　　　　ECRS（四種技巧）技術的內容

（1）Elimination 取消：對任何工作首先要問：為什麼要干？能否不干？包括： ● 取消所有可能的工作、步驟或動作（其中包括身體、四肢、手和眼的動作）； ● 減少工作中的不規則性，比如確定工件、工具的固定存放地，形成習慣性機械動作； ● 除需要的休息處，取消工作中一切怠工和閒置時間。
（2）Combination 結合、合併：如果工作不能取消，則考慮是否應與其他工作合併。 ● 對於多個方向突變的動作合併，形成一個方向的連續動作； ● 實現工具的合併、控制的合併、動作的合併。
（3）Rearrangement 重排：對工作的順序進行重新排列。
（4）Simplification 簡化：指工作內容、步驟方面的簡化，亦指動作方面的簡化，能量的節省。

經過ECRS處理後的工作方法可能會有很多，於是就有從中選擇最優方案的任務。評價新方法的優劣主要需要從經濟價值、安全程度和管理方便程度幾方面來考慮。

6. 方法實施

工作研究成果的實施可能比對工作的研究本身要難得多，尤其是這種變化在一開始還不被人瞭解，而且改變了人們多年的老習慣時，工作研究新方案的推廣會更加困難。因此，實施過程要認真做好宣傳、試點工作，做好各類人員的培訓工作，切勿急於求成。

本章小結

隨著技術的進步和社會發展的步伐越來越快，企業在結構、任務、人員和技術等各個方面都在不斷變化，從而導致企業不斷地變革，企業內的工作也需要不斷地進行工作設計和工作研究，以保證企業不斷適應內外部環境的變化，使企業能夠有效、高效和經濟地生存和發展。

復習思考題及參考答案

1. 工作設計的含義是什麼？

答：工作設計是指為了有效地達到組織目標與滿足個人需要而進行的工作內容、工作職能和工作關係的設計。也就是說，工作設計是一個根據組織及員工個人需要，規定某個崗位的任務、責任、權力以及在組織中工作的關係的過程。

2. 工作設計的基本方法有哪些？

答：(1) 激勵型工作設計法；

(2) 機械型工作設計法；

(3) 生物型工作設計法；

(4) 知覺運動型工作設計法。

3. 工作研究的含義是什麼？

答：工作研究是一門實用性很強的先進管理技術，是技術與管理相結合的應用科學，它通過對現行的以工作系統為研究對象的工程活動，應用人類工程學和行為科學等的原理，對現有的各項工藝、作業、工作方法等進行系統分析，用方法研究技術，進行工作程序、操作程序的分析、研究，改進工作流程或工作方法，消除、減少多餘的非生產性的動作（如：尋找、選擇、逗留等），制定合理的工序結構，確定標準的工作方法。

4. 工作研究的具體步驟有哪幾步？

答：(1) 選擇研究對象；

(2) 確定研究目標；

(3) 記錄現行方法；

(4) 分析；

(5) 設計和使用新方法；

(6) 方法實施。

參考文獻

[1] 卿濤, 羅鍵. 人力資源管理概述 [M]. 北京: 北京交通大學出版社, 清華大學出版社, 2006: 91-93.

[2] 馬國輝, 張燕娣. 工作分析與應用 [M]. 上海: 華東理工大學出版社, 2008: 256-258.

[3] 丁寧, 穆志強. 營運管理 [M]. 北京: 清華大學出版社, 北京交通大學出版社, 2009: 88-89.

第五章

質量管理

學習目標

1. 熟悉質量管理的概念及其主要內容,並能簡述質量管理的發展歷程
2. 重點掌握全面質量管理的相關知識
3. 瞭解ISO9000質量認證體系的由來及發展

引導案例

三鹿奶粉事件

2008年9月,三鹿集團生產的嬰兒配方奶粉因為含有化工原料——三聚氰胺,導致全國範圍內近30萬嬰幼兒成為受害者。眾多中國乳品企業,包括伊利、蒙牛和光明三巨頭,以及部分進口奶粉品牌,都被卷入了這場全球關注的食品安全危機中,其中部分企業的銷售量曾驟降到正常情況的10%以下。2009年年初,三鹿集團正式宣告破產。

令人心痛的受害者,令人痛心的民族品牌,人們不禁在問,這些企業的質量管理何在?奶粉問題近些年來頻頻出現,有碘超標問題,有過期奶粉易裝上市問題,有蛋白質含量為零造成「大頭娃娃」的問題,這次又暴露了添加化工原料三聚氰胺的問題。值得注意的是,為了節約生產成本,往蛋白粉或食料中添加三聚氰胺,在一些地方甚至成了行業潛規則。

三鹿奶粉事件反應了乳製品供應鏈上的成本壓力,利益博弈以及機會主義,這是近些年來乳製品企業快速、無序擴張的後果。企業在市場上的成敗,不僅僅在於生產行銷過程的競爭,還隱含著價值鏈和供應鏈之間的競爭。作為龍頭企業,如何經營好供應

鏈，是企業競爭的關鍵。

企業的質量管理體系應該從源頭抓起，從供應鏈建設的戰略上來思考；只有消除了供應鏈各環節之間的利益博弈，才會使各環節都將自身融入整個價值鏈之中，從而不再有各環節之間的「貓抓老鼠」遊戲；如此，上游供應商提供偽劣原料和產品的情況就會不復存在。

在三鹿奶粉事件帶來的教訓中，有一個重要的方面是，質量管理和控制體系的工作不應該因生產部門消減成本而受到影響，也不應該因生產部門為達到某項指標而放鬆。一個合適的質量管理體系應該直屬於企業的管理當局，使得企業的質量管理和控制不受制於企業的生產部門，也可以確保企業最高管理層能夠得到第一手質量報告，這也是企業質量管理體系的戰略架構需要特別考慮的。

從理論上講，預防成本做得好的企業可降低鑒定成本和內外部損失成本，因而，企業應該形成有效的質量預警機制。企業應該就質量成本問題定期形成質量成本報告，檢查質量控制情況，針對異常情況提出整改措施並予以實施，但我們從三鹿奶粉事件中看到，因為人為因素的干擾，其質量管理監控體系已形同虛設。需要特別注意的是，三鹿奶粉事件反應的一個重要問題是質量檢測手段的滯後。作為一家全國著名的食品企業，三鹿集團只通過檢測氮含量就來確定牛奶是否合格，這對消費者是極不負責任的，也不符合企業 HACCP（危害分析和關鍵控制點）標準。由此，單一的檢測方法和片面的成本效益原則的運用，成為本次奶粉事件的導火索。所幸的是，我們已看到一些公司在致歉信中鄭重承諾，已經緊急購進專業儀器，並發放到各奶源收購點及生產基地，對每批產品從原牛奶至成品進行全過程嚴格檢測，以此確保公司出廠合格產品。

三鹿奶粉事件帶給我們的另一個警示，是企業管理層的質量意識和執行力決定著企業的成敗。質量問題，說到底是一個關乎企業生死的戰略問題。一家企業要長久地生活下去，不能僅依靠推出新奇的創新產品來吸引消費者的眼球，最根本的還是要通過信譽和質量贏得市場。企業管理者要通過言傳身教讓全體員工具有全面質量管理意識。張瑞敏就曾當眾砸掉 76 臺不合格的冰箱，鑄就了家電行業的第一大品牌海爾。

資料來源：http://www.studa.net/qiyeyanjiu/081129/10093667-2.html，http://www.yuloo.com/manager/gxgi/2008-11-20/152988.html

第一節　質量與質量管理概述

一、質量與質量管理

1. 質量

什麼是質量？我們評判質量的標準是什麼？為什麼我們說這個東西的質量好，而說另一個的質量差？質量因人而異，顧客對質量的期望不同，從而導致產品或服務給人的感覺不一樣。

在這裡，我們給質量定義為「一組固有特性滿足要求的程度」。其中核心是「固有特性」和「要求」之間的關係。「要求」即人們對產品或服務的期望，這個期望是可以

體現為不同的方面或特性，人們就是根據「固有特性」是否使期望得到滿足或是用期望得到滿足的程度來判斷產品或服務的質量水準的。因此「要求」相對來說是主動的，是第一位的。「固有特性」應以滿足要求為目標，隨要求的改變而改變。企業為了達到較高的質量水準，就應該致力於滿足或超過顧客的期望，而其基礎就是首先理解這些特性。但是，產品的質量特性和服務的質量特性在一定程度上是不一樣的。下面我們分別來介紹。

（1）產品的質量特性

產品的質量特性一般有六個維度，即性能、特殊性能、可靠性、耐用性、美觀性及可維護性。注意，價格不是質量特性。

性能——產品主要用途的特性。

特殊性能——產品額外的性能。

可靠性——產品所具備性能的穩定性。

耐用性——產品或服務發揮功能的持續時間。

美觀性——外觀、感覺、嗅覺和味覺。

可維護性——修理的難易程度。

表5-1以汽車為實例介紹了產品的這些質量特性。

表 5-1 汽車的質量特性舉例

特性	質量特性的描述
性能	可以實現汽車正常行駛的各項性能，如速度、加速性能、油耗率等
特殊性能	GPS、防滑、車載電話、安全氣囊等
可靠性	平均無故障時間，維修次數少
耐用性	汽車壽命，維修次數少
美觀性	車的外觀、車型、款式設計及內部裝飾
可維護性	易於維護，易於維修

（2）服務的質量特性

產品的質量特性並不完全適用於服務，服務的質量特性相對於有形的產品來說具有它獨特之處，這主要是由於服務本身的特性。所以通常由以下特性來說明服務的質量水準：

便利性——服務的可接近性和快速獲得性。

準確性——服務人員在特定服務區內所具備的知識和技能能滿足顧客的程度。

責任心——服務人員自願幫助顧客處理異常情況的責任感。

可靠性——一致的、準確的執行服務的能力。

回應周到程度——快速知曉顧客的需要以及接待顧客的方式。

視覺感受——設施、設備、人員和用於溝通的硬件的直觀表現。

表5-2以汽車為實例介紹了修理服務的特性。

表 5-2　　　　　　　　　汽車修理服務的質量特性舉例

特性	服務特性的描述
便利性	服務地區交通是否便利
準確性	服務人員的修理技能如何
責任心	服務人員是否願意及是否有能力解決顧客所提出問題
可靠性	出現的問題或情況是否得到及時解決
回應周到程度	顧客等待時間的長短及服務人員是否想顧客之所想
視覺感受	環境是否整潔，設備是否齊全，服務人員著裝是否清潔

2. 質量管理

質量管理是現代企業營運管理的重要方面。它是企業為使產品或服務質量能夠滿足顧客要求和期望而開展的策劃、組織、實施、控制、改進等相關的管理活動，並通過質量體系中的質量策劃、質量控制、質量保證和質量改進來實現其所有管理職能。具體包括以下內容：

（1）制定質量方針和質量目標

質量方針就是由企業的高層領導者正式頒布的該企業的總的質量宗旨和方向，是企業開展質量活動的指南。如質量應該達到的水準、售後服務的總原則等。質量方針為質量目標的制定提供了框架和依據。質量目標就是企業在質量方針的指導下在一定的時期內質量應該達到的預期，如顧客的滿意度。

（2）質量策劃

質量策劃就是為實現質量目標所制定的一系列計劃。包括確定達到目標的過程，人員的權限和職責，為達到目標所需資源等。

（3）開展質量控制和質量保證活動

質量控制就是根據質量標準監視各個環節上的工作，確保工作在受控的狀態下進行，同時排除和解決所產生的問題保證滿足質量要求。質量保證致力於通過質量要求而得到滿足的信任。即指企業針對顧客和相關方面的要求，為自身在產品質量形成全過程中某些環節的質量控制活動提供必要的保證，以取得信任。

（4）進行質量改進

質量改進是要增強滿足質量要求的能力，指企業為了自身及顧客能夠獲得更多的收益，所採取的旨在提供活動和過程效益和效率的各種措施。質量改進應該是持續的，不間斷的，永無止境的。

二、質量管理的發展歷程

1. 質量檢驗與控制階段

工業革命以前，產品主要是由手工藝人手工加工出來的，手工藝人對自己的產品直接負責，保證產品的經久耐用，製作精良，從而獲得顧客的好評與認可。在產品的生產過程中，生產與檢驗並未分開，而是都由手工藝人獨自完成。工業革命後，大批量的機器生產方式代替了手工生產方式，又出現了勞動分工，生產效率大幅度提高，產品越來

越多。這時人們發現機器生產出來的產品的質量完全不能與手工產品的質量相提並論，這些產品需要檢驗。「科學管理之父」泰勒把生產與檢驗分離，於是單純的檢驗人員出現了。隨著零部件的標準化，產品的質量被嚴格的控制，生產過程的每一步驟都使用高精度的測量手段實施嚴格的檢驗，在20世紀初的時候，檢驗方法成熟。

20世紀20年代，在美國貝爾電話實驗室工作的修哈特提出了統計過程控制理論，發明了控制圖，還提出了檢驗並不能提高產品質量的觀點。1931年修哈特發表了《製作產品質量的經濟控制》，把質量管理帶進了一個新時代。修哈特及其同事在同一時期還提出了抽樣檢驗的方法，這個方法在第二次世界大戰之後才得到普遍的應用，並取得了顯著的效果。

由於檢驗是在產品產出以後進行的，其信息反饋存在滯後性，在生產批量較大的情況下，人們發現事後的檢驗並不能提高產品的質量，同時還給企業造成了巨大的損失，因此人們有了「預防」的想法。

2. 質量保證與預防階段

第二次世界大戰後，美國著名質量學者戴明和朱蘭應邀去日本講學，他們把質量管理的思想帶到了日本，這給迫切需要經濟轉型的日本帶來了新的曙光，日本企業接受了他們的管理思想哲學，不斷地進行實踐，並與本土文化相結合，使得日本工業產品質量大大提高，日本進入了一個高速發展的時期，從而「日本製造」成為高質量的代名詞。

20世紀中期，英國在質量標準體系中最先提出質量保證（Quality Assurance）的概念，美國則發展了《戰時管理制度》，使得質量保證制度化、體系化，由此產生了質量保證體系。

著名的質量管理大師菲利普・克勞斯比（Philip B. Crosby）在這一時期提出了零缺陷的管理哲學。他認為傳統的質量控制，可接受質量水準和不合格產品都是失敗的，是不成功的。由於企業允許與實際要求有一定的偏差，於是大量的錯誤在這種容忍下產生了，更重要的是這些錯誤給企業帶來的損失占製造業收入的20%，而在服務組織中能上升至35%。零缺陷理論的核心是「第一次就把事情做好」。「零缺陷」理論使質量保證得到了發展，且被大多數的西方國家所接受，他們通過協商達成共識，制定了一系列質量的基本標準，這些標準構成了質量保證體系。質量保證體系促進了全球範圍內的企業的質量發展。

3. 質量管理階段

如今，質量已經不只是質量部門的事情，質量不僅僅意味著檢驗與控制，而是成為企業重要競爭優勢的源泉。質量和管理不可分。質量大師戴明曾運用帕累托圖分析得出結論：80%的質量問題是管理問題，而真正屬於技術原因的不超過20%。

由於質量大師戴明和朱蘭的努力，質量管理在日本得到極大程度的延伸。組織都以質量管理為目標，組織內所有部門，所有員工都積極主動地參與設計質量和促進產品質量的提高。看到日本企業在質量管理上的異軍突起，美國意識到質量管理的重要性。美國福特公司聘請戴明為公司的品質諮詢專家，戴明首先在福特管理階層宣講他的管理理念，使得福特公司開始建立品質文化，從而促進了福特公司的極大發展。20世紀70年代，克勞斯比的《質量免費》一書使經理們意識到：他們能夠為產品和服務的承諾兌現給客戶做一些事情。企業管理者、工人們對質量管理及其改進技巧有了一種共同的語

言，拋棄了可接受質量水準的政策，並著手學習如何第一次就把事情做好，在思想上產生了重大的轉變。他在隨後發表的《質量革命運動》中講到，質量成為管理人員首要考慮的內容。

20世紀末至今，質量管理不斷發展，也不斷與其他管理思想相融合。

三、重要的質量管理理論

1. 戴明的十四項原則

被稱為質量控制之父的W. 愛德華·戴明（W. Edward Deming）強調企業應該把質量作為一種戰略性活動，不要為了短期利潤而放棄了長期利益，因為他認為，質量能以最經濟的手段，製造出市場上最有用的產品。20世紀50年代，他和朱蘭在日本舉行了一系列的講座，成功地將他的思想傳播出去，為日本注入了新的血液，從而促進了日本企業的崛起。戴明提出了改善質量的十四項原則，強調了統計控制方法、參與、培訓、開放性及改善計劃的重要性。他認為一個公司要想使其產品達到規定的質量水準必須遵守這些原則。他的主要觀點是引起效率低下和不良質量的原因在於公司的管理系統而不在於職員。這十四項原則對如今眾多企業來說，仍有重大影響。十四項原則內容如下：

（1）建立一個持久不變的目標以改進產品和服務的質量，並增強使企業立足於市場的競爭力。

（2）採用新的管理哲學，在變革中應對挑戰。

（3）停止依賴大量的檢驗來提高產品質量的方式，通過在一開始就保證質量的思想，消除對大批量檢驗的需要。

（4）持續不斷地改善生產與服務系統，以便提高質量和生產力，並降低成本。

（5）建立領導體系，管理的目的應該是協助員工利用設備和工具將工作做得更好，需要對生產工人以及設備檢修加以管理。

（6）排除員工的恐懼感，使每個人都能有效地為企業工作。

（7）消除部門之間的障礙，使各部門人員像團隊一樣攜手合作。

（8）取消為達到零缺陷或高生產率而針對工作人員的標語、訓示及目標。

（9）廢除為員工設立的數量定額，不要剝奪工人為自己工作質量而自豪的權利，管理者的職責必須從重視數量轉向重視質量。

（10）消除那些不能讓人以技術為榮的障礙。

（11）建立在職培訓制度。

（12）建立生動活潑的教育計劃及員工的自我提高計劃。

（13）廢除以價格選擇供應商的制度，應確立單一固定的供應商，並建立彼此之間長期互信的合作關係。

（14）採取行動完成轉型，使公司每一個人都為完成這種轉變而努力，這種轉變是每個人的責任。

2. 朱蘭的二八法則

約瑟夫·朱蘭（Joseph M. Juran）大師是和戴明大師一樣，應邀赴日講學，宣傳了質量管理理念，對日本的經濟復甦起到了重大的作用。1951年他出版的《質量控制手

冊》給質量管理界帶來了廣泛而持久的影響。朱蘭大師將組織的質量管理的過程分為三個步驟，即質量策劃、質量控制和質量改進。他還通過將排列圖運用於質量管理，提出了「80｜20」原則（也稱二八法則，即80%的質量問題通常是由20%的原因引起的）。朱蘭博士還被認為是第一個提出質量成本概念的質量管理專家。質量成本將在下面章節講，這裡就不做介紹了。

3. 克羅斯比的零缺陷管理哲學

菲利普·克羅斯比（Philip B. Crosby）主張企業應該追求產品生產零缺陷或努力做到「一次成功」。克羅斯比認為「錯誤是在所難免的」，「每個人都會犯錯」，「沒有人是完美的」這些觀點都是在為自己在工作上的錯誤辯解。他認為，錯誤是由兩個因素造成的：一是缺乏知識，二是缺乏關注。通過以下可靠而真實的方法，知識可以被測定，缺陷也可以被改正，但缺乏關注則只能靠人自身才能修正，只能通過人們對道德與價值精確的評估了。克羅斯比認為使產品一次成功比糾正缺陷，或者對不合格品進行返修，或者處理售後出現的故障要經濟合算。預防而不是檢驗，質量就是符合需要。

克羅斯比零缺陷管理哲學的一個鮮明之處就在與他理論假設。零缺陷管理的理論假設告訴我們，錯誤是不能發生的，只要我們第一次就把事情做對，錯誤是可以避免的。容忍錯誤發生就會導致錯誤真的發生，而且還會得出錯誤難以避免的結論。根據他的觀點，不良質量所造成的成本遠大於傳統定義的成本，這些成本很高，以至於公司不應把提高質量所做的努力視為成本，而應該把這種努力視為降低成本的一種途徑，這是因為公司通過提高質量水準所得到的將超過所付出的。

減少差錯率，做到零缺陷，第一步就是建立科學合理的理論假設，不承認錯誤是不可避免的。離開了這一點，一切都無從談起。第二步就是把自己的產品與自己的切身利益掛勾，像對待生活一樣對待工作。

第二節　質量管理方法與工具

一、質量管理的常用方法與工具

1. PDCA 循環

PDCA 循環又稱「戴明環」，是最早由美國質量專家戴明博士提出的管理思想。PDCA 循環明確了進行一項有效活動的工作程序。該程序分為四個階段，分別是計劃（Plan）、實施（Do）、檢查（Check）、處理（Action）。四個階段構成一次完整的循環過程。在 PDCA 循環的四個階段中細分有八個步驟，如下：

（1）找出所在的問題；

（2）尋找問題存在的原因；

（3）找出其中的主要原因；

（4）針對主要原因，研究、制定措施；

（5）貫徹和執行措施，即按規定的目標和方法實實在在地去做；

(6) 調查執行效果，即檢查計劃實施的結果是否與計劃階段所制定的目標相一致；

(7) 鞏固措施，即總結成功的經驗和失敗的教訓，形成標準；

(8) 對遺留問題，提交到下一個循環解決。

從圖 5-1（a）中可以看出，無論流程的大小，均會包含 PDCA 循環，大環中可以套著小環。組織的整體與其內部個體的關係就像大環套著小環，是作為一個組合的整體前進的；組織內部個體小環的改進保障了整個組織這個大環得以前進；各個循環不斷轉動，持續改進。PDCA 循環的四個階段中，處理階段 A 最為關鍵，它是實現循環改進的基礎。從圖 5-2（b）中可以看出每個改進循環終點是下一個改進循環的起點，PDCA 循環是不斷上升的，是一個持續改進的過程。

圖 5-1　PDCA 循環圖

2. 散點圖

散點圖是將兩個可能相關的變量數據用點畫在坐標圖上，通過對其觀察分析，來判斷兩個變量之間的相關關係，從而觀察過程的運行趨勢與規律。兩種變量的關聯性（正的或負的）越高，圖中的點越趨於集中在一條直線附近，相反，則沒有相關性或很弱的相關性，主要有圖 5-2 所示的幾種類型：

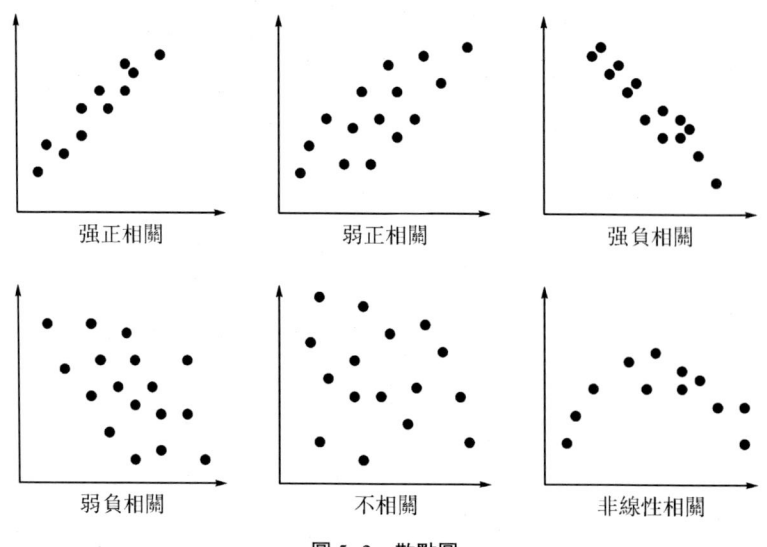

圖 5-2　散點圖

3. 直方圖

直方圖法是從總體中隨機抽取樣本，將從樣本中獲得的數據進行整理，從而找出數據變化的規律，以便判斷並預測過程質量的好壞的一種方法。直方圖是常用的質量管理工具，可以直觀地反應出各數值出現的頻率，揭示數據的中心、散布及形狀，闡明數據的潛在分佈，這些信息有助於判斷該過程是否能夠能滿足顧客的要求。

直方圖主要有圖 5-3 所示的六種類型：

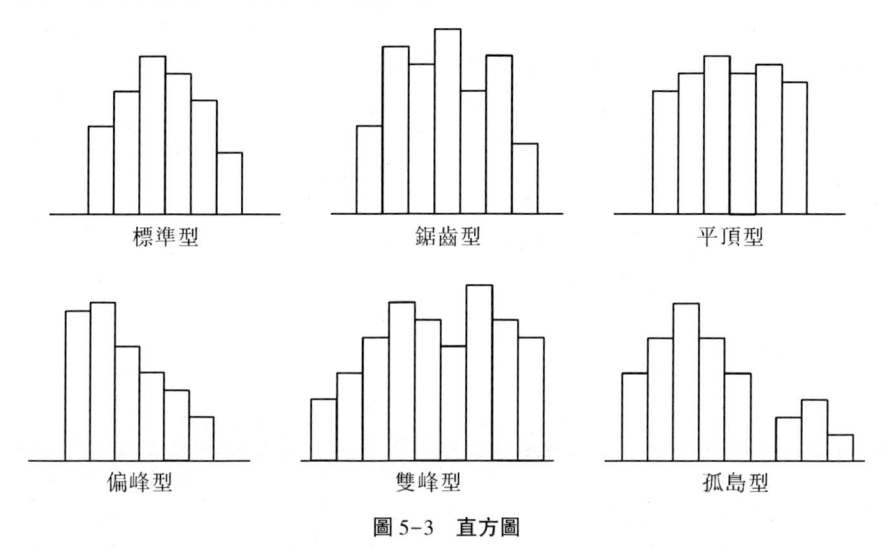

標準型　　　　　鋸齒型　　　　　平頂型

偏峰型　　　　　雙峰型　　　　　孤島型

圖 5-3　直方圖

通常加工產品的工廠都會有公差限的規定。把公差限標記在直方圖上，以進行比較。如果直方圖中有部分在公差限外，則表明直方圖不符合公差限的要求；反之，符合要求。用圖 5-4 表示如下：

直方圖符合公差要求　　　直方圖不符合公差要求

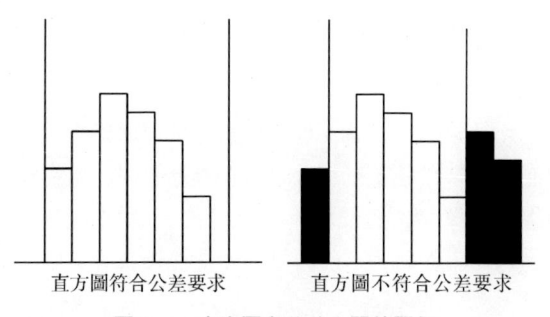

圖 5-4　直方圖與公差之間的關係

4. 排列圖

排列圖，是美國質量管理大師朱蘭把帕累托圖用於質量管理而生成的。其最主要是講 80% 的質量問題通常是由 20% 的原因引起的。

如圖 5-5 所示，其中左側的縱坐標表示產品的頻數及不合格品件數；右側的縱坐標表示頻率，即不合格品累計百分數；橫坐標表示影響產品質量的各個因素或項目。每個直方形的高度表示該因素影響的大小；曲線上每點的高度表示該點對應的橫軸坐標左邊各因素影響累計的百分數大小，該曲線被稱為帕累托曲線。

圖 5-5　帕累托圖

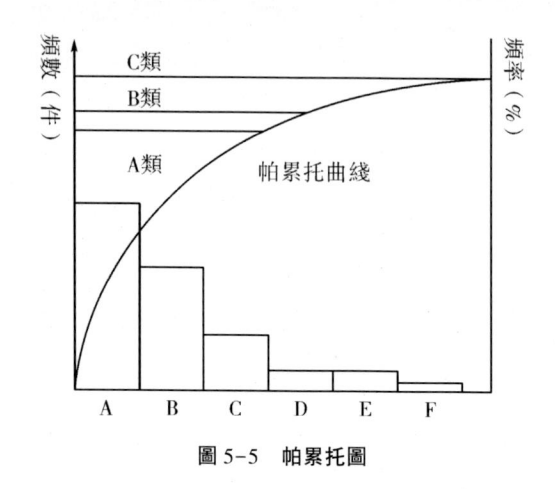

5. 趨勢圖

趨勢圖用來跟蹤一段時間內變量變化的質量管理工具，可用於確認可能發生的趨勢或分佈。如圖 5-6 所示：

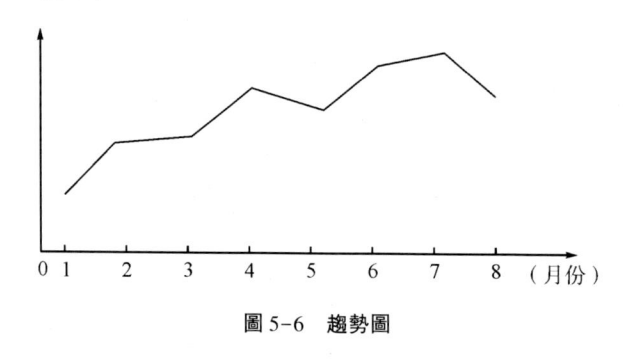

圖 5-6　趨勢圖

趨勢圖便於繪製，直觀，易於理解。

6. 因果分析圖

因果分析圖也稱為魚骨圖或石川圖，是由日本質量管理學者石川馨最早提出的。因果分析圖以質量特性作為結果，以影響質量的因素作為原因，用箭頭表示它們之間的關係。從一個特定的過程問題開始，將問題的所有可能的原因加以分解，分成主要的幾類，在每一類下確定、識別引起問題原因的每一項細節項目。如圖 5-7 所示：

7. 控制圖

控制圖是用來監測過程是否處於統計控制狀態的一種統計工具。控制圖又稱為管理圖，它是一種有控制界限的圖，用來區分引起質量波動的原因是偶然的還是系統的。在只有偶然性原因發生作用的情況下，產品質量特性值作為一個隨機變量是有規律的，呈現正態分佈，這樣我們就說生產過程處於統計控制狀態。控制圖按其用途可分為兩類，一類是供分析用的控制圖，用控制圖分析生產過程中有關質量特性值的變化情況，看工序是否處於穩定受控狀態；另一類是供管理用的控制圖，主要用於發現生產過程中是否出現了異常情況，以預防產生不合格品。

一個完整的控制圖如圖 5-8 所示：

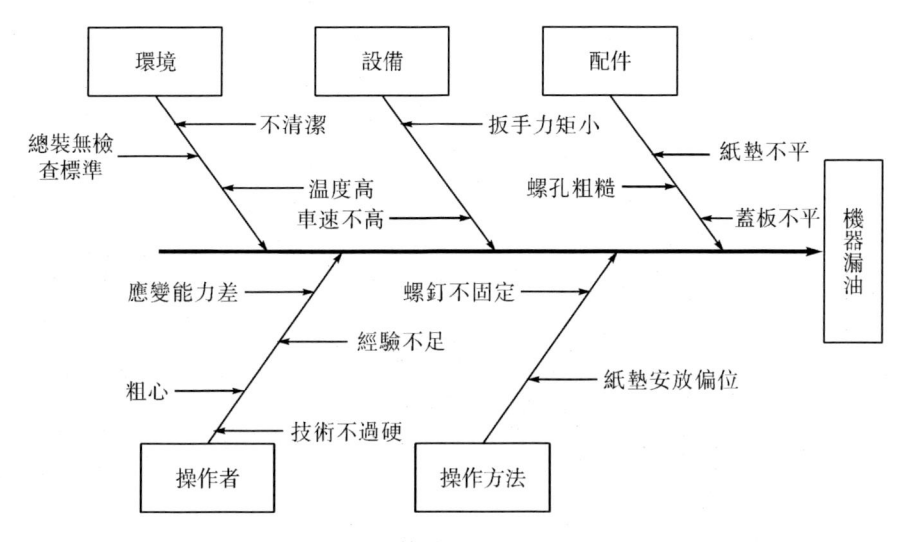

图 5-7 机器漏油因果分析图

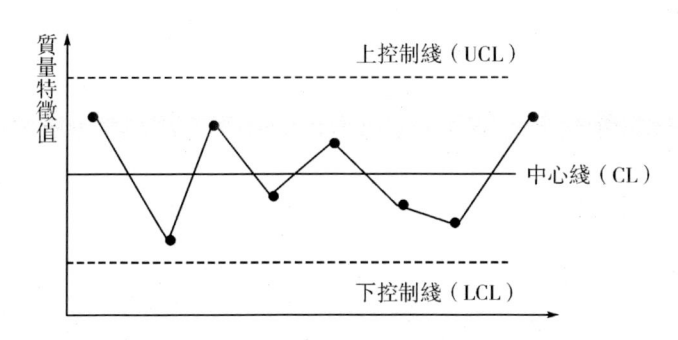

图 5-8 控制图

图中横轴代表抽签的样本的编号,纵轴代表要进行控制的质量特征值。中心线记做 CL,上、下控制限分别用虚线来表示,分别记做 UCL 和 LCL。

通过控制图上的点与上、下控制限的相对位置以及各点之间的位置关系,可以比较直观地看到过程是否处于统计控制状态。

三、统计过程控制

1. 统计过程控制图

最早对过程控制进行研究的是美国的修哈特,他使用一些简单的统计方法对生产过程中的各种因素加以分析,便可以得知变异来源从而加以控制。与传统的质量检验方法不同的是,统计过程控制的重点在于找到发生问题的原因,在于预防,而传统的质量检验是对事后的结果进行控制。

我们通常用上部分提出的控制图来描述统计过程控制的情况。这个控制图可以让生产过程的绩效有一个直观的体现,通过观察其是否在一个可以接受的控制范围来帮助管理者做出决策。在控制范围内的任何变异我们都认为它是正常的,是由结构性或随机性因素造成的,并且在短期内是不易辨别和消除的。因此,不必对生产过程进行调整。相

反地，任何超出控制範圍的變異都被視為是反常的，是由某種非隨機性因素造成的，需要進一步的檢查和糾正。

統計過程控制通常包括設定圍繞均值 μ 的可接受的控制界限。如果我們觀察到的生產過程績效變化在這個範圍之內，我們就認為是正常的。我們沒有充分的理由懷疑存在非隨機性因素，認為生產過程是在受控狀態。不需對流程進行調整。但是，如果任何變化超出這個範圍，就認為這是反常的，甚至應該停止生產線，立即查找產生這種異常的因素，並且消除它。

在過程處於統計控制狀態下，可以認為該過程只受偶然性因素的影響。此時，產品的質量特徵值一般服從正態分佈，落在 $\mu \pm 3\sigma$（μ 為過程均值，σ 為過程的標準差）範圍之內的概率為 99.73%，而落在 $\mu \pm 3\sigma$ 之外的概率只有 0.27%，屬於小概率事件。因此，可以用 $\mu \pm 3\sigma$ 作為上下控制界限，以觀察質量特性值是否處於統計控制狀態。

在生產過程中，我們除了關心工序產出的均值是否符合設計要求之外，還關心工序產生的波動情況。因為即使工序產出均值在控制之中，但工序產出波動卻未必如此。例如，某零件可能製造公差較大，結果其樣本均值可能一樣，但樣本波動可能非常大。出於這個原因，我們在進行工序控制時，通常將樣本的均值 $\bar{X}$ 和極差 R 聯繫在一起同時考察，形成 $\bar{X}$-R 圖。

反應正態分佈特徵的參數有 μ 和 σ，因此要達到控制過程波動的目的就必須同時監控 μ 和 σ 的變化。通過 $\bar{X}$ 圖主要檢測過程均值的變化，即控制中心線的位置；通過 R 圖可檢測過程標準差的變化，即控制其變化範圍的大小。n 為樣本大小，極差 R 是該樣本組中最大值 X_{max} 和最小值 X_{min} 之差。由於 $\bar{X}$ 圖對 σ 變化的檢出力較低，因此實際過程中常使用 $\bar{X}$-R 控制圖。

每一個樣本組的均值：$\bar{X} = \dfrac{\sum X}{n}$

每一個樣本組的極差：$R = X_{max} - X_{min}$

式中，$\bar{X}$ 圖的中心線就是各樣本均值的平均 $\bar{\bar{X}}$；$\bar{X}$ 圖上、下控制限到中心線的距離都是 3σ。根據 3σ 原則，$\bar{X}$-R 圖中的中心線及上、下控制限的計算公式如下：

$\bar{X}$ 圖的控制界限為：中心線：$CL = \bar{\bar{X}} = \dfrac{\sum \bar{X_i}}{k}$

上控制限：$UCL = \bar{\bar{X}} + 3\sigma_x = \bar{\bar{X}} + A_2 \bar{R}$

下控制限：$LCL = \bar{\bar{X}} - 3\sigma_x = \bar{\bar{X}} - A_2 \bar{R}$

R 圖的控制界限為：

中心線：$CL = \bar{R} = \dfrac{\sum R_i}{k}$

上控制限：$UCL = \bar{R} + 3\sigma_x = D_4 \bar{R}$

下控制限：$LCL = \bar{R} - 3\sigma_x = D_3 \bar{R}$

其中 A_2、D_3、D_4 等系數的值可通過查控制圖系數表獲得，如表 5-3 所示：

表 5-3　　　　　　　　　　　控制圖系數表

n	2	3	4	5	6	7	8	9	10
A_2	1.880	1.023	0.729	0.577	0.483	0.419	0.373	0.337	0.308
D_3						0.076	0.136	0.184	0.223
D_4	3.267	2.575	2.282	2.115	2.004	1.924	1.864	1.816	1.777

2. 控制圖的製作方法與步驟

下面用例5-1說明 $\bar{X}$-R 控制圖的製作方法與步驟：

【例5-1】

下面的表5-4是某工廠一種噴油器長度測量值。這些樣本每隔一小時抽取一次，樣本容量為5，試繪出 $\bar{X}$-R 控制圖並對其進行分析。

（1）確定需要進行控制的產品質量特徵值（噴油器長度測量值），選定控制的質量特性應是影響產品質量的關鍵特徵，這些特性能夠計量，並且在技術上可以控制。

（2）確定控制圖種類（用 $\bar{X}$-R 控制圖）。

（3）確定抽樣方案，收集數據。數據如表5-4所示：

表 5-4　　　　　　　　　噴油器長度測量值數據

樣本號	x_1	x_2	x_3	x_4	x_4	$\bar{X}$	R
1	0.486	0.499	0.493	0.511	0.481	0.494	0.03
2	0.499	0.506	0.516	0.494	0.529	0.508,8	0.035
3	0.496	0.5	0.515	0.488	0.521	0.504	0.033
4	0.495	0.506	0.483	0.487	0.489	0.492	0.023
5	0.472	0.502	0.526	0.469	0.481	0.49	0.057
6	0.473	0.495	0.507	0.493	0.506	0.494,8	0.034
7	0.495	0.512	0.49	0.471	0.504	0.494,4	0.041
8	0.525	0.501	0.498	0.474	0.485	0.496,6	0.051
9	0.497	0.501	0.517	0.506	0.516	0.507,4	0.02
10	0.495	0.505	0.516	0.511	0.497	0.504,8	0.021
11	0.495	0.482	0.468	0.492	0.492	0.485,8	0.027
12	0.483	0.459	0.526	0.506	0.522	0.499,2	0.067
13	0.521	0.512	0.493	0.525	0.51	0.512,2	0.032
14	0.487	0.521	0.507	0.501	0.5	0.503,2	0.034
15	0.493	0.516	0.499	0.511	0.513	0.506,4	0.023
16	0.473	0.506	0.479	0.48	0.523	0.492,2	0.05
17	0.477	0.485	0.513	0.484	0.496	0.491	0.036
18	0.515	0.493	0.493	0.485	0.475	0.492,2	0.04
19	0.511	0.536	0.486	0.497	0.491	0.504,2	0.05
20	0.509	0.49	0.47	0.504	0.512	0.497	0.042

（4）計算各組樣本的均值和極差。具體數據如表 5-4 所示。

（5）計算總平均值，確定 $\bar{X}$ 圖的中心線。中心線為：$CL = \bar{\bar{X}} = \frac{\sum \bar{X_i}}{k} \approx 0.499$

（6）計算樣本極差的平均值，確定 R 圖的中心線。中心線：$CL = \bar{R} = \frac{\sum R_i}{k} \approx 0.037$

（7）計算控制界限，繪製控制圖。

對於 $\bar{X}$ 圖來說，上控制限：$UCL = \bar{\bar{X}} + A_2 \bar{R} \approx 0.52$

下控制限：$LCL = \bar{\bar{X}} - A_2 \bar{R} \approx 0.478$

對於 R 圖來說，上控制限：$UCL = D_4 \bar{R} \approx 0.078$

下控制限：$LCL = D_3 \bar{R} \approx 0$

可繪製出控制圖，如圖 5-9 所示。

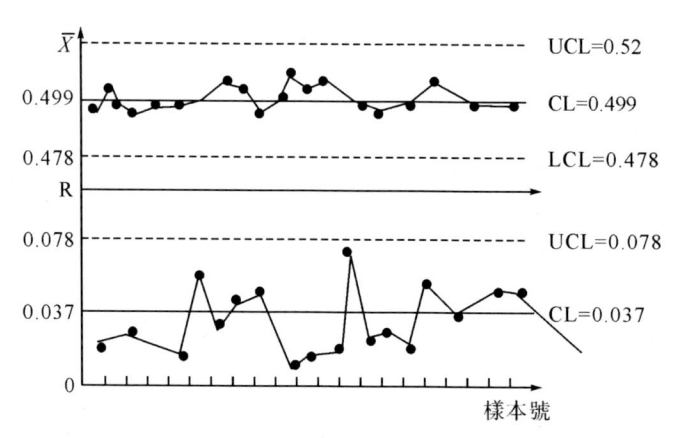

圖 5-9　噴油器長度測量值的 $\bar{X}$-R 控制圖

第三節　全面質量管理

一、質量成本

質量成本的概念是由美國質量管理專家費根堡姆（Armand V. Feigenbaum）在 20 世紀 50 年代提出來的。質量成本是指將產品質量保持在規定的質量水準上所需要的費用。它是企業生產總成本一個組成部分。它主要是由以下四部分組成：

1. 預防成本

預防成本是為了預防故障的產生所支付的費用，主要包括：質量培訓費用、質量管理活動費、質量改進措施費、質量評審費以及質量管理人員的工資及福利等。

2. 鑒定成本

鑒定成本是指為評定質量要求是否被滿足而進行試驗、檢驗和檢查所支付的費用，主要包括：來料檢驗、過程檢測、檢測設備維護、資源與材料、庫存檢驗等。

3. 內部故障成本

內部故障成本是指產品在交付前不能滿足質量要求所造成的損失，以及為彌補損失而發生的費用，主要包括：廢品、返修、重檢、停工、減產、處置等帶來的損失。

4. 外部故障成本

外部故障成本是指產品交付使用後，由於不能滿足所規定的質量要求，出現質量問題而產生的費用，主要包括索賠、退貨、保修等。

四種成本相互聯繫且相互制約，其中任何一個成本的變化都能引起其他三個成本的變化，從而影響總成本的變化。如，當增加預防和鑒定成本的費用時，故障成本則會相應地降低。在此存在一個最優的質量水準，此時的總成本最低。

二、全面質量管理的概念

隨著質量管理的不斷發展，各種質量管理學說大量湧現，出現了百花齊放的局面。其中，全面質量管理無疑是一朵靚麗的花朵。全面質量管理是質量管理活動演變發展過程的自然產物。全面質量管理（TQM）是指一個組織以質量為中心，以全員參與為基礎，目的在於通過讓顧客滿意和本組織所有成員及社會收益而達到長期成功的管理途徑。它是由美國質量專家費根堡姆在其著作《全面質量管理》一書中最早提出的。全面質量管理使質量管理發生了質的飛躍，與一般的質量管理不同的是它具有以下特點：

1. 強調質量管理的全面性

全面性主要體現在以下兩個方面：一方面，它要求公司的每個部門的每個員工全面參與，樹立質量意識，在各自的工作崗位上參與質量管理。另一方面，它不只是簡單地對產品質量進行管理，其管理範圍應該擴展到產品生產的全過程，即產品設計、採購、售後服務等各個環節，以及對確保其運行的質量體系進行管理。

2. 強調從滿足顧客需求出發，一切以顧客為中心

如今的產品質量的好壞最終要以顧客的滿意程度為標準。要從顧客的角度看問題，認識到顧客對於公司成功及生存的極端重要的地位，是公司的重要組成部分。

3. 貫徹「第一次就把事情做好」的理念，以設計式代替了檢驗式的質量管理方法

產品質量並不是檢驗出來的，起主導作用的是設計質量和製造質量，所以質量的好壞取決於在設計、製造階段對問題的預防程度。第一次就把事情做好，減少錯誤發生概率，做到事先預防，從而防患於未然。

4. 監控所有與質量有關的成本

這個質量成本不僅包括質量預防和鑒定成本費用，還包括產品質量不符合企業自身和顧客要求所造成的損失。對質量成本要進行管理。

5. 強調用數據說話

統計學方法已經大量應用在質量管理中並得到了顯著的成效，全面質量管理要求基於數據和事實來進行分析判斷，尋找影響產品質量的因素及其相互間的關係。

三、全面質量管理的基本內容

全面質量管理內容豐富，涉及企業方方面面工作，基本內容如下：
1. 設計試驗過程的質量管理

這一過程的質量管理是全面質量管理的首要環節。它包括市場調研、實驗研究、產品設計、工藝設計、新產品試製與鑒定等正式營運前的各項技術工作。據相關統計表明，由於設計因素而造成的質量問題占了很大比重，大大超過了製造因素，而且其影響的重大程度也往往大於製造因素造成的質量問題。重視設計實驗階段的質量管理，就是為了保證產品和工藝設計的質量，防止產品和工藝的先天不足。這種質量管理重點由製造階段向設計階段的轉移，可以實現從源頭上控制產品質量。設計試製過程質量管理內容主要包括：

（1）根據市場調查結果制定質量目標，做到有的放矢，保證產品設計滿足甚至超越市場需求，避免設計的盲目性。

（2）組織產品設計部門、市場部門、工藝部門、製造部門等有關人員，共同評審產品質量設計，根據企業自身的技術與工藝條件，以及各種驗證試驗資料，選擇合理的設計方案。

（3）做好標準化的審查工作，促進產品設計的標準化、通用化和系列化，以減少零部件的種類，簡化營運技術準備和產品設計工作，為提高設計和製造過程的柔性與質量創造條件。

（4）對於在新產品試製和驗證過程中所遇到的問題，必要的時候需要對產品設計進行修正，並檢查和監督新產品的定型質量，確保其成功投產。

（5）重視對設計圖紙，工藝說明和技術資料的管理理確保技術文件的管理質量。

2. 生產製造過程的質量管理

產品的生產製造過程是指對產品直接進行加工的過程。它是產品質量形成的基礎，是企業質量管理的基本環節。它的基本任務是保證產品的製造質量，建立一個能夠穩定生產合格品和優質品的生產系統。主要內容包括組織質量檢驗工作；組織促進文明生產；組織質量分析；掌握質量動態；組織工序的質量控制；建立管理點，等等。

生產製造過程是產品質量形成的基礎，在這一階段質量管理的基本任務是保證產品的製造質量，建立一個能夠穩定生產合格產品的營運系統。其主要的管理內容通常圍繞工人、機器、物料、方法、測量手段及環境六個方面來開展。

3. 輔助過程的質量管理

輔助過程是指為保證製造過程正常進行而提供的各種物資技術條件的過程。它包括物資採購供應、動力生產、設備及工藝裝備的維修保養、倉庫保管和運輸服務等。其主要內容有：做好物資採購供應的質量管理，保證採購質量（包括原材料、輔助材料、燃料等）；對供應商進行資格鑒定與審查；通過科學維修使機器設備處於良好的運行狀態；確保卡具、量具等工藝設備的型號與規格符合生產製造過程要求等。

4. 使用過程的質量管理

使用過程是產品質量形成的歸宿，是考驗產品實際質量的過程。它是企業內部質量管理的繼續，也是全面質量管理的出發點與落腳點。使用階段的質量管理以提高服務質

量，保證產品在使用中正常發揮作用和滿足使用需要為目的。主要內容包括：

（1）積極展開技術服務，包括編製科學的產品說明書，舉辦培訓班，設立技術諮詢服務熱線等。以提高用戶滿意度為指導思想，提倡服務到永遠，從而提高服務質量，保證產品質量能夠在使用過程中充分體現，提升競爭力。

（2）進行使用效果與使用要求的調查。其目的在於瞭解顧客對產品質量狀況的評價，發現產品與顧客需求之間存在的差距，進而為產品的改進或新產品的開發提供重要依據，同時這一做法能夠促進企業與顧客之間的交流，樹立良好企業形象。

（3）妥善處理出廠產品的質量問題。應該正確面對顧客的抱怨和投訴，樹立為客戶著想的意識，以真誠熱情的態度對待客戶的意見，並採取道歉、賠償、解釋、培訓等合適方式加以妥善處理，積極改進產品質量，化不利為有利。

四、質量管理體系的建立與實施

全面質量管理的核心任務是建立質量管理體系。質量管理體系是指為實施質量管理所需要的組織結構程序、過程和資源。企業為實現其所規定的質量方針和質量目標，就需要分解其產品質量形成過程，設置必要的組織機構，明確責任制度，配備必要的設備和人員，並採取適當控制的辦法，使影響產品質量的技術、管理和人員等各項因素都得到控制，以減少特別是預防質量缺陷的產生，所有這些項目的總和就是質量管理體系。

1. 組織準備階段

質量管理體系的建立，組織需要做的內容包括：①企業領導層要通過協商，對建立和實施質量管理體系有一致的思想認識，做出決策。②以最高領導層為首的有關質量負責人參加領導班子，以及由不同部門的相關人員組成工作班子。③根據企業實際情況，確立貫徹目標和總體方案。④廣泛開展質量教育。⑤制訂切實可行的工作計劃。

2. 調查分析階段

通過調查分析，深入瞭解企業現狀，這是設計符合企業實際的、富有特徵的質量管理體系的前提。主要包括：收集資料；調查現有文件及執行情況，調查企業質量管理現狀；調查分析企業產品的實現過程；確定企業的質量方針和質量目標；分析和確定企業質量管理體系結構；進行質量職能分配和對調查結果進行評審。

3. 編製文件階段

這階段實際上是質量管理體系的具體設計階段，相當於企業質量管理的立法過程。主要包括：制訂文件編製計劃；列出質量管理體系文件目錄，明確涉及條款、有關當事人和時間要求；規定統一的文件體制和格式，以便整理、檢索和識別；按正確的順序編製有關文件，進行文件校對、審核和批准，確保文件適用性、系統性和協調性。

4. 質量管理體系建立階段

質量管理體系建立階段是包括從質量管理體系文件批准到投入營運之前的各種工作。主要有：完善必要的工作計劃；進行資源配置；完善工作指導書；製作記錄表格和識別標籤；發布質量管理體系文件。

5. 質量管理體系運行階段

這一階段是落實質量管理體系的階段，主要工作有：培養和建立高素質員工隊伍；

多方位地開展強化工作，建立有效的運行機制，保證企業員工自覺按程序執行質量管理體系；開展信息管理，對質量管理體系進行審核和評價。

6. 質量管理體系改進階段

以全面質量管理為指導，完善質量管理體系的評審制度和方法，實現質量管理體系自我控制、自我學習和自我完善，不斷改進質量管理體系，形成質量管理體系發展的良性循環。

第四節　ISO9000 體系的簡述

由於市場國際化、競爭全球化的形成，各國經濟發展越來越依賴於國際貿易。貿易競爭日趨激烈，產品質量成為貿易競爭的最重要因素。在這期間，各國產品的質量水準也有了顯著的改善，多數產品先後從賣方市場轉入了買方市場，各發達國家的質量管理理論和實踐也有了巨大的發展。為了適應國際貿易往來與國際經濟合作的需要，在世界範圍內統一關於質量和質量管理概念的認識，規範供應方的質量管理和質量保證體系，進一步推動各國的質量管理和促進國際貿易，制定一套指導性的、權威性的質量管理和質量保證國際標準的時機已經成熟。

一、ISO9000 標準及 ISO9000 族標準的產生

1980 年，國際標準化組織（ISO）成立了質量管理和質量保證技術委員會（TCl76），著手這方面國際標準的制定工作。經過各國專家近七年的艱苦努力，充分考慮到世界各國質量管理和質量保證的現狀和需要，融合了一些國家的先進的國家標準的精華。

1986 年，ISO 發布了實施質量管理和質量保證的基本標準 ISO8402 術語。

1987 年發布了 ISO9000 系列標準，即 ISO9000 質量管理和質量保證標準：選擇或實施指南；ISO9001、ISO9002、ISO9003 質量保證模式；ISO9004 質量管理指南。

1994 年，ISO 標準做了重大改動，增加了很多新內容，並將改動後的 1994 版標準稱為 ISO9000 族標準，這套標準特別強調了控制程序、設計評審、設計的技術管理和預防措施等，它通過質量策劃、質量控制、質量保證和質量改進等一系列手段來實施全面質量管理。企業通過實施 ISO9000 標準，使企業影響質量的全部因素在生產過程中始終處於受控狀態，它為促進企業全面質量管理上起到了很大的作用。

2000 年國際標準化組織又對 ISO9000 體系進行了修改，目前生效的版本是 2000 版的 ISO9000 族標準。2000 版是一次全面徹底的「重規劃」。整個被稱為「ISO9000 家族」的 27 個現行標準，已被完全重新規劃，主要內容將被集中在以下四個重要的標準中，即：ISO9000：基本原理和術語；ISO9001：質量管理體系—要求；ISO9004：質量管理體系—業績改進指南；ISO19011：質量和環境管理審核指南。

2000 版新標準不僅是換個表述，而是要求確實提高了，有了一些新的或加強了的要求。這些新增或加強要求如下：持續改進；考慮法律法規要求；在相應層次或職能上建立可度量的目標；通過監察顧客滿意度的信息對體系進行評價；對質量管理體系表現方面數據的分析，確定了培訓的有效性；加強對最高管理者角色的重視；加強對資源有效性的關

注；測量及監控擴大到系統過程和產品（原來基本只針對產品檢驗、過程控制）。

二、ISO9000 現象產生的原因

ISO9000 標準發布以後，在世界範圍內產生了廣泛的影響，目前已有 80 多個國家和地區將 ISO9000 標準等同轉化為國家標準，掀起了質量認證的高潮，人們把這一現象統稱為「ISO9000 現象」。它的形成主要基於以下幾個方面的原因：

1. 政府的大力推動

ISO9000 標準是世界先進管理經驗的總結，為推動科技進步和提高本國企業的管理水準，一些國家政府大力推進 ISO9000 標準的普及。

2. 國家的規範化領導

為確保 ISO9000 註冊的權威性和可鑒定性，很多國家在將 ISO9000 標準等同轉化為國家標準的同時，成立了 ISO9000 標準認證註冊的服務機構，並對認證機構和認證人員實行國家認可和註冊。

3. 大型跨國公司的影響

大型跨國公司為成為政府採購商的供貨方，積極參與 ISO9000 的註冊，並要求本組織的供應商也必須通過 ISO9000 註冊。

4. 產品標誌組織對 ISO9000 的採用

很多國家和國際承認的產品認證機構已經把 ISO9000 標準作為產品認證計劃中批准使用該組織標誌的首位要求。

5. 行業組織的積極參與

一些較有影響的行業組織，如歐洲試驗和認證組織（EOTC）將 ISO9000 標準比喻為該組織發展和運作的建築基石。

6. 國際貿易的驅動

在現代國際貿易競爭中，高技術、高附加值的產品日受青睞，價格的競爭已讓位於質量的競爭。在貿易往來中，優先考慮的是具有較強質量保證能力的產品，ISO9000 標準認證是世界各國推崇的質量評價形式，能使產品在市場上有很高的信譽，從而大大增強了產品的競爭能力。

三、ISO9000 質量認證對企業管理的意義

成功企業的經驗表明，推行質量認證制度對於有效促使企業採用先進的技術標準、實現質量保證和安全保證、維護用戶利益和消費者權益、提高產品在國內外市場的競爭能力，以及提高企業經濟效益，都有重大意義。

1. 質量認證有利於促使企業提高產品質量，向消費者提供合格的產品

一方面，企業要通過第三方認證機構的質量體系認證，就必須提高對產品的質量的保證能力；另一方面，通過第三方的認證機構對企業的質量體系進行審核，也可以幫助企業發現影響產品質量的技術問題或管理問題，促使其採取措施加以解決。

2. 質量認證有利於提高企業的質量信譽，增強企業的競爭能力

企業一旦通過第三方的認證機構對其質量體系或產品的質量認證，獲得相應的證書

或標誌，則相對其他未通過質量認證的企業，有更大的質量信譽優勢，從而有利於企業在競爭中取得優先地位。特別是對於世界級企業來說，由於認證制度已經在世界許多國家，尤其是先進發達國家實行，各國的質量認證機構都在努力通過簽訂雙邊的認證合作協議，取得彼此之間的相互認可。因此，如果企業能夠通過國際上權威認證機構的產品質量認證或質量體系認證（註冊），便能夠得到各國的承認，這相當於拿到了進入世界市場的通行證，甚至還可以享受免檢、優價等優惠待遇。

3. 質量認證有利於企業的經營管理

質量認證可減少企業重複向用戶證明自己確有保證產品質量能力的工作，使企業可以集中更多的精力抓好產品開發及製造全過程的質量管理工作。

四、質量認證的步驟

步驟如下：

1. 遞交申請書

一般認證機構都有設計好的認證申請書，企業向認證機構索要一份，根據有關要求填寫好內容，蓋章後回寄即可。

2. 提交質量體系文件

企業申請認證後，即將質量體系文件提交給認證機構，認證機構審核文件是否符合申請認證的國際標準，如符合，即受理申請。

3. 實施審核

認證機構受理企業申請後，組成審核小組，安排審核計劃，就實施認證的時間、地點、審核範圍、目的、參加人員等與企業溝通，並對計劃進行審核。

4. 認證註冊

審核結束的末次會議上，審核組將宣布審核結果，出示審核報告，做出是否推薦註冊的決定。一般有三種情況：A. 審核過程中發現嚴重不合格，則不予通過；B. 審核過程中發現多項輕微不合格，則令整改，延期通過；C. 未發現不合格，即行通過。審核組向認證機構推薦註冊。認證機構在半個月內可將認證證書頒發給企業。

本章小結

質量管理是企業營運管理的核心之一，如今的社會是以人為本，面向顧客的社會，一切以顧客的利益為出發點，正因為如此，提供優秀質量的產品和服務成為每一個成功企業制勝的法寶之一。提高質量可以減少因返工、廢品和退貨產生的成本，優質的產品和服務可以提高顧客的滿意度，獲得更大的市場份額，因而提高質量將對公司的收入和成本可產生積極的影響，並能夠為公司帶來巨大的競爭優勢。質量管理涉及整個組織，組織內的相關部門之間必須相互協作，密切關注質量管理和控制。本章首先介紹了質量與質量管理的內涵，簡述了質量管理的發展歷程以及相關重要的質量管理理論，然後介紹了質量管理的常用方法工具，重點介紹了質量統計過程控制，全面質量管理以及ISO9000體系的簡述。

復習思考題及參考答案

1. 什麼是質量？質量有哪些重要特性？

答：質量定義為「一組固有特性滿足要求的程度」，分為產品的質量特性和服務的質量特性，二者在一定程度上是不一樣的。

2. 論述什麼是質量管理及其主要內容。

答：質量管理是現代企業營運管理的重要方面。它是企業為使產品或服務質量能夠滿足顧客要求和期望而開展的策劃、組織、實施、控制、改進等相關的管理活動，並通過質量體系中的質量策劃、質量控制、質量保證和質量改進來實現其所有管理職能。

具體包括以下內容：
(1) 制定質量方針和質量目標；
(2) 質量策劃；
(3) 開展質量控制和質量保證活動；
(4) 進行質量改進。

3. 質量成本包括哪幾部分？

答：主要是由以下四部分組成：
(1) 預防成本；
(2) 鑒定成本；
(3) 內部故障成本；
(4) 外部故障成本。

4. 什麼是全面質量管理？有什麼特點？

答：全面質量管理（TQM）是指一個組織以質量為中心，以全員參與為基礎，目的在於通過讓顧客滿意和本組織所有成員及社會收益而達到長期成功的管理途徑。具有一些特殊的特點：
(1) 強調質量管理的全面性；
(2) 強調從滿足顧客需求出發，一切以顧客為中心；
(3) 貫徹「第一次就把事情做好」的理念，以設計式代替了檢驗式的質量管理方法；
(4) 監控所有與質量有關的成本；
(5) 強調用數據說話。

5. 試論述質量管理體系的建立與實施的步驟。

答：(1) 組織準備階段；
(2) 調查分析階段；
(3) 編製文件階段；
(4) 質量管理體系建立階段；
(5) 質量管理體系運行階段；
(6) 質量管理體系改進階段。

6. 試述 ISO9000 系列標準的發展過程及原因。

答：發展過程如下：

（1）1980 年，國際標準化組織（ISO）成立了「質量管理和質量保證技術委員會（TC176）」，著手這方面國際標準的制訂工作。經過各國專家近 7 年的艱苦努力，融合了一些國家的先進的國家標準的精華，充分考慮到世界各國質量管理和質量保證的現狀和需要；

（2）1986 年，ISO 發布了實施質量管理和質量保證的基本標準 ISO8402 術語；

（3）1987 年發布了 ISO9000 系列標準，即 ISO9000 質量管理和質量保證標準：選擇或實施指南；ISO9001，ISO9002，ISO9003 質量保證模式；ISO9004 質量管理指南；

（4）1994 年，ISO 標準做了重大改動，增加了很多新內容，並將改動後的 1994 版標準稱為 ISO9000 族標準，這套標準特別強調了控制程序、設計評審、設計的技術管理和預防措施等，它通過質量策劃、質量控制、質量保證和質量改進等一系列手段來實施全面質量管理。企業通過實施 ISO9000 標準，使企業影響質量的全部因素在生產過程中始終處於受控狀態，它為促進企業全面質量管理上起到了很大的作用；

（5）2000 年國際標準化組織又對 ISO9000 體系進行了修改，目前生效的版本是 2000 版的 ISO9000 族標準。2000 版是一次全面徹底的「重規劃」。

原因如下：
（1）政府的大力推動；
（2）國家的規範化領導；
（3）大型跨國公司的影響；
（4）產品標誌組織對 ISO9000 的採用；
（5）行業組織的積極參與；
（6）國際貿易的驅動。

參考文獻

［1］韓煒，張英華. 營運管理［M］. 北京：經濟科學出版社，中國鐵道出版社，2009：216-364.

［2］張杰. 生產與營運管理［M］. 北京：對外經濟貿易大學出版社，2004：117-202.

［3］楊建華，張群，楊新泉. 營運管理［M］. 北京：清華大學出版社，北京交通大學出版社，2006：97-125.

［4］黃憲律. 生產運作管理精彩讀本［M］. 北京：北京大學出版社，2002：329-356.

［5］洪元義，吳亞非，王基建. 生產與運作管理［M］. 武漢：武漢理工大學出版社，2002：280-320.

第六章 庫存管理

學習目標

1. 理解庫存的含義及其延伸含義
2. 瞭解庫存的作用及分類
3. 瞭解庫存管理的發展歷程
4. 熟悉庫存的三種控制模式
5. 理解庫存管理方法（ABC 法）
6. 掌握庫存費用組成及總費用的算法
7. 掌握經濟訂貨批量模型、經濟生產批量模型、價格折扣模型

引導案例

美國 Spices 公司庫存控制案例

Spices 是一家已有 110 年歷史的中等規模的調味品、提取物、蛋糕材料、沙司材料以及色拉調料生產商，其產品銷售渠道有超級市場、雜貨店、食品外賣店等。公司在印第安納波利斯有一個工廠，從事製造，產品經過印第安納波利斯和丹佛的兩個庫房中轉銷往 10 個州。公司雇員 200 人，其中 30 名銷售代表負責所有的銷售和服務事務。

Spices 之所以到要對庫存控制進行改善，是基於以下因素的考慮：

首先，採購費用的增長是其進行改善庫存的直接原因。過去十個月中，Spices 耐用品的採購費用已經增長了 200,000 美元。這個數字太大了，必須對其採購費用進行削減。

其次，銷售與行銷部門的提前期與供應商的提前期之間的矛盾是其進行庫存控制改善的內在因素。在 Spices 公司中，銷售與行銷部門給採購部門下新耐用品訂單時，提前期通常是 2 周，這當然不符合供應商所需的 4~8 周的提前期。於是，供應商往往會被要求加緊供貨，而採購、銷售和行銷部門之間也會增加衝突。儘管採購人員每週都檢查耐用品的庫存水準，但分銷倉庫不予通知的缺貨現象仍然經常發生。

再次，陳列庫存量太多與有效庫存不足的矛盾是其進行改善庫存控制的重要原因。Spices 的採購人員還發現，無論何時，持有庫存差不多都價值 200,000 美元，而理想的庫存價值應該比較接近 80,000 美元。同時，即使庫存水準很高，採購人員也會因為各種細項經常性的缺貨而受到銷售代表的質問。已是 4 月底了，Spices 的採購經理面臨著備用陳列品庫存總量增加 25% 的問題。儘管如此，銷售代表還一直在抱怨經常出現缺貨現象。在與物料經理計劃的 6 月會議之前，採購經理必須找到一條改善庫存控制的辦法。

資料來源：http://jpkc.hnuc.edu.cn/qywl/Course/Content.asp

第一節　庫存的概述

一、庫存

1. 庫存的定義

庫存，從直觀上理解是指存放在倉庫中以備用的物品。從企業生產、經營活動的全過程而言，庫存是指企業用於生產或服務所使用的物資，以及用於銷售的儲備物資。庫存的形態主要包括：原材料、輔助材料、在製品、產成品和外購件等四大類。這是狹義的理解。

現代意義上的庫存不僅僅指存放在倉庫中的物品，還包括正處在轉換系統中的所有資源，因為這些資源都處於閒置狀態，均占用了一定量的資金。在這裡，我們將庫存定義為：為了滿足未來需要而暫時閒置的資源。資源的閒置就是庫存，與這種資源是否存放在倉庫裡沒有關係，與這種資源是否處於運動狀態也沒有關係。汽車運輸的貨物處於運動狀態，但這些貨物是為了未來需要而暫時閒置的，就是一種庫存，一種在途庫存。製造企業持有的原材料、部件、在製品、產成品，以及機器、工具的備用部件和其他物質，包括銀行的現金；百貨公司持有的服裝、家具、文具、運動物品、禮品和玩具；醫院儲存的藥品藥劑、醫療器械和床位等。超市存儲的新鮮食物、包裝好的和冷凍的食品、家居用品、雜誌及其他商品等，這些都被視為庫存。可見庫存與其字面上的「庫」沒有任何必然的聯繫。由此看來，我們常常看到國內學者將庫存翻譯成「存儲」或「儲備」是有淵源的。

然而，我們還可以把人力資源、信息資源、知識資源、貨幣資源等視為庫存。人力資源庫存形成人才儲備，從而為企業的未來服務；信息庫存形成企業的情報系統或後臺數據庫系統，以應付環境變化或競爭對手可能採取的行動。因此對於庫存來說，不僅僅包括了閒置的有形物品，也包括閒置的無形物品。

2. 庫存的作用

從庫存定義來看，庫存屬於閒置資源，這些閒置資源不能為企業創造利潤。在此我們把庫存的消極作用總結如下：

(1) 占用企業大量資金

庫存是閒置資源，其可變性較差，缺乏流動性。當企業生產經營中缺乏可用資金時，過量的庫存會使得企業面臨困境，甚至會造成企業的倒閉。這也是為什麼很多企業重視庫存管理，並努力降低庫存，甚至追求零庫存的原因。

(2) 增加了企業的商品成本和管理成本

商品成本和管理成本統稱為庫存成本。庫存成本包括：占用資金的利息、儲藏保管費（倉庫費用、搬運費用、管理人員費用等）、保險費、庫存物品價值損失費等。

(3) 掩蓋了企業中眾多的管理問題

如計劃不周、採購不力、生產不均衡、商品質量不穩定及市場銷售不力、員工技術不熟練等情況。總之生產經營中的諸多問題都有可能用高庫存掩蓋。正因為如此，在準時化生產方式中，會把庫存當作「萬惡之源」，盡量通過減少庫存來暴露生產經營中潛藏著的問題。

但是，從整個企業供應鏈系統來看，庫存顯然是必需的。絕對意義上的零庫存是不存在的。庫存也有其特定的積極作用。

(1) 提高顧客服務水準

顧客服務水準是指一個企業能夠滿足消費者需求的能力。在庫存管理中，顧客服務水準是用來表示當用戶需要時，物品或服務的可獲取性，它是庫存管理有效性的一個指標。這裡的用戶可以是購買者、批發商、企業中的另外一個工廠或一道工序的下一道工序。增加庫存可以減小不確定因素的影響，從而提高顧客服務水準。如果能夠精確地確定消費者想要什麼，什麼時候需要，就可以百分之百地滿足消費者的需要。然而，需求和供貨提前期通常都是不確定的，不可避免地會出現缺貨與顧客不滿意的情況。因此，企業有必要保持一定數量的附加庫存，這就是所謂的安全庫存。

(2) 改進生產經營的效率

庫存改革生產經營的效率可表現在以下幾個方面：①庫存使得兩個不同生產率的作業可以單獨並更經濟地運行。如果兩個或更多個順序的作業有著不同的產出率，那麼在它們之間就會出現庫存。②對有些季節性需求的產品，可以通過使用預置庫存的策略，使生產率保持相對平穩，淡季時建立庫存，以供旺季時使用。對企業來說，這種策略可以降低商品成本、降低對生產能力的要求、減少生產調整準備的成本。

(3) 庫存使得企業長時間持續地生產

首先，庫存可以降低企業的單位生產調整費用。某一產品的生產批量的成本與生產的調整準備費用和生產運行的成本有關。調整準備費用是固定的，而生產運行成本是可變的，它與生產的產品成正比。如果生產批量較大，調整費用被分配給較大批量的產品，使得單位調整費用下降。

其次，庫存使得生產時間的比重增加，從而增強了生產能力。加工工序的時間由調整準備時間和加工作業時間組成，只有當加工作業時間增加時，生產系統的產量才能增

加。如果每次生產的批量較大,那麼一年中的調整準備次數就會減少,從而可以用於加工的時間就會增加。這一點對生產過程的瓶頸資源尤為重要,在瓶頸工序的加工時間的損失,就是總產量的損失,從而就是生產能力的損失。

(4) 庫存使得企業可以大量購貨,從而減小單位訂貨費用和享受價格折扣。

3. 庫存的分類

從不同的角度,可以對庫存進行不同的分類。

(1) 按物資需求的重複程度劃分為單週期庫存和多週期庫存

單週期需求又稱一次性批量訂貨需求,即僅僅發生在比較短的時間內或庫存時間不可能太長的需求,很少重複訂貨。在這種需求狀態下的庫存屬於單週期庫存。單週期庫存問題出現在以下兩種情況下:①偶爾發生物品的需求,如中秋節的月餅,奧運會紀念章,新年賀卡等;②經常發生的某種生命週期短的物品的不定量需求,如情人節時的玫瑰花、報紙、期刊等。

多週期需求指在足夠長的時間裡對某種物品重複的、連續的需求,對此庫存需要不斷地補充。這是非常普遍的需求問題。

(2) 按庫存不同的功能劃分為週轉庫存、預置庫存、安全庫存、調節庫存和在途庫存

週轉庫存就是為了應付正常週轉而儲備的庫存,它的產生是基於訂貨批量的思想。如,日常生活中很多家庭經常每週去採購一次商品,這些商品就構成了家庭的週轉庫存。預置庫存是為了將來的需求而設置,例如,在產品銷售旺季到來之前或促銷活動開展之前有意識地多儲備產品。安全庫存也稱安全存儲量,保險庫存,是為了防止不確定性因素(如大量突發性訂貨、交貨期突然延期、臨時用量增加、交貨誤期等特殊原因)而預計的保險儲備量。在途庫存是指正處於運輸狀態以及停放在相鄰兩個工作地之間或相鄰兩個組織之間的庫存,這種庫存是一種客觀存在,不是有意設置的。

(3) 按用戶對庫存的需求特性劃分為獨立需求庫存與相關需求庫存

獨立需求最明顯的特徵是需求的對象和數量的不確定性。獨立需求庫存是指用戶對某種庫存物品的需求與其他種類的庫存無關,表現出對這種庫存需求的獨立性。獨立需求庫存無論在時間上還是在數量上都有很大的不確定性,但可以通過預測方法粗略地估算。相關需求又稱為非獨立需求,根據相關性,企業可以精確地計算出它的需求量和需求時間,是一種確定性需求。相關性需求可以是水準方向,也可以是垂直方向的。產品與其零部件之間是垂直關係,與其附件或包裝物之間就是水準方向。

獨立需求和相關需求都是屬於多週期需求,對於單週期需求,是不用考慮相關和獨立的。

(4) 按在生產過程和配送過程中所處的狀態劃分為原材料庫存、在製品庫存、維修庫存和成品庫存

原材料庫存包括原材料和外購零部件。在製品庫存包括處在產品生產不同階段的半成品。有的半成品直接放在生產線或生產車間內,等待進入下一個生產環節,還有的將多生產出來的半成品入庫保管,在需要進一步生產時,通過生產車間的派工單到半成品倉庫領取。成品庫存是準備運送給消費者的完整的或最終的產品。

二、庫存管理的發展歷程

庫存管理經歷了不同的發展階段，人們對它的認識也在不斷地改變，大致可做如下歸納：

1. 庫存是企業的財產

從手工業時代到 19 世紀後半葉，流行一種說法就是：越是富者擁有的物資就越多。富者認為，多存儲物資才是他們的目的。當時衡量個人或國家財產的多少，是看家畜量的多少或倉庫的大小及存貨多少。這個時期的企業沒有實行專業分工，很多物資都不從外部訂貨。因此實際上企業並不需要設置太多的庫存。這是因為當時的產品種類少，企業之間幾乎不發生競爭，生產的產品可以全部銷售出去，利潤也比較高。也就是說這時期即使有很多庫存，對利潤的影響不大，因此企業寧願有較多的庫存，並認為庫存是企業的財產。但是，當時的一部分先進企業已經開始認識到庫存量超過一定限度，對企業是不利的，並盡力避免庫存量過大。

2. 庫存是企業墳墓

第一次世界大戰以後，美國由於經濟不景氣而出現經濟危機，那些庫存多的企業銷售情況不好。因此，企業的經營政策開始轉變。庫存多並不能使企業經濟狀況好轉。相反，有可能導致企業破產。為此，就有了「庫存是企業的墳墓」之說了。此後，企業開始正視庫存的管理。

3. 應科學地進行庫存管理，設置合理的庫存量

由於經濟危機造成的企業損失，企業開始對庫存有了新的認識。他們認為，科學地進行庫存管理是很有必要的，並開始研究經濟訂購批量的確定方法。此後，人們做了很多研究工作，得出了以下結論：一般情況下，隨著庫存量的增加，有些費用增加，有些費用減少。例如，庫存增加時，保管費用增加，相反，訂貨次數減少，訂貨所需要費用也減少。從這時起，人們開始認識到庫存問題的重要性，從而產生了科學地進行庫存管理的方法。

4. 確定合理庫存量時期

第二次世界大戰以後，一些企業開始應用數理統計理論和運籌方法，加強庫存管理。隨著戰爭的開始，軍事物資的庫存管理被作為重要問題進行研究。首先，英美的運籌方法研究小組展開研究，該小組成員對戰爭中「軍隊需要儲備多少糧食」「步兵應該配備多少顆子彈」「軍隊配備多少炮彈」等進行了研究，並確定了合理的庫存量。除特殊情況外，庫存問題幾乎都包含著難以確定的因素。因此，採取數理統計方法是解決庫存問題的新方法，這種方法的基礎是對庫存問題進行價值分析。

5. 運用信息技術進行綜合庫存管理時期

在 20 世紀裡人們在庫存管理領域開發的很多數學方法，在實際工作中都沒有得到廣泛的應用，因為數字計算起來很繁瑣。而電子計算機的廣泛應用，使得庫存管理方法得到進一步發展。把技術用於庫存管理，可提高業務處理速度與管理的精確性，同時可以使訂貨指令的處理、購買管理、日程管理、流通過程的管理等有機連接起來，其結果是庫存管理作為經營管理的一環，向著綜合化方向發展。

第二節　庫存控制模式

一、庫存的三種控制模式

庫存控制系統有輸入、輸出、約束條件和運行機制四個方面，如圖6-1所示。

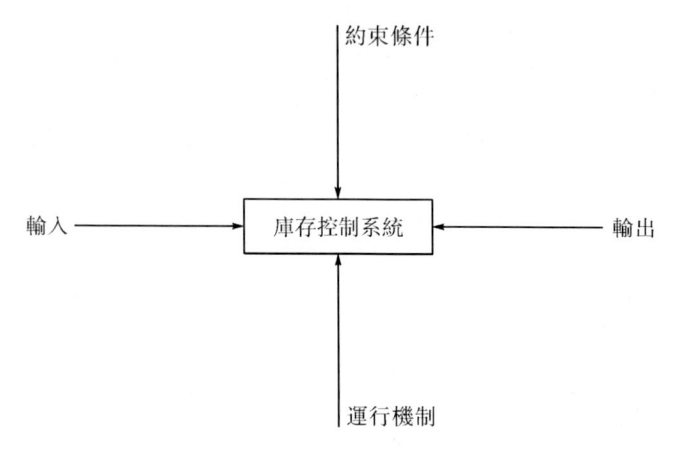

圖6-1　庫存控制系統

庫存控制系統的輸入、輸出是各種資源，輸入是為了保證系統的輸出（對需求的供給），約束條件包括庫存資金的約束、空間約束等。運行機制包括控制哪些參數以及如何控制。對於庫存控制系統，輸出端是不可控的；而輸入端，即庫存系統向外發出訂貨的提前期亦為隨機變量，可以控制的，即訂貨點（即何時發出訂貨）以及訂貨量（一次訂多少）這兩個參數，庫存控制系統正是通過訂貨點和訂貨量來滿足外界需求並使總體庫存費用最低。

任何庫存控制系統都要回答兩個基本問題：什麼時候再訂貨？每次訂貨的數量是多少？

針對上述兩個問題，對庫存的控制可分為兩大類：一是定量控制系統。通過觀察庫存是否達到新訂貨點來實現；二是定期控制系統。通過週期性的觀測實現對庫存的補充。

1. 定量訂貨控制系統

定量訂貨控制系統也稱為訂貨點控制，又稱為Q模型。當庫存控制系統的現有庫存量降到訂貨點及以下時庫存控制系統就向供應廠家發出訂貨，每次訂貨量均為一個固定的量Q。訂貨發生後必須經過一段時間貨品才能夠到達（這一般包括訂貨準備時間、發出訂單、供方接受訂貨、供方生產、產品發運、產品到達、提貨、驗收、入庫等過程），我們將從訂貨時間到貨物到達之間的時間間隔稱之為提前期（Lead Time，LT）。在貨物到達後，庫存量將增加Q（假設在運輸途中沒有任何毀損）。顯然，提前期一般為隨機變量。具體描述如圖6-2所示。

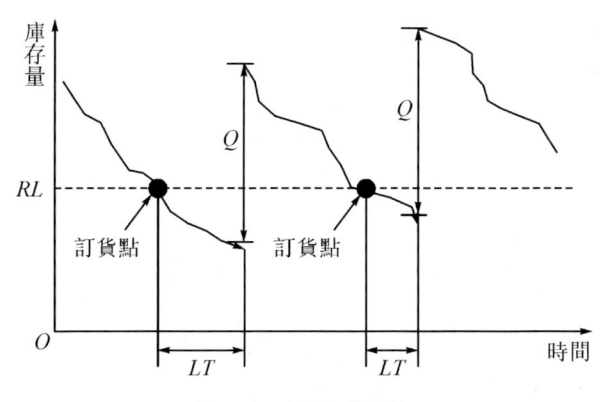

圖 6-2 定量訂貨系統

圖 6-2 中，Q 是每次的訂貨量，LT 為訂貨提前期，一般是隨機變量。定量訂貨就是先設定一個重新訂貨點，在日常生產活動中連續不斷地監視庫存水準，當庫存量下降到訂貨點時就發訂貨通知，每次按相同的訂貨量補充庫存。這種控制方法雖然工作量較大，但對庫存量控制得比較嚴密，一般適用於重要物資的庫存控制。有時為了減少工作量，可採用兩倉系統（Two Bin Systerm），即將同一種物資分放兩倉，一倉用完，系統就發出訂貨，訂貨發出後，企業開始使用另一倉的物資，直到訂貨到達為止，再進行兩倉分放。

2. 定期訂貨控制系統

定期訂貨控制系統就是每經過一個相同的時間間隔，發出一次訂貨，訂貨量為將現有庫存補充到一個最高水準。學術界把這一個系統又稱為 P 模型。該模型不適用於物資種類繁多且訂貨費用較高的情況。如圖 6-3 所示。

圖 6-3 定期訂貨控制系統

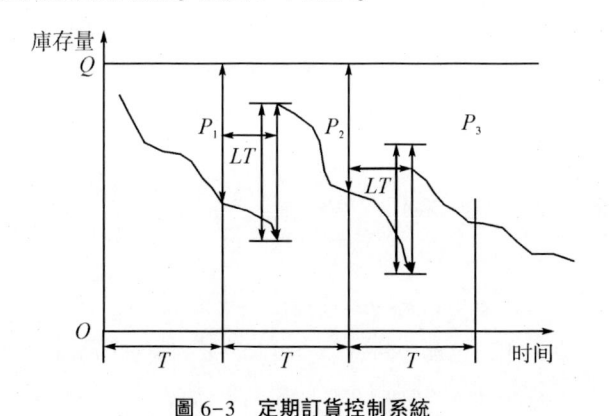

圖 6-3 中的 P_1、P_2、P_3 是各次的訂貨量，T 是庫存檢查週期，LT 仍為訂貨提前期。定期訂貨控制系統沒有訂貨點，每次只按預定的週期檢查庫存，依據目標庫存和現有庫存狀況，計算出需要補充的數量 Q，然後按訂貨提前期發出訂貨，使庫存達到目標水準。

與定量訂貨控制系統相比，定期訂貨控制系統無須隨時檢查庫存量，到了固定的時間才對物資進行盤點、訂貨，這樣簡化了管理，節省了費用。但是定期訂貨控制系統也

有缺點，即不論庫存水準降得多還是少，都要按期發出訂貨。當庫存水準很高時，訂貨量是很少的，這樣平均的訂貨費用就增高了。為了彌補這個缺陷，我們引入最大最小系統。

3. 最大最小系統

最大最小系統仍是一種定期訂貨控制系統，與原來系統不同的是它需要確定一個訂貨點，即補充訂貨點（ARP）。當經過時間間隔 T 時，如果庫存量下降到 ARP 及以下，則企業開始發出訂貨；否則企業會再經歷一個週期並同時審查現有庫存是否在 ARP 及以下，然後考慮是否發出訂貨。如圖 6-4 所示：

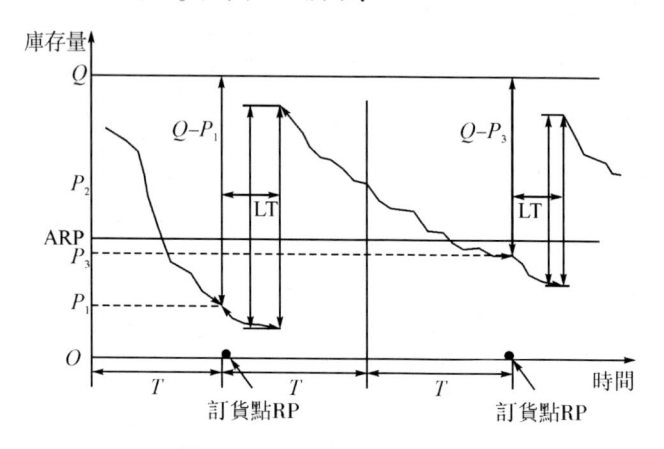

圖 6-4　最大最小庫存控制系統

由圖 6-4 所示，經過時間 T 之後，庫存量降到 P_1，顯然 P_1 小於 ARP，此時企業下達訂貨命令，訂貨量為 $Q-P_1$，在經過時間間隔 LT 後到貨，此時庫存量增加 $Q-P_1$。再經過同樣的時間 T 後，庫存量降為 P_2，顯然 P_2 大於 ARP，此時庫存量在訂貨點以上，企業決定暫不訂貨。又經歷一個時間 T 後，庫存量降到 P_3，P_3 小於 ARP，企業又開始重新發出訂貨，訂貨量為 $Q-P_3$，經過一段時間 LT 到貨，庫存量增加 $Q-P_3$，如此反覆下去。

二、庫存管理方法（ABC 法）

由於庫存物資種類繁多，對企業需要用的全部物資進行管理是一項複雜而艱難的任務。而傳統的庫存管理方法過於粗放，管理混亂，從而使得庫存管理效率低下。往往，占庫存少部分的物資卻占用了大部分的資金，因此，要對庫存的全部物資進行分類，區別管理。在這裡，我們採用 ABC 管理方法。ABC 管理方法在國外的庫存管理得到廣泛的應用，是行之有效的庫存管理方法。該方法的基本思路是：按照庫存物資占用資金的多少及品種數量的多少把企業的全部庫存物資劃分為 A，B，C 三種不同的類型，對不同類型的物資進行不同的管理，從而簡化了庫存管理程序，增強了管理的針對性，以達到提高管理效率的目的。

通過研究發現，大多數企業的庫存物資中各類物資可按以下比例進行分類：

（1）A 類物資：品種數占庫存物資總品種數的 10%～20%，但其占用的庫存資金可達到 70%～80%；

（2）B類物資：品種數占庫存物資總品種數的20%~25%，但其占用的庫存資金可達到15%~20%；

（3）C類物資：品種數占庫存物資總品種數的60%~65%，但其占用的庫存資金可達到5%~10%。

ABC管理方法使庫存管理者對庫存物資做到心中有數，對不同的物資採用不同的管理控制方法，如下：對於A類物資，占庫存物資總品數少卻占用了庫存大部分資金，應該重點管理及控制。嚴格控制其庫存儲備量、訂貨量、訂貨時間，在保證生產能正常運行的情況下，盡可能地減少庫存，節約流動資金。隨時對庫存進行調整，通常一月一次。B類物資，可適當控制，在情況允許的情況下，盡量減少庫存。每季度或每半年調整一次。C類物資，物資價值小，可以放寬控制，增加訂貨量，減少訂貨次數，減少相關控制費用。每一年或半年調整一次。

特別需要指出的是，在實際的庫存物資分類中，在考慮占用資金情況的同時，也要兼顧供貨以及物資重要程度等因素，一些特別關鍵或較難保障供應的物資，雖然占用資金較少，但必須按A類物資對待。另外，對於一些供應過程較難控制的物資，管理者也必須保持足夠的庫存儲備，控制好訂貨提前期，以防止供應出現問題時給企業造成巨大損失。

ABC管理方法具體分類步驟如下：

（1）根據企業的庫存物資信息，按照占用資金由大到少的順序排序；

（2）計算各類物資占用庫存資金的百分比，累計庫存資金的百分比；

（3）考慮各類物資占用資金情況，按ABC分類標準將各自物資歸入相應類別，完成分類。

表6-1是一家製造業的庫存物資有關數據，表6-2是對表6-1中數據進行分類處理後的結果。

表6-1

物資編號	年均資金占用量	占用資金比例（%）
1	95,000	40.8
2	75,000	32.1
3	25,000	10.7
4	15,000	6.4
5	13,000	5.6
6	7,500	3.2
7	1,500	0.6
8	800	0.3
9	425	0.2
10	225	0.1
總計	233,450	1

表 6-2

物資類型	年均資金占用量	占用資金比例（%）
A	170,000	72.9
B	53,000	22.7
C	10,450	4.4
合計	233,450	1

第三節　庫存決策模型

一、庫存費用（相關費用與總費用）

進行庫存決策時需要對庫存費用進行分析，明確其變化特徵，判斷其與庫存決策的相關性。與庫存相關的費用有兩類，一是隨庫存量的增加而增加，二是隨庫存量的減少而減少。兩種費用相互作用的結果，就有了最佳訂貨量。

1. 隨庫存量的增加而增加的費用

此類費用主要包括：

（1）存貨占用的資金。庫存資源本身就有價值，占用了資金，這些資金本來可以用於其它活動創造新的價值，而庫存使這部分資金閒置起來，造成機會損失，資金成本是持有庫存物品本身所必需支出的費用。

（2）倉儲空間相關費用。要持有庫存必須建造倉庫、配備設備，還有供暖、照明、修理、保管等這些開支都是維持倉儲空間的費用。

（3）物資變舊或變質。在閒置過程中，物品會發生變質和陳舊，如金屬生鏽、藥品過時、鮮貨變質、油漆褪色等，這又會造成一定的損失。

（4）稅收和保險費。以上這些庫存的存量要越少越好。

2. 隨庫存量的減少而減少的費用

這類費用主要包括：

（1）訂貨費。訂貨費與發出訂單活動和收貨活動有關，包括價格談判、準備訂單、通訊、收貨檢查等，它一般與訂貨次數有關，一次訂貨量越多，分攤在每項物資上的訂貨費用就越少，反之亦然。

（2）調整準備費。在生產過程中，準備圖紙、工藝和工具、調整機床、安裝工藝裝備等都需要消耗一定的時間和費用。

（3）購買費和加工費。採購或加工的批量大，可能會有價格折扣從而降低購買費和加工費。

（4）生產管理費。加工批量大，為每批工件做出的工作量和支出的管理費用就會少。

（5）缺貨損失費。採購或生產批量越大，則發生缺貨的可能性就越少，缺貨損失

就少。

3. 庫存總費用的計算

在做庫存決策時企業要考慮由於庫存發生的各項費用，這些費用一般包括：

（1）倉庫維持費用（Holding or Carrying Cost），是維持倉庫所必需的費用。包括存貨成本、倉庫及設備折舊、稅收、保險、陳舊化損失等，這部分費用與物品價值和平均庫存量有關，一般用 C_H 表示。

（2）訂貨費用（Reorder Cost），訂貨費用包括：與供應商或工廠訂貨的手續費、運輸裝卸費等，通常按物品的訂貨大致計算，而與訂貨量的大小無關。年訂貨費用與一年中的訂貨次數成正比，一般用 C_R 表示。

（3）缺貨費用（Shortage Cost），如果供貨期內的需求超過預測的水準就可能出現缺貨。缺貨會使企業喪失銷售機會，失去顧客，影響聲譽，因而造成損失。一般用 C_S 表示。它與缺貨多少、缺貨次數有關，缺貨費用一般很難估量。

（4）採購費用（Purchasing Cost），是指所採購物品的價值，是不同商品價格與數量的乘積，一般來 C_P 表示。

如果以 C_T 表示年庫存總費用，則

$$C_T = C_H + C_R + C_S + C_P \tag{6-1}$$

庫存優化的目標就是使得 C_T 最小。

二、單週期庫存控制模型

1. 報童問題

單週期庫存的典型例證就是報童問題，那麼到底什麼是「報童問題」呢？這裡我們做一下描述。

一般來說，報童會在每天早晨購買當天的報紙並需要在當天將其售完。如果報童每天早晨購買的報紙過多而沒有賣出去的話，這些報紙無疑就失去了時效性，變成舊報紙而無人問津。報童此時只能將其作為廢品出售或者將其折價賣給有需要的人，此時報紙就由原本的最新資訊資源變為另外一種意義上的廢品或資源（廢舊材料資源）。報紙在銷售前後的性質發生了根本性的改變。對於報童來說，由於未能很好地預測需求，尚未出售的報紙就構成了報童的損失。然而報童如果購買的報紙無法有效地滿足市場的需求，出現供不應求的場景，那麼他又會因為失去銷售機會而少賺錢，此時報童的損失叫作缺貨損失。顯然，對於報童來說，每天應該購買多少份報紙才能使他的利潤最大化？這就是「報童問題」。「報童問題」描述的是短生命週期的單週期庫存問題。同樣道理的例子還有：新年賀卡、情人節訂購的玫瑰花、元宵節的湯圓等。

在現實生活中「報童問題」普遍存在，例如報紙、日曆、時裝、雜誌等。這些產品購進之後，必須立即售出。如果這些物品沒有售出或未使用，又不能跨期持有，這時，這些產品就會降價出售或當廢品處理掉。

此外，由於科學進步速度的加快，產品生產週期不斷縮短，在一些生產資料產品的經銷中「報童問題」也日益突出。當生產廠商完成某一型號產品的最終生產後，停止這類產品的生產轉而生產新型號的產品時，就會出現「報童問題」。如 CPU 生產商對某

一型號的 CPU 最終停產；手機生產商完成對某一型號手機的最終停產等。這類產品往往競爭非常激烈，產品缺貨會使用戶轉移購買行為，減少該企業的市場份額；而一旦積壓未售出，還可能發生處置剩餘物品的費用，這對企業的生產經營產生重要影響。所以單週期庫存問題近年來也逐漸被國外學者廣泛關注。

2. 單週期庫存控制模型

對於單週期需求來說，庫存控制的關鍵在於確定訂貨批量。訂貨量就等於預測的需求量。

由於預測誤差的存在，根據預測確定的訂貨量和實際需求量不可能一致。一方面，如果需求量大於訂貨量，就會失去潛在的銷售機會，導致機會成本。另一方面，假如需求量小於訂貨量，所有未銷售出去的物品將可能以低於成本的價格出售，甚至可能報廢還要另外支付一筆處理費。這種由於供過於求導致的費用稱為過期成本。顯然，最理想的情況是訂貨量恰恰等於需求量 C。

為了確定最佳訂貨量，需要考慮各種由訂貨引起的費用。由於只發出一次訂貨和只發生一次訂購費用，所以訂貨費用為一種沉沒成本，它與決策無關。庫存費用也可視為一種沉沒成本，因為單週期物品的現實需求量無法準確預計，而且只通過一次訂貨滿足。所以即使有庫存，其費用的變化也不會很大。因此，只有機會成本和沉沒成本對最佳訂貨量起決定性的作用。確定最佳訂貨量可採用期望損失最小法、期望利潤最大法以及邊際分析法，在此就不詳細敘述邊際分析法了。

(1) 期望損失最小法

期望損失最小法就是比較不同訂貨量下的期望損失，取期望損失最小的訂貨量作為最佳訂貨量。

已知庫存物品的單位成本為 C，單位售價為 P，若在預定的時間內賣不出去，則單價只能降為 S ($S<C$) 賣出，單位過期損失為 $C_O = C-S$；若需求超過存貨，則單位缺貨損失（機會損失）$C_U = P-C$。設訂貨量為 Q 時的期望損失為 $E_L(Q)$，則取使 $E_L(Q)$ 最小的 Q 作為最佳訂貨量。$E_L(Q)$ 可通過下式計算：

期望損失＝過期損失之和＋缺貨損失之和

$$E_L(Q) = \sum_{d<Q} C_O(Q-d)p(d) + \sum_{d>Q} C_U(d-Q)p(d) \qquad (6-2)$$

式 (6-2) 中：$p(d)$ 為需求量為 d 時的概率。

C_O：單位過期損失；

P：單價；

Q：訂貨量；

d：需求量；

C：單位成本；

$P(d)$：需求量為 d 時的概率；

S：預訂時間賣不出去的售價。

【例6-1】按過去的記錄，新年期間某商店掛曆的需求分佈率，如表 6-3 所示：

已知：每份掛曆的進價為 $C=50$ 元，售價 $P=80$ 元。若在 1 個月內賣不出去，則每份掛曆只能按 $S=30$ 元賣出。求：該商店應該購入多少掛曆為好。

表 6-3　　　　　　　　　某商店掛曆需求分佈率情況

需求 d（份）	0	10	20	30	40	50
概率 $p(d)$	0.05	0.15	0.20	0.25	0.20	0.15

解：設該商店買進 Q 份掛曆當實際需求 $d<Q$ 時，將有一部分掛曆賣不出去，每份超儲損失為 $C_O = C-S = 50-30 = 20$（元）；當實際需求 $d>Q$ 時，將有機會損失，每份欠儲損失為 $Cu = P-C = 80-50 = 30$（元）。

當 $Q = 30$ 時，則

$E_L(Q) = [30×(40-30)×0.20+30×(50-30)×0.15] + [20×(30-0)×0.05+20×(30-10)×0.15+20×(30-20)×0.20] = 280$（元）。

當 Q 取其他值時，可按同樣方法算出 $E_L(Q)$，比較結果後可以得出最佳訂貨量為 30 份，此時的期望損失最小，其值為 280 元。

(2) 期望利潤最大法

期望利潤最大法就是對不同的訂貨水準下的期望利潤進行比較，按照最大利潤的訂貨水準進行訂貨，這一訂貨量為最佳訂貨量。訂貨量為 Q 時的期望利潤 $E_P(Q)$，則：

$$E_P(Q) = \sum_{d<Q}[C_U d - C_O(Q-d)]p(d) + \sum_{d<Q} C_U Q p(d) \quad (6-3)$$

【例 6-2】已知數據同例 6-1，用期望利潤最大化法求最佳訂貨量。

解：當 $Q = 30$ 時

$E_P(Q) = [30×0+20×(30-0)]×0.05+[30×10+20×(30-10)]×0.15+[30×20+20×(30-20)]×0.20+[30×30+20×(30-30)]×0.25+30×30×0.20+30×30×0.15 = 835$

當 Q 取其他值時，按同樣的方法算出 $E_P(Q)$，比較結果後可得出最佳訂貨量為 30 份，與最小損失法得出的結果相同。

三、多週期庫存控制模型

1. 經濟訂貨批量模型（EOQ）

經濟訂貨批量是固定訂貨批量模型的一種，可以用來確定企業一次訂貨（外購或自制）的數量。當企業按照經濟訂貨批量來訂貨時，可實現訂貨成本和儲存成本之和最小化。經濟訂貨批量模型（EOQ）最早是由哈里斯於 1915 年提出的。該模型有以下假設條件：

(1) 企業生產某種產品的生產計劃穩定不變，因而對原材料的逐日消耗量是均勻的而且是已知的，是一個固定的常量，年需求率以 D 表示；
(2) 一次訂貨量無最大最小限制且採購、運輸均無價格折扣；
(3) 訂貨提前期已知且穩定不變，是常量；
(4) 訂貨費與訂貨批量無關；
(5) 維持庫存費是庫存量的線性函數；
(6) 不允許缺貨；
(7) 補償率為無限大，全部訂貨一次交付；
(8) 採用定量訂貨控制系統。

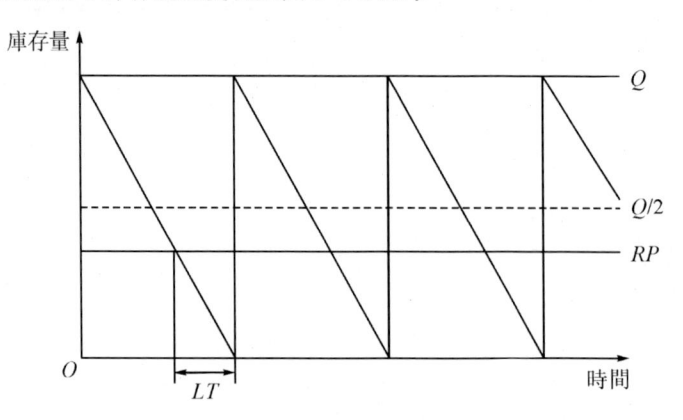

在以上假設條件下庫存量的變化如圖 6-5 所示：

圖 6-5　經濟訂貨批量下的庫存量的變化

由於需求率是固定的且為常量，因此庫存消耗趨勢是一條斜率為 D 的直線。從圖中可以看出，系統的最大庫存量為 Q，最小為 0，不存在缺貨。庫存按數值為 D 的固定需求率減少。當庫存量降到訂貨點 RP（Reorder Point）時，就按固定訂貨量發出訂貨。經過固定的訂貨提前期 LT，新的一批訂貨 Q 到達，庫存量立即達到 Q，顯然平均庫存量為 $\frac{Q}{2}$，在 EOQ 模型的假設條件下，式（6-1）中 C_S 為零，C_P 與訂貨量大小無關，為常量，因此，年庫存總成本為：

$$C_T = C_H + C_R + + C_P = H(\frac{Q}{2}) + S(\frac{D}{Q}) + pD \tag{6-4}$$

式 6-4 中，
D：商品年需求量；
S：每次訂貨成本；
C：單位商品年保管費用；
H：單位維持庫存費；
p：單價。

年維持庫存費 C_H 隨訂貨量 Q 增加而增加，是 Q 的線性函數；年訂貨費 C_R 與 Q 的變化成反比關係，隨 Q 增加而下降。年採購費用 C_T 與訂貨量大小無關，是一個固定的常量，總費用 C_T 為 C_H 和 C_R 的累加。求解式（6-4）中 C_T 的極值，可得到最佳訂貨批量：

$$Q* = \sqrt{\frac{2DS}{H}} \tag{6-5}$$

式（6-5）中，$Q*$ 為最佳經濟訂貨批量，如圖 6-6 所示。

【例 6-3】某公司是一家亞洲地區的套裝門分銷商，套裝門在香港生產後運至上海，預計 2008 年需求量為 15,000 套，相關購進成本為 400 元。與訂購和儲存這些門相關的資料為：①去年一共訂購 22 次，總處理成本 13,400 元，其中固定成本 10,760 元，預計未來成本不變。②每一次進貨入關檢查費用為 280 元。③套裝門購入後要進行檢查，

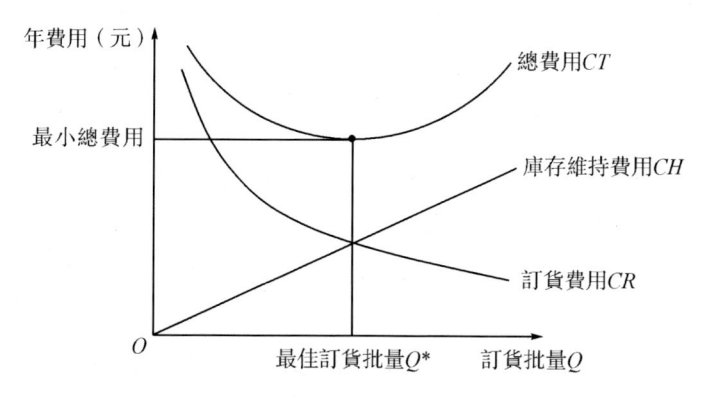

圖 6-6　年費用曲線與最佳訂貨批量

所以需要雇傭一名檢驗人員，每月支付工資 3,000 元，每次進貨的抽檢工作需要 8 小時，發生的變動費用每小時 2.5 元。④套裝門儲存成本為 2,500 元/年，另外加上每套 4 元。⑤在儲存過程中破損成本平均每套 28.5 元。⑥占用資金利息等其他儲存成本每套門 20 元。⑦單位缺貨成本為 105 元。

要求：①計算每次進貨費用。②計算單位存貨年儲存成本。③計算經濟進貨批量、全年進貨次數和每次進貨平均缺貨量。④計算 2008 年存貨進價和固定性進貨費用。⑤計算 2008 年固定性儲存成本。⑥計算 2008 年進貨成本。⑦計算 2008 年儲存成本。⑧計算 2008 年缺存成本。⑨計算 2008 年與批量有關的存貨總成本。⑩計算 2008 年存貨成本。

解：

(1) 每次進貨費用 =（13,400−10,760）/22+280+8×2.5=420（元）

(2) 單位存貨年儲存成本 = 4+28.5+20=52.5（元）

(3) 經濟訂貨批量 = $\sqrt{\dfrac{2\times 15,000\times 420}{52.5}\times \dfrac{52.5+105}{105}}=600$（套）

全年進貨次數 = 15,000/600=25（次）

每次進貨平均缺貨量 = 600×52.5/（52.5+105）=200（套）

(4) 2008 年存貨進價 = 15,000×400=6,000,000（元）

固定性進貨費用 = 10,760+3,000×12=46,760（元）

(5) 2008 年固定性儲存成本 = 2,500（元）

(6) 2008 年進貨成本 = 6,000,000+46,760+25×420=6,057,260（元）

(7) 2008 年儲存成本 = 變動儲存成本+固定儲存成本=600/2×52.5+2,500=18,250（元）

(8) 2008 年缺貨成本 = 200×105×25=525,000（元）

(9) 2008 年與批量相關的存貨總成本 = 變動訂貨費用+變動儲存成本+缺貨成本 = 25×420+600/2×52.5+525,000=551,250（元）

(10) 2008 年的存貨成本 = 進貨成本+儲存成本+缺貨成本 = 6,057,260+18,250+525,000=6,600,510（元）。

2. 經濟生產批量模型

經濟訂貨批量模型（EOQ）假設整批訂貨在一定時刻同時到達，補充率無限大。這

種假設不符合企業生產過程的實際。一般來說，在進行某種產品生產時，成品是逐漸生產出來的。也就是說，當生產的速度超過需求的速度時，庫存是逐漸增加而非瞬間增加的。為了確保庫存不無限增加，當庫存達到一定界限時應停止生產一段時間。由於生產系統調整準備時間的存在，在補充成品庫存的生產中，也有一個一次生產多少最經濟的問題，這就是經濟生產批量模型（Economic Production Lot，EPL），又稱經濟生產量模型（Economic Production Quantity，EPQ）。其假設條件與EOQ模型類似，不同之處在於該模型不要求補充率無限大，也不要求全部訂貨一次交付。

圖6-7描述了經濟生產批量模型中庫存量隨時間變化的過程。生產在庫存為0時開始進行，經過時間 T_P 結束，當生產速度 p 超過需求速度 D 時，庫存將以（$p-D$）的速率上升。經過時間 T_P，庫存生產達到 I_{max}，生產停止後，庫存按需求率 D 下降。當庫存減少到0時，則重新開始新一輪的生產。假設 Q 是在 T_P 時間內的生產量，Q 又是一個補充週期 T 內的消耗量。

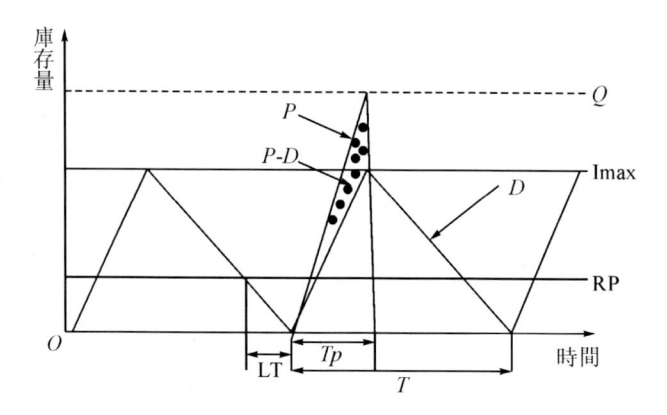

圖6-7 經濟生產批量模型下的庫存量的變化

圖6-7中，p 為生產率（單位時間產量），D 為需求率（單位時間出庫量），$D<p$；T_P 為生產時間，I_{max} 為最大庫存量，Q 為生產批量，RP 為訂貨點，LT 為生產提前期。圖中陰影部分屬於企業在生存時間內的庫存消耗量，T 為一個完整的補充週期。

在 EPL 模型的假設條件下，式（6-1）中 C_S 為零，C_P 與訂貨量大小無關，為常量，由於補充率不是無限大，這裡平均庫存量不是 $\frac{Q}{2}$，而是 $\frac{I_{max}}{2}$，p 為生產成本，D 是全年需求量。因此，年庫存總成本為：

$$C_T = C_H + C_R + C_P = H\left(\frac{I_{max}}{2}\right) + S\left(\frac{D}{Q}\right) + pD \qquad (6\text{-}6)$$

其中，$I_{max} = T_P(p-D)$ 可由圖6-7中看出。

由 $Q=pT_P$ 可得 $T_P = \frac{Q}{p}$，所以有：

$$C_T = H\left(1-\frac{d}{p}\right)\frac{Q}{2} + S\left(\frac{D}{Q}\right) + pD \qquad (6\text{-}7)$$

對式（6-4）中 C_T 求極值，可得到最佳訂貨批量：

$$Q* = \sqrt{\frac{2DS}{H\left(1-\frac{d}{p}\right)}} \tag{6-8}$$

【例6-4】 已知某製造公司的年部件需要量為 10,000 件，每次訂貨費用為 40 元，每單位材料每年存儲保管費用為 0.20 元，每批訂貨的每天到貨量 p 為 100 件，材料的每天耗用量 d 為 20 件。試求在此條件下的經濟訂貨批量，年生產次數和總的庫存費用分別為多少?

解：確定在此條件下可知經濟訂貨批量根據公式（6-8）可算出

最佳經濟訂貨批量為：$Q* = \sqrt{\frac{2\times10,000\times40}{0.20}} = 2,000$（件）

年生產次數為：$n = \frac{D}{Q*} = \frac{10,000}{200} = 5$（次）

總的庫存費用為：$TC = \sqrt{2\times10,000\times40\times0.20} = 400$（元）

3. 價格折扣模型

為了刺激消費，生產商往往採取相應的折扣行為。即，當訂貨數量大於某一數量時，產品售價隨訂貨批量的增加而降低。訂貨量不同，產品單價也不同，且一次訂貨量越大，享受的折扣優惠也越大。對於庫存控制決策者來說，如果每次訂貨量大於供應商提供的折扣限量時，訂貨商樂意接受優惠價格；如果小於折扣限量時，訂貨商就要考慮是否要增加訂購量以獲得價格折扣優惠。權衡的關鍵是：擴大訂貨量享受價格優惠與經濟訂貨批量相比，是否能取得淨收益，即，年庫存總成本能否降低。

價格折扣模型的假設條件是允許有價格折扣。由於有價格折扣時，物資的單價不再是固定的，因而傳統的經濟訂貨模型公式不能簡單地套用。圖 6-8 所示，有兩個折扣點的價格折扣模型。年訂貨費 C_R 與價格折扣無關，其費用是一條連續的曲線，年維持庫存費 C_H 和年購買費用 C_P 都與價格折扣有關，兩者的費用曲線均是不連續的折線。由這 3 條曲線疊加構成的總費用曲線 C_T 也是一條不連續的曲線。最經濟的訂貨批量仍然是總費用曲線 C_T 上最低點對應的訂貨數量。由於價格折扣模型的總費用曲線不連續，所以總成本最低點可能是曲線斜率為零的點，也可能是曲線的中斷點。

求價格折扣模型最優訂貨批量可按以下步驟進行：

（1）取最低價格代入無價格折扣情況下的基本公式，求出最佳訂貨批量 $Q*$。若 $Q*$ 可行（即所求的點在曲線 C_T 上），則 $Q*$ 為最優訂貨批量，計算過程結束；否則轉入步驟（2）。

（2）取次低價格代入基本公式，求出 $Q*$。如果 $Q*$ 可行，分別計算出訂貨量為 $Q*$ 和所有大於 $Q*$ 的折扣點所對應的總費用，取其中最小總費用所對應的數量即為最優訂貨批量，計算過程結束。

（3）如果 $Q*$ 不可行，重複步驟（2），直到找到一個可行的 $Q*$ 為止。

【例6-5】 某企業年需要某種物資量為 5,000 件，購貨價隨批量增大而降低。批量在 100 件以下時，每件 5 元；批量大於 100 件且小於 1,000 件時，每件 4.5 元；批量大於 1,000 件時，每件 3.9 元；訂購成本每次為 50 元，保管費率為 25%。試求企業每次

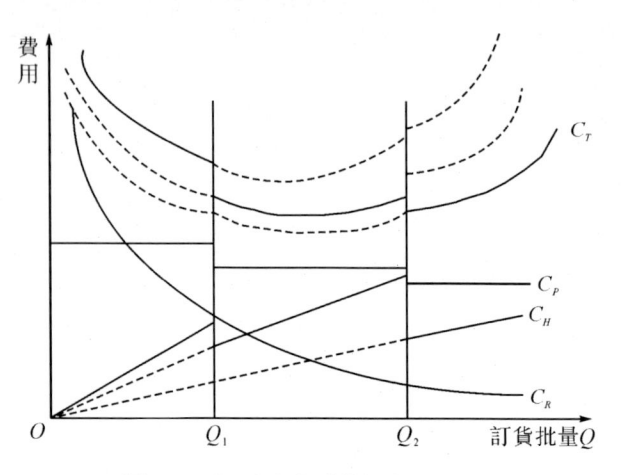

圖 6-8 有兩個折扣點的價格折扣模型

訂貨多少件時，總成本最低？

解：這是個存在價格折扣的庫存模型問題。

由題目可知：訂貨費用 $S=50$，年需求量 $D=5,000$。

當價格 $p=5$ 時，庫存維持費用 $H=5×25\%=1.25$，此時：

$$\text{EOQ}(5)=\sqrt{\frac{2×5,000×50}{1.25}}=632\ (件)$$

訂貨量 632 件大於 100 件，這與「批量在 100 件以下時，每件 5 元」的情況不符，所以拋棄這一結果。

當價格 $p=4.5$ 時，庫存維持費用 $H=4.5×25\%=1.125$，此時：

$$\text{EOQ}(4.5)=\sqrt{\frac{2×5,000×50}{1.125}}=666\ (件)$$

訂貨量 666 件在 100 件與 1,000 件之間，可採取這個折扣優惠，是可行的。

當價格 $p=3.9$ 時，庫存維持費用 $H=3.9×25\%=0.975$，此時：

$$\text{EOQ}(3.9)=\sqrt{\frac{2×5,000×50}{0.975}}=716\ (件)$$

訂貨量 716 件並不大於 1,000 件，這與「批量在 1,000 件以上時，每件 3.9 元」的情況不符，不能採用這一折扣，所以也拋棄這一結果。

綜上，只有訂貨量為 666 件時是可行的，根據供應商的條件，訂貨量大於 666 件的折扣只有一個，因此分別計算訂貨量為 666 件和 1,000 件時的總成本：

$$C_T(666)=(\frac{666}{2})×1.125+(\frac{5,000}{666})×50+4.5×5,000=23,250\ (元)$$

$$C_T(1,000)=(\frac{1,000}{2})×0.975+(\frac{5,000}{1,000})×50+3.9×5,000=20,237.5\ (元)$$

顯然，$C_T(1,000)<C_T(666)$，所以最優訂貨量為 1,000 件。

本章小結

優秀的庫存管理不僅讓企業在客戶產生臨時需求時能夠及時提供產品和服務，而且能夠讓企業最大限度地利用好自己的資金，保證現金流的通暢，增強企業自身抵抗風險和提高盈利水準的能力。因而庫存控制系統的好壞直接決定著企業營運效率的高低和效果的好壞。通過學習本章，我們首先瞭解了庫存的概念以及庫存管理對企業的積極和消極作用，瞭解了人們對庫存的不同認識階段，然後詳細理解了三種不同類型的庫存控制系統，重點理解了庫存管理方法（ABC 法）和兩類庫存決策模型，即單週期庫存模型和多週期庫存決策模型。

復習思考題及參考答案

1. 什麼是庫存？它有什麼作用？

答：庫存指為了滿足未來需要而暫時閒置的資源。

積極作用：

(1) 提高顧客服務水準；
(2) 改進生產經營的效率；
(3) 庫存使得企業長時間持續地生產；
(4) 庫存使得企業可以大量購貨，從而減小單位訂貨費用和享受價格折扣。

消極作用：

(1) 占用企業大量資金；
(2) 增加了企業的商品成本和管理成本；
(3) 掩蓋了企業中眾多的管理問題。

2. 說說庫存的分類。

答：從不同的角度，可以對庫存進行不同的分類。

(1) 按物資需求的重複程度劃分為單週期庫存和多週期庫存；
(2) 按庫存不同的功能分為週轉庫存、預置庫存、安全庫存、調節庫存和在途庫存；
(3) 按用戶對庫存的需求特性劃分為獨立需求庫存與相關需求庫存；
(4) 按在生產過程和配送過程中所處的狀態劃分為原材料庫存、在製品庫存、維修庫存和成品庫存。

3. 簡述庫存管理的發展歷程。

答：庫存管理經歷了不同的發展階段，人們對它的認識也在不斷地改變，大致可做如下歸納：

(1) 庫存是企業的財產；
(2) 庫存是企業墳墓；
(3) 應科學地進行庫存管理，設置合理的庫存量；

（4）確定合理庫存量時期；

（5）運用信息技術進行綜合庫存管理時期。

4. 庫存控制的基本模型有哪幾種？

答：主要有：

（1）定量訂貨控制系統；

（2）定期訂貨控制系統；

（3）最大最小系統。

5. 簡述 ABC 分析法的基本原理與其分類步驟。

答：基本原理是：按照庫存物資占用資金的多少及品種數量的多少把企業的全部庫存物資劃分為 A，B，C 三種不同的類型，對不同類型的物資進行不同的管理，從而簡化了庫存管理程序，增強了管理的針對性，以達到提高管理效率的目的。

ABC 管理方法具體分類步驟如下：

（1）根據企業的庫存物資信息，按照占用資金由大到少的順序排序；

（2）計算各類物資占用庫存資金的百分比，累計庫存資金的百分比；

（3）考慮各類物資占用資金情況，按 ABC 分類標準將各自的物資歸入相應類別，完成分類。

6. 庫存費用由哪幾部分組成？

答：與庫存相關的費用一般包括：

（1）倉庫維持費用；

（2）訂貨費用；

（3）缺貨費用；

（4）採購費用。

參考文獻

[1] 馮根堯，崔明花，楊晞. 營運管理 [M]. 北京：北京大學出版社，中國林業出版社，2007：254-274.

[2] 韓煒，張英華. 營運管理 [M]. 北京：經濟科學出版社，中國鐵道出版社，2009：265-303.

[3] 張杰. 生產與營運管理 [M]. 北京：北京大學出版社，2004：203-237.

[4] 楊建華，張群，楊新泉. 營運管理 [M]. 北京：清華大學出版社，北京交通大學出版社，2006：223-239.

[5] 黃憲律. 生產運作管理精彩讀本 [M]. 北京：北京大學出版社，2002：263-290.

[6] 劉麗文. 營運管理 [M]. 北京：北京大學出版社，2002：245-282.

[7] 洪元義，吳亞非，王基建. 生產與運作管理 [M]. 武漢：武漢理工大學出版社，2002：241-255.

第七章

企業資源計劃

學習目標

1. 掌握什麼是 ERP 及 ERP 系統
2. 瞭解綜合計劃、主生產計劃以及資源需求計劃
3. 重點掌握 MRP、MRP-II

引導案例

中鼎集團 ERP 系統的實施

一、公司簡介

安徽中鼎控股（集團）股份有限公司（簡稱「中鼎集團」）創建於1980年，總部位於安徽省寧國市。經過30多年的不懈奮鬥和滾動發展，中鼎現已成為擁有總資產60億元，員工1.3萬人，以機械基礎件和汽車零部件為主導的大型現代化企業。中鼎產業涉及實業投資、橡膠及塑料製品、機械及模具製造、汽車工具、信息防偽及物流信息技術、電子電器等領域。其中，主導產品「鼎湖」牌橡膠密封件和特種橡膠製品，廣泛應用於汽車、工程機械、石化、辦公自動化等領域，並逐步拓展到鐵路、船舶、軍工裝備、航天軍工等領域。

二、公司經營情況

中鼎公司的生產類型為混合型製造模式，前期配方、煉膠屬流程行業的特點；後期加工、裝配又屬離散行業的特點。中鼎公司的主導產品是汽車密封件，其產品種類繁多，規格複雜，屬典型的多品種、小批量生產類型。產品主要是按訂單製造，即按客戶

訂單驅動，以銷定產。由於上述特點，使中鼎公司的生產經營管理：一方面，市場需求波動大，經營具有明顯的隨機性；另一方面，主機廠訂貨的多樣性和唯時性，為生產計劃、庫存安排，造成較大困難和壓力。中鼎公司的生產能力不僅受設備能力的制約，而且還受到自制模具能力的制約，使得訂單能力審核十分困難，並成為訂單執行的關鍵瓶頸問題。

中鼎公司的組織結構是事業部的管理模式，下設 8 個產品事業部和 4 個車間（五金、煉膠、預成型、模具）。車間為產品事業部提供公共支持，如提供：膠料、預成型橡膠製品、骨架和工模具。各事業部與車間之間的供貨/領料實行內部核算。每個事業部以利潤為中心，進行相關產品的生產、採購、庫存等管理工作，並對利潤和公司投資負責；公司僅對投資決策戰略規劃、產品銷售、資金監控等方面進行統一運作。這種組織形式對加強公司內部經濟核算，適應市場需求曾起到一定的積極作用，但是，產品銷售由公司負責，而生產計劃和能力平衡、採購計劃和庫存管理又由各事業部自行負責，這種狀況無法保證計劃的一致性和協調性，往往造成各事業部和車間的局部資源高效，卻難以做到企業資源的全局優化，同時也不利於企業的集成化管理。

三、ERP 系統實施背景

1. 由於主機廠的激烈競爭，使得作為配件廠的中鼎公司面臨著更加嚴峻的競爭考驗；

2. 主機市場需求多樣化、個性化的特點更加明顯，迫使配件廠必須不斷更新產品，縮短生產週期，提高對市場的快速反應能力；

3. 主機廠為占領市場，不斷地掀起價格大戰，勢必壓低配件廠的價格，迫使配件廠只有進一步降低產品成本，才能適應主機廠價格競爭的需要；

4. 主機廠為實現零庫存的目標，把庫存轉嫁給配件廠。因此，如何一方面要有一定的庫存儲備，以快速回應客戶需求，另一方面又不能占壓太多的庫存資金，背上過重的包袱是目前配件廠一大難題。

5. 對配件廠而言，質量的穩定和提高至關重要，尤其對相對固定的大客戶，如質量不過關，不但會影響企業的供需關係，而且會給企業帶來巨大市場損失。

根據上述情況，公司領導認為：企業現有自行開發的管理應用系統無法實現信息的集成與共享，不能適應多樣化市場的競爭需要。為此，決定引進 ERP 企業資源計劃管理系統，以建立快速的信息獲取、處理和回應機制，改革企業傳統的生產組織模式和管理方式，優化企業的業務流程和資源配置，努力降低產品成本，不斷開發出貼近市場需求的新產品，為主機廠提供最優質的產品、最優良的服務，以適應配套市場競爭需求。

四、ERP 系統實施

中鼎公司經過多方考慮選定利瑪軟件信息技術有限公司的 CAPMS8 系統，該系統是基於敏捷供需鏈管理思想的企業資源系統（ERP），在 NRPⅡ（製造資源計劃）系統基礎上發展起來的。它除了對企業內部製造資源（物料、設備、人力、資金、信息）進行全面規劃和優化控制外，還通過計算機網絡把企業生產經營過程的合作夥伴，如供應商、分銷商、客戶等等的資源和能力集成起來，充分調動企業所有可利用的資源，把企業之間的競爭轉化為供應鏈之間的競爭。現在企業成長的過程也是企業不斷重組的過

程，企業管理機制的重組、業務流程的重組不斷地發展，這要求企業管理軟件具有更加靈活的性能，能夠機動地組成分佈式工作流系統，以適應企業流程的重組活動。在功能設置上，充分考慮到企業行業的特性，反應各行業的特殊需求，進一步發展行業 ERP 軟件，使通用 ERP 軟件「減肥」，適應行業定制的要求。在利瑪 CAPMS 8 系統中充分地體現了這些新的思想觀點，使利瑪 CAPMS 8 系統成為中國製造企業，實現現代化發展目標的得力助手和工具。

根據「總體規劃、分步實施、效益驅動、整體推進」的原則，中鼎公司 ERP 系統的實施主要分為三個階段：第一階段的實施內容有物流管理系統、生產管理系統、財務管理系統以及其它資源管理系統，實施目標是實現企業內部物流、資金流與信息流的有效集成；第二階段的實施內容有分銷管理（DRP）系統、客戶關係管理（CRM），實施目標是按照供需鏈的管理思想，實現企業資源的全面集成；第三階段的實施內容有 PDM 產品數據管理系統，實施目標是實現 CAD/CAPP/CAM 單元技術與 ERP 系統的有機集成。

資料來源：https://wenku.baidu.com/view/4d97817db307e87101f696eb.html

第一節　ERP 概述及 ERP 系統

一、ERP 的概念

企業資源計劃 ERP（Enterprise Resource Planning）最初起源於製造業物料需求計劃 MRP（Material Requirement Planning）與製造資源計劃 MRP-II（Manufacturing Resource Planning）。ERP 產生於 20 世紀 90 年代初期，是一種以市場和客戶需求為導向，以實行企業內外資源優化配置，消除生產經營過程中一切無效的勞動和資源，實現信息流、物流、資金流和業務流的有機集成和提高客戶滿意度為目標，以計劃與控制為主線，以網絡和信息技術為平臺，集客戶、市場、銷售、採購、計劃、生產、財務、質量、服務、信息集成和業務流程重組等功能為一體，加強企業財務管理、提高企業資本營運、減少庫存、降低成本、提高生產效率的面向供應鏈管理的現代企業管理思想和方法。

從 20 世紀 80 年代開始，一些重要的製造業企業發現，單靠企業自身改進企業內部的管理所獲得的收穫變得越來越有限。由於 MRP-II 系統僅僅包括製造資源，而不包括面向供應鏈管理的概念，因此，無法滿足企業對資源全面管理的要求。一種著眼於生產全過程優化的「供應鏈管理」的概念被提出。到了 20 世紀 90 年代，日本的「豐田生產方式」在美國得到應用和創新，出現了「精益製造」思想，所有這一切促成了「價值鏈」和「過程流」的管理思想的發展與成熟。企業競爭開始在大的企業集團或供應鏈之間進行，供應鏈內部的企業、供應商、合作夥伴、客戶之間形成較為穩定的共同贏利的新型關係。產品的用戶化和多變的環境要求生產系統更加靈活、生產過程的聯繫更加緊密，製造企業提高管理效率的焦點轉移到企業內資源優化，企業外資源平衡與協調上來。以業務流程為導向的管理思想將生產全過程的「業務流程」管理推向更高的戰略層次，產生了企業「協同」「業務流程」和面向客戶關係管理的新概念。在這種環境

下，MRP-II 逐漸發展成為新一代的企業「協同」和面向客戶關係管理形式，這就是 ERP。

ERP 是一組將企業製造、財務、銷售與分銷、生產控制及其他相關功能達成平衡的應用軟件系統。企業可以將它們所有的分支機構連成統一的財務系統，以便即時地分析其產品的質量、規格、客戶的滿意程度、整體表現及獲利程度等。在 MRP-II 的基礎上發展至 20 世紀 90 年代，主要面向企業內部資源全面規劃管理的 MRP-II 思想逐步發展為有效利用和管理整體資源的 ERP 管理思想。ERP 企業資源規劃突出供應鏈的管理，除了傳統的 MRP-II 系統的製造、財務、銷售等功能外，還增加了分銷管理、人力資源管理、運輸管理、倉庫管理、質量管理、設備管理、決策支持等功能。ERP 是一種先進的企業管理理念，它將企業各方面的資源充分調配和平衡，為企業提供多重解決方案，它以客戶為導向，將企業與市場、供應商連成一體，而 ERP 軟件系統預先含有大量優秀的決策方案，為企業的管理者提供了更大的決策與選擇空間。ERP 軟件是一種現代企業管理工具，世界 500 強企業中有 80% 的企業在用 ERP 軟件作為日常工作流程管理及決策工具。ERP 是企業的三維集成系統：除物流—信息流—資金流的集成外，還有全供應鏈從採購—製造—銷售與分銷各環節的資源無間斷的集成和辦公自動化—業務事務處理—決策支持的集成。將物流、信息流及資金流有機地結合成一體，以更優化的系統結構實現系統的集成。

二、ERP 的功能

1. 整合企業流程

ERP 的功能一直隨企業的需求在做相應的改善，也隨企業所處的行業和對供應鏈的要求而有所區分，尤其在製造業這種不同更為明顯。比如，大多數公司希望將估價單送到網絡上，由內部外部組織起來競標。這樣的系統軟件，用 MRP-II 的思想很難實現，而 ERP 可使製造業企業面對組織變化、產品多元化及產品週期縮短提供及時的、主動的監控以使其作業流程最佳化，做到需求生產彈性控制，整合企業業務流程。

2. 供應鏈的配合

ERP 與 MRP-II 最本質的區別在於增加了供應鏈管理的功能。供應鏈管理是指企業運用一種集成的管理思想和方法，對供應鏈中的物流或服務流、信息流、資金流以及交易夥伴關係等進行的計劃、組織、協調和控制。供應鏈管理的目標在於提高用戶服務水準和降低總的交易成本，並且尋求兩個目標之間的平衡。供應鏈管理是使供應鏈從一個鬆散地聯結著的獨立企業的群體，變為一種致力於提高效率和增強競爭力的綜合力量。

3. 規範工作流程

許多 ERP 系統都包含辦公自動化、業務事務處理、決策支持等的工作流程，使得繁雜的日常工作得以高效、簡單地進行。

4. 完善企業成本管理機制，建立全面成本管理系統

目前，中國商品市場已經進入到微利時代，產品的價格競爭趨勢以及製造業全球採購的發展趨勢迫使構成供應鏈的所有企業都面臨著進一步降低經營成本的壓力，嚴峻的競爭形勢要求每一個企業都應意識到成本控制的重要性。ERP 中這部分的作用和目標就

是建立和保持企業的成本優勢，並由企業成本領先戰略體系和全面成本管理系統予以保障。

5. 建立敏捷後勤管理系統

ERP 的核心是 MRP-Ⅱ，而 MRP-Ⅱ的核心是 MRP。很多企業存在著供應鏈影響企業生產柔性的情況。ERP 的一個重要目標就是在 MRP-Ⅱ的基礎上建立敏捷後勤管理系統（Agile Logistics），以解決制約新產品推出的瓶頸——供應柔性差，縮短生產準備週期；增加與外部協作單位技術和生產信息的及時交互；改進現場管理方法，縮短關鍵物料供應週期。

6. 實施精益生產方式

由於製造業企業的核心仍是生產，應用精益生產對生產系統進行改造不僅是製造業的發展趨勢，而且也將使 ERP 的管理體系更加牢固，所以，ERP 主張將精益生產方式的哲理引進企業的生產管理系統中，其目標是通過精益生產方式的實施使管理體系的運行更加順暢、高效。

7. 新技術應用於企業管理

ERP 管理系統是企業管理模式與計算機軟件技術相結合的產物，從這個角度出發，ERP 致力於構築企業核心技術體系；建立和完善開發與控制系統之間的遞階控制機制；實現從頂向下和從底向上的技術協調機制；利用 Internet 實現企業與外界良好的信息溝通。

針對上述企業面臨的問題，從企業發展戰略出發，運用當今網絡信息技術的最新成果，推出全面的企業集成方案，其經營理念為：

(1) 產品專利及製造技術標準化，以利於企業內部和行業外部在信息技術支撐時共享。

(2) 企業資源配置從封閉式走向開放式，相對於 MRP-Ⅱ的生產流程制式，生產很大程度上取決於企業資源配置的穩定性，這方面的不合理將被 ERP 方案所取代。

(3) 供應鏈在 ISO9000 系列的市場合同環境下，企業資源計劃的實現將更加符合自身和客戶的利益。

三、製造業的營運計劃與控制

製造業營運計劃與控制通用架構如圖 7-1 所示。營運計劃與控制架構包括了計劃期、顧客需求與市場變化、業務計劃、營運目標與任務、優先次序的計劃與產能計劃、優先次序的控制與產能控制。

製造業管理方法與制度需要建立在通用的營運計劃與控制架構基礎上，不同的企業需要在通用架構基礎上建立適合自己的管理模式，不斷縮短任務的前期，並根據實際可用的資源制訂計劃。MRP 是目前流行的一種計劃方法，可將基於 MRP 的生產計劃與控制系統架構表示為圖 7-2，需求管理、綜合計劃與資源計劃、主生產計劃與物料需求計劃、粗略產能計劃與能力需求計劃是主要的部分。

图 7-1 营运计划与控制架构

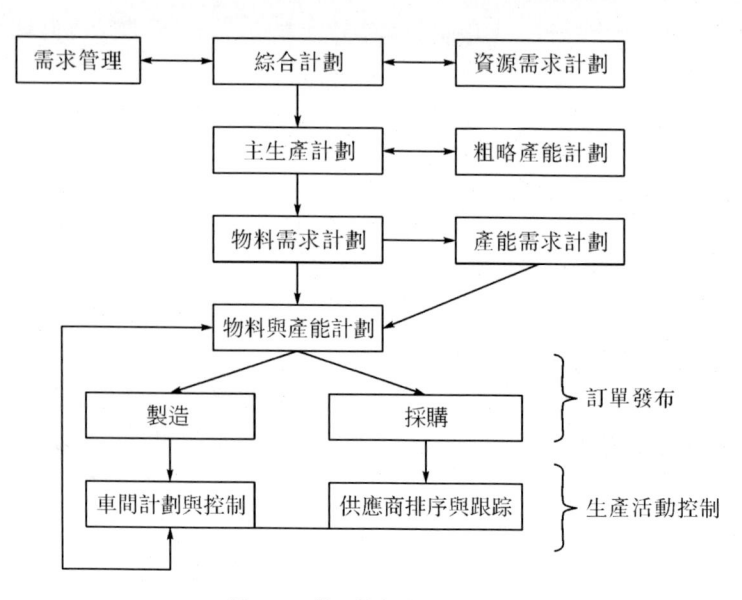

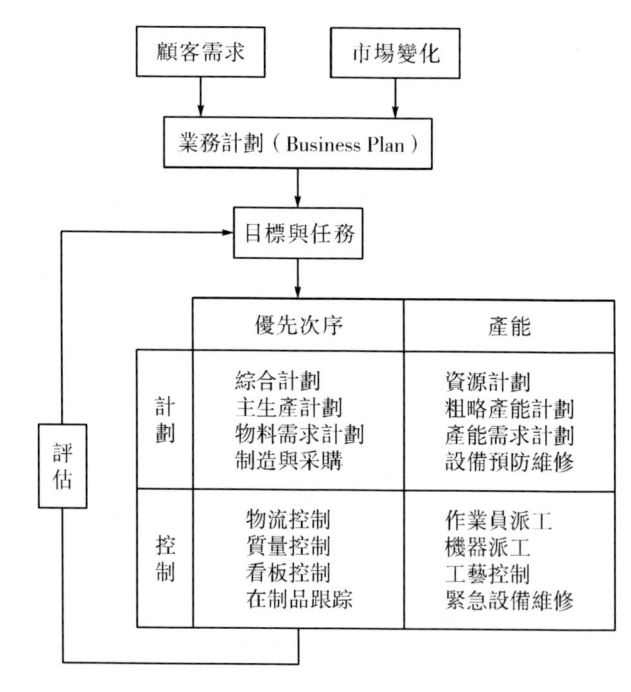

图 7-2 基于 MRP 的计划与控制系统架构

四、需求管理

需求管理（Demand Management）是对顾客订单管理和销售预测管理的统称。需求管理活动包括需求预测、订购、交货期承诺、分销、顾客服务、影响需求的促销、定价等。需求管理应考虑所有潜在的需求。

產品及其零部件各有不同的需求來源。某些項目的需求來自顧客的指定，而另一些項目的需求則取決於其他項目的需求，間接地受顧客需求的影響。可以區分這兩種需求為獨立需求與依賴需求。

獨立需求指項目的需求與其他項目的需求無關，不受其他項目需求的影響。例如產成品的需求、備品或備件的需求等，這類需求通常需要做需求預測。

依賴需求指項目（子件）的需求來自其父件的需求。物料清單（BOM）定義了父件與子件的關係，一個產品的所有物料清單（BOM）表明了產品的結構。依賴需求可以由產品結構與物料清單（BOM）推導計算出來。

需要注意，一個特定的存貨項目在特定的時間內可能同時為獨立需求和依賴需求。如汽車製造廠輪胎的需求是由計劃生產的汽車數量決定的，屬於依賴需求；而用於更換輪胎服務的輪胎的需求屬於獨立需求，很大程度上由隨機因素決定。

第二節 綜合計劃

一、綜合計劃概念

綜合計劃（Aggregate Planning，簡稱 AP）指著眼於整體生產水準，依賴綜合需求預測的產品族產量計劃。綜合計劃需考慮總體資源的需求，以及如何調整資源以滿足需求波動。綜合生產計劃的目標是確定生產率（單位時間完成的數量）、勞動力水準（工人數量）與當前存貨（上期期末庫存）的最優組合，計劃期一般為 6~18 個月。

產品族指具有相似工藝路線、部件和工時，需要相同資源的產品。綜合需求指產品族的需求。

綜合生產計劃的制訂應考慮如下外部因素與內部因素，以平衡綜合需求與生產能力。外部因素（生產計劃人員不能直接控制，但有些公司也能控制有限的需求）包括經濟狀況、市場需求量、競爭者行為、外部能力（如分包商）、現有原材料等。內部因素包括當前生產能力、現有勞動力、庫存水準、生產中的活動等。

二、計劃的基本策略

計劃的基本策略有以下幾種：
1. 跟蹤需求策略

按需求生產，顧客訂單發生變化時，相應地改變勞動力水準（雇傭或裁減員工）、延長工作時間、分包、增加輪班等，使生產量與需求相匹配。

2. 穩定的勞動力水準

穩定勞動力水準，通過柔性的工作計劃改變工作時間，改變產量，使產量與訂貨量相匹配。

3. 均衡生產/平準化生產

保持每月的日產量大致相同的綜合計劃。

4. 穩定的勞動力水準和產出率

保持穩定的工作時間；使用庫存來緩衝每月需求的波動。

5. 混合策略

三、綜合生產計劃的相關成本

大多數綜合計劃是使成本最小化的計劃，假設需求固定；當需求與供應同時修改時，也採用利潤最大化的方法，因為需求變化影響收入與成本。

與綜合計劃相關的成本主要有：基本生產成本、與生產率相關成本、庫存成本、缺貨或延期交貨成本和轉包成本。基本生產成本指計劃期內生產某種產品的固定成本與變動成本。

與生產相關的成本包括雇傭與培訓成本（將新雇員培養成技能型人才所必需的）、解雇成本（與解雇相關的成本）。庫存成本指對庫存產品進行維護所發生的成本，包括庫存占用資金的成本、存儲費用、棄置費用與產品腐爛變質所發生的成本。延期交貨會引起趕工生產成本，企業信譽喪失、銷售收入下降等，因此估計缺貨或延期交貨成本相當困難。轉包成本是付給次承包商的生產產品的費用。轉包成本可高於或低於自制的成本。

四、綜合計劃方法

綜合計劃方法有圖表法和數學方法兩類。圖表法（試算法）指通過計算不同生產計劃的成本來選擇最低成本的方案。電子表格軟件的應用使這一計劃的過程更為便利。這一方法易於理解和使用，有多種方案供選擇，但選擇未必是最佳的。

數學方法有線性規劃、線性決策規則、迴歸分析模型、仿真、搜索決策規則等。

第三節　主生產計劃

一、主生產計劃的概念

主生產計劃（Master Production Schedule，簡稱 MPS）是對企業生產計劃大綱的細化，用以協調生產需求與可用資源之間的差距。主生產計劃是以生產計劃大綱（或生產規劃）、預測和客戶訂單為輸入，安排將來各週期中提供的產品種類和數量，它是一個詳細的進度計劃。它必須平衡物料和能力的供求，解決優先度和能力的衝突。MPS 在製造業中廣泛應用，它驅動了整個生產和庫存控制系統，是 MRP 不可缺少的輸入，主生產計劃不等於預測，而是將生產計劃大綱轉換為具體的產品計劃。

物料需求計劃為的是更有效地實施生產計劃大綱，當生產計劃大綱決定了企業中每類產品將生產多少，需要多少資源後，就由主生產計劃按時間段來計劃最終產品的數量和交貨期。因此，主生產計劃是驅動物料需求計劃系統運行的根源，它是 MRP 系統的實際效率與效果所依仗的主要輸入。從概念上說，主生產計劃是一個企業的生產大綱，

其中不僅要反應所要生產的產品計劃，也應該包括獨立需求預測和外部零部件訂貨的需求計劃。但是在實際應用中，後兩項內容通常不包括在主生產計劃中，而以數據文件形式直接作為 MRP 系統的單獨輸入文件。

二、主生產計劃的內容

主生產計劃說明在可用資源的條件下，企業在一定時間內生產什麼？生產多少？什麼時間生產？MPS 是按時間分段計劃企業應生產的最終產品的數量和交貨期。MPS 是一種先期生產計劃，它給出了特定的項目或產品在每個計劃週期的生產數量。這是個實際的詳細製造計劃。這個計劃力圖考慮各種可能的製造要求。

主生產計劃編製是 MRP-II 的主要工作內容，主生產計劃的編製要以生產計劃大綱為依據並結合預測和訂單的情況。主生產計劃的匯總結果應當體現生產計劃大綱乃至銷售與運作規劃的要求。

三、主生產計劃的編製原則

1. 最少項目原則

用最少的項目數進行主生產計劃的安排。如果 MPS 中的項目數過多，就會使預測和管理都變得困難。

2. 獨立具體原則

只列出實際的、具體的可構造項目，而不是一些項目組或計劃清單項目。這些產品可分解成可識別的零件或組件。

3. 關鍵項目原則

列出對生產能力、財務指標或關鍵材料有重大影響的項目。對生產能力有重大影響的項目，是指那些對生產和裝配過程起重大影響的項目。

4. 全面代表原則

計劃的項目應盡可能全面代表企業的生產產品。MPS 應覆蓋被該 MPS 驅動的 MRP 程序中盡可能多的組件，反應關於製造設施，特別是瓶頸資源或關鍵工作中心盡可能多的信息。

5. 適當裕量原則

留有適當餘地，並考慮預防性維修設備的時間。可把預防性維修作為一個項目安排在 MPS 中，也可以按預防性維修的時間，減少工作中心的能力。

6. 適當穩定原則

主生產計劃制訂後在有效的期限內應保持適當穩定，那種只按照主觀願望隨意改動的做法，將會引起系統原有合理的正常的優先級計劃的破壞，削弱系統的計劃能力。

四、制定主生產計劃的基本步驟

主生產計劃編製過程包括：編製 MPS 項目的初步計劃；進行粗能力平衡；評價 MPS 初步計劃三個方面。涉及的工作包括收集需求信息、編製主生產計劃、編製粗能力計劃、評估主生產計劃、下達主生產計劃等。制訂主生產計劃的基本思路，可表述為以

下程序：

（1）根據生產規劃和計劃清單確定對每個最終項目的生產預測。

（2）根據生產預測、已收到的客戶訂單、配件預測以及該最終項目作為非獨立需求項的需求數量，計算毛需求量。

（3）根據毛需求量和事先確定好的訂貨策略和批量，以及安全庫存量和期初庫存量，計算各時區的主生產計劃產出量和預計可用庫存量。

（4）計算可供銷售量供銷售部門決策選用。

（5）用粗能力計劃評價主生產計劃備選方案的可行性。

（6）評估主生產計劃。

（7）批准和下達主生產計劃。

五、主生產計劃的模型算法

主生產計劃的制訂一般有兩種方法：兩階段法和一步規劃法。

兩階段法：第一階段是編製計劃初稿，採用無能力負荷法，確定合理的經濟批量，這是典型的單級無能力約束的批量計劃問題。第二階段是在第一階段基礎上，對計劃初稿進行調整，使其滿足關鍵工作中心的能力限制。

而「一步規劃法」則考慮資源能力約束，是典型的帶資源約束的單級批量計劃問題。這個問題就是在滿足關鍵資源和主要聚類資源能力的約束下，在計劃展望期內確定產品批量，合理地安排產品的生產進度，盡量保證產品的及時交貨。

下面，介紹以集結和散結變換為基礎的一步規劃法算法模型。

Bowman 發現了生產計劃的制訂問題同運輸問題之間的相似性，因此他將用於運輸問題中的網絡模型，移植到生產計劃制訂的工作中。很明顯「第 i 週期生產的產品可供第 i, i+1, i+2, …, T 週期使用」，猶如「第 i 處的物資運送到第 i, i+1, i+2, …, T 處使用」一樣。兩個問題在邏輯上是完全等同的，其邏輯關係表達如圖 7-3 所示。

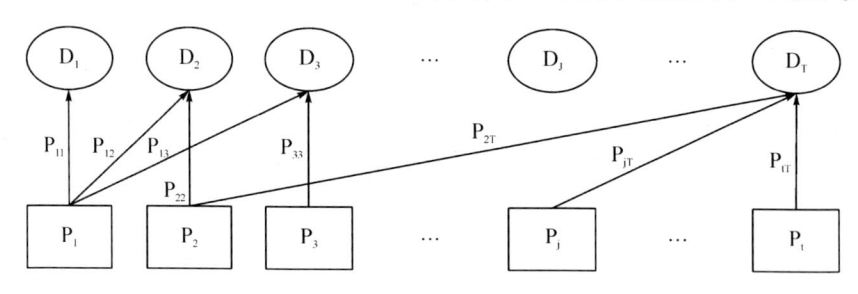

圖 7-3　生產計劃制訂的邏輯圖

DK 是第 k 個週期產品的預測需求，Pj 是第 j 個週期產品的生產數量，Pjk 是第 j 個週期生產的產品，用於第 k 個週期的數量（k≥j），這裡作為決策變量。T 是生產計劃週期數。

設，Bij 是資源 i 在週期 j 中的生產能力，Pijk 是滿足週期 k 需求、在週期 j、由資源 i 生產的產品數量，cijk 是與 Pijk 相對應的生產費用，m 是資源種類數，CR 是單位正常時間的生產費用，CO 是單位加班時間的生產費用，Cl 是單位週期的庫存費用，Z 是

全部週期中生產與庫存的總費用，則主生產最優計劃為：全部週期中生產與庫存總費用最小，即滿足如下約束條件，即生產能力的約束和需求的約束。

這裡給出的模型是單一產品的生產計劃模型，這個模型實際上是要求在按期供貨的條件下使正常生產費用、加班費、存儲費等總和最小的生產計劃。

六、主生產計劃維護

主生產計劃是一個不斷更新的滾動計劃，不論是計劃變動、產品結構或工藝變動，還是採購件脫期、加工件報廢，都會要修改 MPS 或 MRP。更新的頻率和需求預測的週期、客戶訂單的變更等因素有關。修改計劃是不可避免的，並且是經常性的工作。如果能及時維護，將會減少庫存，保證準時交貨，提高生產率。主生產計劃的增加或修改進行的時間越早，對低層物料的 MRP 及 CRP 的影響就越小；而當物料訂購之後，修改計劃產生的影響就會較大，生產費用也將會受到影響。

計算一次物料需求計劃的全過程需要很長時間，並且在生成計劃的處理過程中和計劃生成之後，許多情況都可能發生改變，這些改變可能導致訂單無效。為了保持物料需求計劃的準確和更新，在發生上述變化情況時必須再次啟動讓 MRP 進行處理，MRP 再啟動方式有兩種：一種是全重排法，一種是淨改變法。這兩種方法也同樣用在主生產計劃（MPS）的調整中。

1. 全重排法

全重排法（Regeneration，又稱再生法）就是 MRP 系統的傳統做法，它是建立在計劃日程全面重排想法之上的。根據這種做法，系統要將整個主生產計劃進行分解，求出每一項物料按時間分段的需求數據。

2. 淨改變法

淨改變（Net Change）系統只對主生產計劃中因改變而受到影響的那些物料需求進行分解處理。

第一種方式從數據處理的角度看，效率比較高。但由於每次更新要間隔一定週期，通常至少也要一週，所以不能隨時反應出系統的變化。第二種方式可以對系統進行頻繁的，甚至是連續地更新，但從數據處理的角度看，效率不高。以上兩種方式的主要輸出是一樣的，因為不論以何種形式執行 MRP 系統，對同一個問題只能有一個正確的答案。

兩種方式的輸入也基本上是相同的，只是在物料庫存狀態的維護上有些不同。兩種方式最主要的不同之處在於計劃更新的頻繁程度以及引起計劃更新的原因。第一種方式中的計劃更新通常是由主生產計劃的變化引起的；而第二種方式中的計劃更新則主要是由庫存事務處理引起的。

七、主生產計劃不確定問題和不穩定問題

生產過程存在多種不確定性，它嚴重地阻礙生產計劃的制訂與執行。從過程來看不確定性可以分為：需求不確定性，供應不確定性以及生產過程中的不確定性。從性質上看有兩類不確定性：時間的不確定性與數量的不確定性。時間不確定性包括用戶可能要求提前或延期供貨，外購件可能沒有按時到貨，生產過程中由於人或機器原因未能如期

加工或裝配，等等。數量上的不確定性包括需求數量上不可預測的隨機變化。供應上發生短缺或質量上不合要求，生產過程中的廢品、次品等都是造成數量上不確定性的原因。

解決不確定性首先要考慮的當然是盡量降低不確定性。做好預測工作，組織好生產，管理好設備，做好質量控制工作等都可以降低不確定性。對付數量上不確定性的方法是建立合理的安全庫存（在前述計算中增加安全庫存一項是很容易實現的）。對付時間上的不確定性可能要加大安全提前期。另一種處理不確定性的方法是建立一定的生產能力多餘量。

八、主生產計劃作用

主生產計劃是 MRP-II 的一個重要的計劃層次。粗略地說，主生產計劃是關於「將要生產什麼」的一種描述，它根據客戶合同和預測，把銷售與運作規劃中的產品系列具體化，確定出廠產品，使之成為展開 MRP 與 CRP 運算的主要依據，它起著承上啓下，從宏觀計劃向微觀計劃過渡的作用。

在運行主生產計劃時要同時運行粗能力計劃，只有按時段平衡了供應與需求後的主生產計劃，才能作為下一個計劃層次—物料需求計劃的輸入信息，主生產計劃必須是現實可行的，需求量和需求時間都是符合實際的。

第四節　資源需求計劃

一、資源需求計劃

資源需求計劃（RRP）考慮滿足綜合需求所需的資源數量。資源需求計劃檢查滿足預測需求所需的生產能力與現有資源能力。資源以能力水準（Capacity level）度量，能力水準指最大的輸出率或可獲得的最大時間數。

長期計劃與瓶頸運作要考慮關鍵資源，關鍵資源指短缺或難以獲得的資源，包括特殊的工作中心、設備、勞動力技能等，關鍵資源限制了整個過程的能力。

能力水準依賴於每週工作天數、加時策略、現有勞動力、工人效能、設備水準等因素。能力水準基於可行的情況，而不是理論情況。例如，昂貴的設備可以以高的利用率運行，將最大能力視為 21 班/周（3 班/天，7 天/周），而一般計劃將最大能力設為 15 班/周，正常能力設為 5～10 班/周。實行 JIT 與 TQM 的公司從不基於最大能力安排計劃，而是考慮設備的故障、維修、工藝變化及緊急情況安排計劃。基於最大能力安排計劃的公司沒有時間進行過程的改善與工人的培訓等活動。

需要明確資源表和人力表兩個概念。資源表（Bill Of Resource，簡稱 BOR）指生產單件產品所需資源（工作中心或機器）與標準總時間列表，包括產品生產所有階段的部件生產及裝配時間。人力表是資源表的一種，資源為人力資源。

二、粗略產能計劃

粗略產能計劃（Rough-Cut Capacity Planning，簡稱RCCP）檢查主生產計劃的可行性，在每一個時間段，比較工作負荷（與MPS數量聯繫）與現有資源能力，以保證短缺資源、關鍵資源不超負荷。RCCP通常用於最終項目。

負荷表（Load Profile）指生產單件最終項目所需的每項資源的標準總工時刻表（考慮提前期的資源列表）。資源負荷表（Resource Profile）指特定時段內，生產給定數量的最終項目所需某項資源的標準總工時數。

第五節　物料需求計劃

一、物料需求計劃概述

物料需求計劃（Material Requirement Planning，簡稱MRP），其發展始於20世紀50年代的訂貨點法。訂貨點法依靠對庫存補充週期內的需求量進行預測，並保持一定的安全庫存儲備，來確定訂貨點。但由於客戶需求的不斷變化，訂貨點法對於需求在非連續穩定環境下的應用效果不佳，促進了後續MRP的產生。到了20世紀60年代，由美國IBM公司的奧列基博士首先提出了物料需求計劃方案，說明了需求的優先順序，和訂貨點法相比有一個質的進步，但沒能根據生產實現的能力問題作出進一步說明。在基本MRP的基礎上，到了20世紀70年代MRP又發展形成了閉環MRP生產計劃和控制系統，引進了能力需求計劃，對生產運作進行反饋，克服了基本MRP的不足，是一個集計劃、執行、反饋為一體的綜合性系統，但僅局限在生產過程中物的管理方面。到了20世紀80年代初，MRP又發展擴充成了製造資源計劃（MRP-II），它將MRP的信息共享程度擴大，使生產、銷售、財務、採購、工程緊密結合在一起，共享有關數據，組成了一個全面生產管理的集成優化模式，豐富了MRP的內容，因此MRP-II又可被稱為廣義的MRP。20世紀90年代以來，MRP-II經過發展和完善，形成了目前的企業資源計劃（ERP）系統。與MRP-II相比，ERP除了包括和加強了MRP-II的各種功能之外，更加面向全球市場，功能更為強大，所管理的企業資源更多，支持混合式生產方式，管理覆蓋面更寬，並涉及了企業供應鏈管理，從企業全局角度進行經營，是製造企業的綜合集成經營系統。

作為MRP-II的基本核心內容，物料需求計劃（MRP）是一種分時段的優先級計劃，它既是一種較精確的生產計劃系統，又是一種有效的物料控制系統，用以保證在及時滿足生產用料需求的前提下，使物料的庫存水準保持在最小值內，即協調生產的物料需求和庫存控制之間的矛盾問題。如圖7-4所示：

圖 7-4　MRP 概念圖

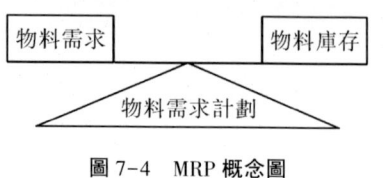

二、MRP 系統

1. MRP 基本原理

MRP 的基本原理是根據企業生產進度計劃和產品 BOM 層次結構，逐層逐個地求出成品生產所需要的全部原材料和零部件的數量以及到貨的時間。其中零部件由本企業內部生產，需要根據各自生產時間的長短來提前安排投產時間，形成零部件投產計劃。如果從企業外部採購，則需要確定提前發出的訂貨時間、採購數量，形成採購計劃。

MRP 的計算需要三種輸入信息：主生產計劃（MPS，Master Production Schedule）、物料清單（BOM）和庫存狀態，如下圖 7-5 所示。MRP 是 MPS 需求的進一步展開，也是實現 MPS 的保證和支持。它根據 MPS、物料清單和物料可用量，計算出企業要生產的全部加工件和採購件的需求量，按照產品出廠的優先順序，計算出全部加工件和採購件的需求時間，並提出建議性的計劃訂單。為了適應客觀不斷發生的變化，MRP 需要不斷修訂。

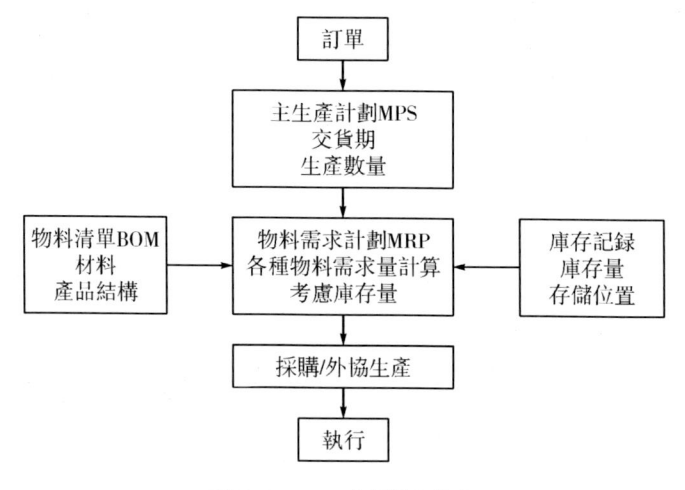

圖 7-5　MRP 主要輸入信息

（1）主生產計劃

主生產計劃（Master production schedule，簡稱 MPS）是對企業生產計劃大綱的細化，用以協調生產需求與可用資源之間的差距。主生產計劃是以生產計劃大綱（或生產規劃）、預測和客戶訂單為輸入，安排將來各週期中提供的產品種類和數量，它是一個詳細的進度計劃。它必須平衡物料和能力的供求，解決優先度和能力的衝突。MPS 在製造業中廣泛應用，它驅動了整個生產和庫存控制系統，是 MRP 不可缺少的輸入，主生產計劃不等於預測，而是將生產計劃大綱轉換為具體的產品計劃。

物料需求計劃為的是更有效地實施生產計劃大綱，當生產計劃大綱決定了企業中每類產

品將生產多少，需要多少資源後，就由主生產計劃按時間段來計劃最終產品的數量和交貨期。因此，主生產計劃是驅動物料需求計劃系統運行的根源，它是 MRP 系統的實際效率與效果所依仗的主要輸入。從概念上說，主生產計劃是一個企業的生產大綱，其中不僅要反應所要生產的產品計劃，也應該包括獨立需求預測和外部零部件訂貨的需求計劃。但是在實際應用中，後兩項內容通常不包括在主生產計劃中，而以數據文件形式直接作為 MRP 系統的單獨輸入文件。概括地說，編製 MRP 的第一個前提條件是需要一個主生產計劃。

（2）物料清單（BOM）

MRP 要正確計算出物料需求的時間和數量，首先要使系統能夠知道企業所製造的產品結構和所有使用到的物料。而產品結構表 BOM 則列出了構成成品或裝配件的所有部件組件、零件等的組成、裝配關係和數量的要求。

BOM 在物料需求計劃中起著極其重要的作用，主要表現在三個方面：

首先，通過前面對 BOM 的研究可以發現，BOM 中全面列出了在產品生產過程中需要控制和管理的物料項，這些物料項是企業生產經營活動的主體對象。如果沒有 BOM 輸入數據，物料需求計劃就沒有執行分解操作的對象，完全失去了意義。

其次，BOM 明確地表明了物料項之間的數量關係，物料項在 BOM 中的數量關係正是進行 MRP 運算的關鍵。

最後，BOM 表達了物料之間的製造裝配關係和時間關係，因為 MRP 運算不僅要解決需要哪些物料項和需要的數量，還要解決物料項在什麼時間下達計劃的問題。為此，不僅需要知道該物料項的加工或採購的絕對時間，還需要知道該物料項在生產中何時開始、何時結束的相對時間。

（3）庫存

庫存包括物料的在庫量，預訂接收量，倉儲位置和收發料記錄。庫存信息包括說明物料存放地點的靜態信息和說明物料可用量的動態信息。必須先定義倉庫與貨位，說明了物料的存放地點，才能建立可用量信息、已分配量或計劃出庫量等動態信息。

①庫存狀態

根據物流過程的特點，庫存狀態分為產成品、在製品、原材料、外購件、維修件以及備品備件等。圖 7-6 是一種一般性反應庫存狀態的物流過程。

②安庫存與安全提前期

安全庫存常用庫存量來表示。只要未來週期的庫存水準達到或低於一定的數量，就生成該項目的採購或製造計劃訂單。安全庫存也可用時間單位來表示，叫作安全提前期。採用該方法，下達製造或採購補充訂單要比期望的提前期規定得早。安全庫存量主要針對供需數量不確定性大的物料，對時間不確定性大的物料，如受運輸條件變動影響的採購件，可採用安全提前期。有兩種通用的方法可以減少庫存短缺的可能性：

第一是增大批量，但它引起批量庫存投資增大，因此這種方法並不是一種成功的辦法。

第二是多批次小批量，對於按訂單裝配生產的項目，儲備半成品狀態的通用組件和部件，保持少量的安全庫存，接到訂單後按客戶要求生產，就可有效地滿足計劃的執行。

確定安全庫存通常有兩種方法：統計分析法與判斷法。統計分析法需要歷史數據來

图 7-6 库存状态的物流过程

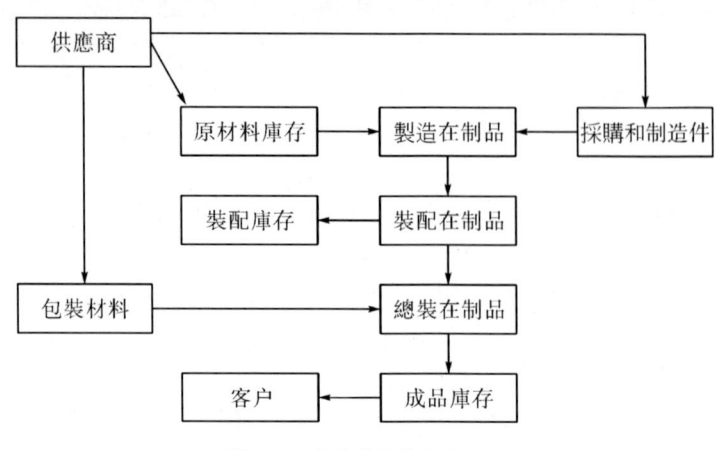

表明在需求量或供应时间上的偏差。通常这类历史数据不易得到或者无法指望它能够指示未来趋势。在这种情况下，就应使用判断法来确定安全库存水准。对于重要的库存项目，可用统计分析法确定安全库存量。具体的步骤是：

a. 确定统计週期，并取得该週期内的预测量和实际需求量，计算预测误差和绝对误差。

b. 计算平均预测误差。

c. 确定用户服务水准及对应的安全因子。

d. 计算安全库存量。

安全库存数量的多少取决于需求或提前期的客观存在和预测的变化程度。由于预测偏差的存在不可避免地引起缺货，需要在满足提前期库存的基础上再考虑对于不可预测的变化，也就是测量误差，以减少实际需求超过预测值与安全库存之和的可能性。

③库存作用

在 MRP-II 系统中，仓库和货位不仅有物理性的，即有实际的厂房建筑，也有逻辑性。仓库和货位在系统中的作用是：

a. 说明物料存在的位置、数量、状态、资金占用；

b. 说明在制品库存与工序之间的关系；

c. 跟踪物料（如批号跟踪）；

d. 确定领料、提货的顺序；

e. 必要时可同会计科目对应。

2. MRP 的逻辑关系

MRP 有三种输入：主生产计划、物料清单和库存状态。MRP 是 MPS 需求的进一步展开，也是实现 MPS 的保证和支持，它根据 MPS、物料清单和物料可用量，计算出企业要生产的全部加工件和采购件的需求量；按照产品出厂的优先顺序，计算出全部加工件和采购件的需求时间，并提出建议性的计划订单。为了适应客观不断发生的变化，MRP 需要不断修订。

MRP 主要根据 MPS 展开编制相关需求件的计划；它也可以人工直接录入某些物料的需

求量，如增加作為備品備件的數量。MRP 最終要提出每一個加工件和採購件的建議計劃，除說明每種物料的需求量外，還要說明每一個加工件的開始日期和完成日期；說明每一個採購件的訂貨日期和入庫日期。MRP 把生產作業計劃和物資供應計劃統一起來。如圖 7-7 所示：

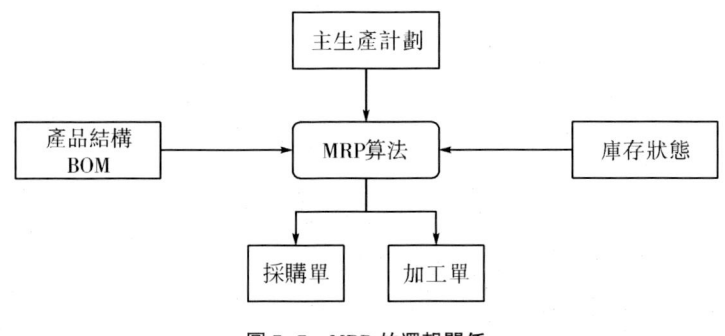

圖 7-7　MRP 的邏輯關係

3. MRP 的編製過程

（1）確定 MRP 的計算方法

MRP 的核心系統是計算物料需求量，MRP 在計算物料需求時要涉及很多個量：淨需求量、毛需求量、已分配量、計劃接收量、現有庫存量、可用庫存量、安全庫存。他們之間的運算公式如下：

淨需求量＝毛需求量＋已分配量－計劃接收量－現有庫存量

可用庫存量＝現有庫存量－安全庫存－已分配數量

此外，由於受到批量和提前期的影響，該淨需求的時間和數量還不一定等於需要下達的生產計劃和採購計劃的數量和時間。MRP 是根據主生產計劃來確定與這個計劃有關的每一庫存項目的淨需求和為滿足這些淨需求所需的庫存儲備。

所有這些需求及庫存數字都是按時間分段的，即不僅計算出需求數量，也計算出相應時間。在 MRP 系統中，每當主生產計劃或庫存狀態或產品結構發生變化時，都要重新安排淨需求和庫存儲備計劃。

舉例說明，物料需求量的計算，以物料 B 為例（如表 7-1 所示），並設 B 的批量為 10，則：從表 7-1 中可以看出，物料 B 第一天的毛需求量是 30，已分配量為 20，它的原來庫存量為 30，現有庫存量減至 20；第二天毛需求量為 0，而計劃接收量為 30，因此現有庫存量增加至 50；第三天的毛需求量為 40，現有庫存量變為 10；第四天的毛需求量是 15，現有庫存量不能滿足需要而變為負數，淨需求為 10；第五天的毛需求量是 30，現有庫存量不能滿足需要而變為負數，淨需求為 30；第六天的毛需求量是 20，現有庫存量不能滿足需要而變為負數，淨需求為 20。由於物 B 的提前期為兩天，批量為 10，因此分別在第 2、3、4 天下達計劃，計劃產出量分別是 10、30、20，對物料 B 的下屬組件來說也可以按以上的方法計算各自的下達計劃數量和時間。

表 7-1　　　　　　　　　　物料 B 的運算實例表

時段	1	2	3	4	5	6
毛需求量	30		40	15	30	20

表7-1(續)

時段	1	2	3	4	5	6
已分配量	20					
計劃接受量		30				
現有庫存 30	20	50	10	-5	-25	-15
淨需求量				10	30	20
計劃產出		10	30	20		

(2) 明確 MRP 的編製步驟

MRP 的編製一般按下面的四個步驟進行：

第一步：根據產品的層次結構，逐層把產品展開為部件與零件，生成 BOM 表。

第二步：根據規定的提前期標準，由產品的出廠日期逆序倒排編製零件的生產進度計劃表，再按主生產計劃量決定零件的毛需求量。

第三步：根據毛需求量和該零件的可分配庫存量，計算淨需求量；再根據選擇批量的原則和零件的具體情況，決定該零件的實際投產批量和日期。

第四步：對於外購的原材料和零配件，先根據 BOM 表按品種規格進行匯總，再分別按他們的採購提前期決定定購的日期與數量。

編製 MRP 是先不考慮生產能力的約束，所以在排好零件進度表以後，要按進度表計劃的時間週期，分工種核算各產品的生產負荷，並匯總編製能力需求計劃，以便進行能力與負荷的平衡。

如果使用計算機進行以上工作，把主生產計劃輸入計算機中，物料清單和庫存量分別儲存在數據庫中，經過計算機計算，便可輸出一份完整的物料需求計劃。

第六節　製造資源計劃

製造資源計劃（MRP-Ⅱ）是對 MRP 的一種擴展，以 MRP 為核心，以閉環方式實現對製造公司中所有資源的計劃與控制。它將 MRP 得信息共享程度擴大，使製造、市場、財務、工程與採購緊密地結合在一起，共享有關數據，採用公用的集中數據庫，組成一個整合的信息系統，有些軟件包還加入了製造系統仿真。

一、SAP R/3 的 MRP-Ⅱ 模型

圖 7-8 表示了 SAP R/3 的 MRP-Ⅱ 模型。銷售和營運計劃（SOP）是一個通用的計劃和預測工具，SOP 適用於銷售、生產、採購、庫存管理等的中長期計劃。需求管理的功能是用來確定產成品與重要部件的獨立需求數量與交貨日期。需求管理與 SOP 及銷售與分銷計劃功能完全集成。R/3 主計劃模塊包括需求管理、生產計劃管理及主生產計劃（MPS）。

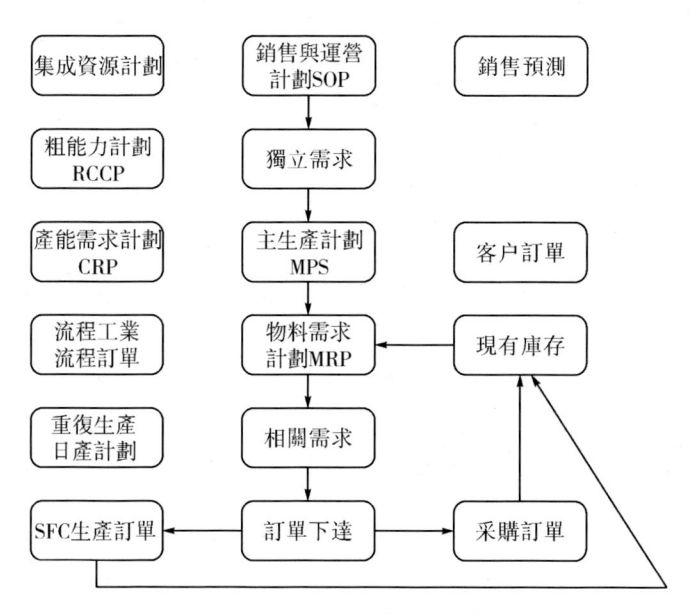

```
集成資源計劃      銷售與運營         銷售預測
                 計劃SOP

粗能力計劃        獨立需求
  RCCP
                    ↓
產能需求計劃      主生產計劃        客戶訂單
   CRP            MPS
                    ↓
流程工業         物料需求         現有庫存
流程訂單        計劃MRP ←──────┐
                    ↓                │
重復生產         相關需求             │
日產計劃            ↓                │
SFC生產訂單 ← 訂單下達 → 采購訂單 ──┘
```

圖 7-8　SAP R/3 的 MRP-Ⅱ 模型

物料需求計劃的目的是確保正確的物料能及時到達，並保證物料的可用量，同時避免過量的庫存。製造資源計劃主要包括：總計劃和單項計劃，物料計劃過程，批量確定過程，例外消息和計劃調整檢查，能力計劃，可用量檢查和拖欠訂單處理，單層和多層溯源，多工廠、多地點計劃。

製造資源計劃涉及銷售與營運計劃、主生產計劃、物料需求計劃、能力需求計劃、車間控制（SFC）、採購管理、成本管理與財務管理等。從一定意義上講，MRP-Ⅱ 是對製造業企業資源進行有效計劃的一整套方法，它圍繞企業的基本經營目標，以生產計劃為主線，對企業的各種資源進行統一的計劃和控制，使企業的物流、信息流、資金流流動暢通，是一個計劃與控制的動態反饋系統。

R/3 中的系統能力評估包括：確定可用能力、確定能力需求、可用能力和能力需求比較。

二、訂單

訂單提供排程的基本數據。訂單中工序的標準值和數量形成了排程和計算能力需求的基礎。製造資源計劃的主要訂單有物料需求計劃中的計劃訂單、車間控制中的生產訂單、採購訂單、工廠維護中的工廠維護訂單。

第七節　適應企業戰略的 ERP

在知識經濟時代，ERP 能夠提高生產率、加快企業核心業務的週轉時間，降低成本，降低庫存，企業可以實現準時化生產與採購。根據市場需求進行生產，幫助企業建立先進的生產管理模式。實施 ERP 還會帶來組織的變革、企業間關係的變革，企業與

其供應商及顧客的關係更加緊密，跨組織的業務協作共同體、供應鏈、擴展的企業、虛擬企業、虛擬組織會不斷湧現。可以說 ERP 支持了企業的擴展戰略。

ERP 的廣泛應用導致了企業競爭基礎的改變，同一行業的企業都採用了 ERP 軟件，各個企業必須在精益運作、擴大市場份額上下功夫，並使 ERP 服務於自己獨特的經營戰略。

企業的不斷發展，經濟全球化的要求，信息技術的不斷發展，企業競爭基礎的變化，反過來也促進了 ERP 的發展，ERP 軟件商面臨挑戰。ERP 軟件應具有柔性、可重構性、規模可變性、可擴展性、開放性、安全性等特點，並滿足企業個性化的獨特需求。

Gartner Group 將 ERP 擴展為 ERP-II，並給出了 ERP-II 的定義：ERP-II 是通過支持和優化公司內部和公司之間的協作營運和財務過程，以創造客戶和股東價值的一種商務戰略和一套面向具體行業領域的應用系統。

ERP-II 專注於各行業領域的專門技術，注重企業間的業務過程，支持價值鏈的共享與協同商務，因而可以很好地適應未來需求。ERP-II 的角色從傳統 ERP 的資源優化和事務處理，拓展為發揮信息的槓桿作用，使這些資源在企業的協作中產生功效。

ERP-II 的領域包括了所有部門，其功能超越了製造、分銷和財務領域的範圍，擴展到特殊的行業部門和特殊的行業。ERP-II 產品以 web 為中心，集成設計的體系結構與 ERP 的單一結構有很大不同以致最終需要完全地變革。ERP 企圖將所有的數據存儲在企業內部，而 ERP-II 將其擴展到貫穿於整個貿易共同體，分佈式處理數據，管理範圍更加擴大，繼續支持與擴展企業的流程重組，運用了最先進的計算機技術。

ERP-II 注重企業間的業務過程，支持價值鏈的共享與協同商務，因而可以很好地適應未來需要。ERP-II 的角色從傳統 ERP 的資源優化和事務處理，拓展為發揮信息的槓桿作用，使這些資源在企業協作中產生功效。ERP-II 的領域包括了所有部門，其功能超越了製造、分銷和財務領域的範圍，擴展到特殊的行業部門和特殊的行業。

本章小結

ERP 是一種以市場和客戶需求為導向，以實行企業內外資源優化配置，消除生產經營過程中一切無效的勞動和資源，實現信息流、物流、資金流和業務流的有機集成和提高客戶滿意度為目標提高生產效率的面向供應鏈管理的現代企業管理思想和方法。MRP 是目前流行的一種計劃方法，基於 MRP 的生產計劃與控制系統架構中，需求管理、綜合計劃與資源計劃、主生產計劃與物料需求計劃、粗略產能計劃與能力需求計劃是主要的部分。

復習思考題及參考答案

1. 什麼是 ERP？

答：ERP 產生於 20 世紀 90 年代初期，是一種以市場和客戶需求為導向，以實行企業內外資源優化配置，消除生產經營過程中一切無效的勞動和資源，實現信息流、物流、資金流和業務流的有機集成和提高客戶滿意度為目標，以計劃與控制為主線，以網絡和信息技術為平臺，集客戶、市場、銷售、採購、計劃、生產、財務、質量、服務、信息集成和業務流程重組等功能為一體，加強企業財務管理、提高企業資本營運、減少庫存、降低成本、提高生產效率的面向供應鏈管理的現代企業管理思想和方法。

2. 說明基於 MRP 的生產計劃與控制框架

答：營運計劃與控制架構包括了計劃期、顧客需求與市場變化、業務計劃、營運目標與任務、優先次序的計劃與產能計劃、優先次序的控制與產能控制。製造業管理方法與制度需要建立在通用的營運計劃與控制架構基礎上，不同的企業需要在通用架構基礎上建立適合自己的管理模式，不斷縮短任務的前期，並根據實際可用的資源制訂計劃。MRP 是目前流行的一種計劃方法。需求管理、綜合計劃與資源計劃、主生產計劃與物料需求計劃、粗略產能計劃與能力需求計劃是主要的部分。

3. 什麼是需求管理？區分獨立需求與依賴需求。

答：需求管理是對顧客訂單管理和銷售預測管理的統稱。需求管理活動包括需求預測、訂購、交貨期承諾、分銷、顧客服務、影響需求的促銷、定價等。需求管理應考慮所有潛在的需求。產品及其零部件各有不同的需求來源。某些項目的需求來自顧客的指定，而另一些項目的需求則取決於其他項目的需求，間接地受顧客需求的影響。可以區分這兩種需求為獨立需求與依賴需求。

獨立需求指項目的需求與其他項目的需求無關，不受其他項目需求的影響。例如產成品的需求、備品或備件的需求等，這類需求通常需要做需求預測。依賴需求指項目（子件）的需求來自其父件的需求。物料清單（BOM）定義了父件與子件的關係，一個產品的所有物料清單（BOM）表明了產品的結構。依賴需求可以由產品結構與物料清單（BOM）推導計算出來。

4. 什麼是綜合計劃？區分綜合計劃與主生產計劃。

答：綜合計劃指著眼於整體生產水準，依賴綜合需求預測的產品族產量計劃。綜合計劃需考慮總體資源的需求，以及如何調整資源以滿足需求波動。綜合生產計劃的目標是確定生產率（單位時間完成的數量）、勞動力水準（工人數量）與當前存貨（上期期末庫存）的最優組合，計劃期一般為 6~18 個月。主生產計劃是對企業生產計劃大綱的細化，用以協調生產需求與可用資源之間的差距。主生產計劃是以生產計劃大綱（或生產規劃）、預測和客戶訂單為輸入，安排將來各週期中提供的產品種類和數量，它是一個詳細的進度計劃。它必須平衡物和能力的供求，解決優先度和能力的衝突。MPS 在製造業中廣泛應用，它驅動了整

個生產和庫存控制系統，是 MRP 不可缺少的輸入，主生產計劃不等於預測，而是將生產計劃大綱轉換為具體的產品計劃。

5. 簡述粗略產能計劃的作用。

答：粗略產能計劃檢查主生產計劃的可行性，在每一個時間段，比較工作負荷（與 MPS 數量聯繫）與現有資源能力，以保證短缺資源、關鍵資源不超負荷。粗略產能計劃通常用於最終項目。

6. BOM 的用途是什麼？

答：BOM 信息在 MRP-Ⅱ/ERP 系統中被用於 MRP 計算，成本計算，庫存管理。

BOM 有各種形式，這些形式取決於它的用途，BOM 的具體用途有：

(1) 是計算機識別物料的基礎依據；
(2) 是編製計劃的依據；
(3) 是配套和領料的依據；
(4) 根據它進行加工過程的跟蹤；
(5) 是採購和外協的依據；
(6) 根據它進行成本的計算；
(7) 可以作為報價參考；
(8) 進行物料追溯；
(9) 使設計系列化、標準化、通用化。

參考文獻

[1] 楊建華，張群，楊新泉. 營運管理 [M]. 北京：清華大學出版社，北京交通大學出版社，2006：171-210.

[2] 劉麗文. 生產與運作管理 [M]. 北京：清華大學出版社，2006：229-277.

[3] 張杰. 營運管理 [M]. 北京：對外經濟貿易大學出版社，2009：207-235.

[4] 範體軍，李淑霞，常香雲. 營運管理 [M]. 北京：化學工業出版社，2008：120-131.

第八章

供應鏈管理

學習目標

1. 掌握供應鏈及供應鏈管理的基本概念
2. 瞭解供應鏈在採購管理和分銷管理上的具體應用
3. 理解電子商務下的供應鏈與傳統供應鏈的區別
4. 瞭解供應鏈管理中所應用的信息技術
5. 掌握供應鏈設計的基本知識與方法

引導案例

戴爾的供應鏈管理模式

戴爾公司以「直接經營」模式著稱,其高效運作的供應鏈和物流體系使它在全球IT行業不景氣的情況下逆市而上。根據權威的國際數據公司(IDC)的統計資料顯示,在2002年第三季度,戴爾重新回到了全球PC第一的位置,中國市場上戴爾的業績更加令人欣喜。戴爾公司在全球的業務增長,很大程度上要歸功於戴爾獨特的直接經營模式和高效的供應鏈。直接經營模式使戴爾與供應商、客戶之間構築了一個「虛擬整合」的平臺,保證了供應鏈的無縫集成。

事實上,戴爾的供應鏈系統早已打破了傳統意義上「廠家」與「供應商」之間的供需配合。在戴爾的業務平臺中,客戶變成了供應鏈的核心。直接經營模式可以讓戴爾從市場上得到第一手的客戶反饋和需求,生產部門及其他業務部門可以及時將這些客戶信息傳達到戴爾原材料供應商和合作夥伴那裡。這種在供應鏈系統中將客戶視為核心的

「超常規」運作，使得戴爾能夠做到 4 天的庫存週期，而競爭對手大都還徘徊在 30～40 天。這樣，以 IT 行業零部件產品每週平均貶值 1% 計算，戴爾產品的競爭力顯而易見。

在不斷完善供應鏈管理系統的過程中，戴爾公司還敏銳地捕獲到互聯網對供應鏈和物流帶來的巨大變革，不失時機地建立了包括信息搜集、原材料採購、生產、客戶支持和客戶關係管理，以及市場行銷等環節在內的網上電子商務平臺。在 valuechain. dell. com 網站上，戴爾公司和供應商共享包括產品質量和庫存清單在內的一整套信息。在此同時，戴爾公司還利用互聯網與全球超過 11.3 萬個商業機構直接開展業務。通過戴爾公司先進的 www. dell. com 網站，用戶可以隨時對戴爾公司的全系列產品進行評比、配置，並獲知相應的報價。用戶也可以在線訂購，並且隨時監測產品製造及送貨過程。

戴爾公司在電子商務領域的成功實踐使「直接經營」插上了騰飛的翅膀，極大地增強了產品和服務的競爭優勢。今天，基於微軟視窗的操作系統，戴爾公司經營著全球規模最大的互聯網商務網站，覆蓋了 80 個國家，提供了 27 種語言或方言、40 種不同的貨幣報價，每季度有超過 9.2 萬人次瀏覽。

資料來源：邵曉峰，張存祿，李美燕. 供應鏈管理 [M]. 北京：機械工業出版社，2006.

20 世紀 90 年代以來，企業面臨的競爭環境發生了巨大的變化，產品壽命週期越來越短，產品品種和數量飛速膨脹，客戶對交貨期的要求越來越高，對產品和服務的期望越來越高。如何以較低成本參與市場競爭，提高市場佔有率，滿足客戶要求，獲得良好的經營利潤，使企業在複雜的市場環境中立於不敗之地，成為擺在企業面前的重要課題。隨著全球經濟一體化，人們發現任何一個企業都不可能在所有業務上成為最傑出者，加強與其他企業合作已勢在必行，供應鏈管理應運而生。本章首先介紹供應鏈和供應鏈管理的相關概念，之後，依次闡述供應鏈管理的應用（包括採購管理和分銷管理兩個方面）、電子商務下的供應鏈管理以及供應鏈的設計等內容。

第一節　供應鏈管理概述

一、供應鏈與供應鏈管理的概念

供應鏈最早來源於彼得·德魯克提出的「經濟鏈」，後來經邁克爾·波特發展成「價值鏈」，最終演變為「供應鏈」。在供應鏈管理的發展過程中，不同的時代背景下，對供應鏈的認識有所不同。

早期的觀點認為供應鏈是製造企業中的一個內部過程，供應鏈是由製造商驅動的，將原材料通過生產轉換為產品，再通過銷售等活動傳遞到消費者手中的過程。早期的供應鏈概念局限於企業的內部操作，認為供應商控制著產品生產和銷售的速度，忽略了消費者對供應鏈過程的影響作用，也忽略了企業與企業之間的聯繫，企業內部與企業外部供應鏈的聯繫。

隨著對供應鏈認識的加深，許多學者定義供應鏈的概念時，注意到了企業與企業之間的聯繫。例如，Stevens 認為「通過增值過程和分銷渠道從供應商的供應商到用戶的

用戶的流就是供應鏈，它開始於供應的源點，結束於消費的終點」；Evens 認為「供應鏈是通過前饋的信息流和反饋的物料流及信息流，將供應商、製造商、分銷商、零售商，直到最終用戶連成一個整體的結構模式」。通過對供應鏈的有效管理確保了供應鏈上的所有企業的行為的一致性，避免企業間的目標衝突。

現在供應鏈的概念更加注重圍繞核心企業的網鏈關係，如核心企業與供應商、與供應商的供應商乃至一切前向的關係，核心企業與用戶、用戶的用戶及一切後向的關係。這裡的核心企業是指處於供應鏈這一網鏈中領導位置的企業，它同時也需負責協調供應鏈中各企業之間的關係，使供應鏈上的企業實現共贏。

由國家質量監督檢驗檢疫總局、中國國家標準化技術委員會發布實施的《中華人民共和國國家標準物流術語》中將供應鏈定義為：生產及流通過程中，為了將產品或服務交付給最終用戶，由上游與下游企業共同建立的需求鏈狀網。

供應鏈概念仍在逐漸發展和完善，雖然至今尚無一個公認的定義，但是人們普遍接受的，較為全面的供應鏈定義為：圍繞核心企業，通過對信息流、物流、資金流的控制，從採購原材料開始，制成中間產品及最終產品，最後由銷售網絡把產品送到消費者手中，它是將供應商、製造商、分銷商、零售商，直到最終用戶連成一個整體的功能網鏈模式。

二、供應鏈管理的目的

供應鏈管理的目標是在滿足客戶需要的前提下，對整個供應鏈（從供貨商、製造商、分銷商到消費者）的各個環節進行綜合管理，例如從採購、物料管理、生產、配送、行銷到消費者的整個供應鏈的貨物流、信息流和資金流，把物流與庫存成本降到最小。對整條供應鏈進行合理地管理，能夠有效地降低供應鏈的不確定性和總體的成本，提高回應顧客需求的速度。最大化地降低成本和創造利潤一直是企業的總方向，而企業內部生產過程管理的不斷優化，使得企業不再局限於自身內部，而是逐漸轉向企業外部，轉向企業所在的整個供應鏈。

具體來說，一個企業採用供應鏈管理出於以下幾方面的考慮：

1. 降低物流費用

供應鏈管理主要是通過降低庫存成本來降低物流費用。在一條供應鏈上，企業之間的產品生產是依靠電子數據交換來決定的。而供應鏈上的每個成員根據所獲得的這些有關生產、銷售、庫存、配送的信息和數據，能及時、準確地掌握整條供應鏈上的信息，包括原材料、在製品和製成品的流動情況、物料的運輸或配送的情況、庫存狀況、商品銷售情況和顧客需求狀況等。充分的信息傳遞使整條供應鏈的不確定性因素降低，生產的透明性增強。並且企業就能根據市場需求信息，迅速調整生產和配送，不需要備有大量的庫存，降低了物流成本。

2. 降低交易費用

市場上，交易的成功建立在買賣雙方付出大量的精力和財力的基礎之上。通常情況下，企業需要通過大量的調查才能掌握足夠的信息，並且要投入必要的時間才能找到合適的交易對象。這些情況的產生主要是因為交易雙方獲得的信息量有限和信任感不足。

科斯認為,「通過形成一個組織並讓某種權力（企業家）來支配資源,部分市場費用可以節省」。這裡的交易費用理論同樣適用於供應鏈,重複發生的交易費用是社會財富和企業資源的浪費。而在供應鏈管理中,供應方和需求方企業建立的是長期而且穩固的合作關係,信息量也相對充足,因此,在很大程度上能減少談判費用,從而降低交易費用。

3. 提高物流效率

亞里士多德提出過一條經典的系統論觀點:「整體大於部分之和」。而在供應鏈管理中,這一至理名言也同樣適用,整條供應鏈所產生的整體效益往往會大於各個供應鏈成員單獨管理物流所得到的效益之和。不僅這樣,整體供應鏈管理在一定的時候還能完成單個企業無法完成的任務。通過在供應鏈上的各個成員之間建立快速反應系統,實施及時配送、不間斷補貨、有效客戶回應等項目,可以縮短訂貨週期,對市場需求做出更加及時有效的反應,提高整條供應鏈的物流效率。

4. 提高顧客滿意度

對於顧客而言,他們關心的不是企業是怎麼運作的,而是企業能向他們提供什麼樣的商品和服務。所以,在提高客戶滿意度上主要表現為兩方面:①通過降低物流成本,企業可以向顧客提供性價比更高的產品;②一體化的供應鏈系統可以為顧客提供更加全面的服務,由原來的一家企業提供服務變為多家企業共同向顧客提供服務。除此之外,送貨速度更快、缺貨次數更少、配送可靠性更高,更容易滿足顧客個性化需求,這些都能為客戶創造附加價值。

簡單說來,供應鏈管理的最終目的就是為了降低整體供應鏈中的物流、庫存與分銷的成本,最終實現顧客滿意度的提高。

三、供應鏈管理的三種流

供應鏈上企業之間的一切活動都是通過物流、信息流、資金流進行傳遞的。而供應鏈管理的主要對象也正是供應鏈中的這三種流。

物流是供應鏈中最主要的流,即物料沿著供應鏈的流動,是將原材料從供應鏈中的一個節點轉移到下一個節點,最終轉變成產品的一個過程。供應鏈管理中的物料流動關注的三點內容:怎樣使物料在必要的時候流動到必要的地點;怎樣使這種流動所需的成本更低;怎樣使流動過程中可能出現的偏差更小,以及一旦出現偏差怎樣及時地加以糾正。對物流的有效控制要依賴於所獲得的可靠、充分的信息,因此,物流與信息流是密不可分的,相互作用的。物流和信息的流動方向是相反的,物流是從最初的原材料供應鏈到最終消費者,而信息的傳遞是從市場或者最終用戶開始傳遞。

信息流是一種雙向的流動,供應鏈上的每個企業不僅需要知道下游客戶的需求,還需瞭解到它上游供應商的供應能力。為了確定什麼時候使何種物流流到下一環節,其驅動信息來源於下一環節的企業;為了確定是否能在需要的時候獲得充足的物料,其驅動信息來源於上一環節的企業。而信息的傳遞是通過各種媒介進行的,需要一定的信息技術幫助其實現。供應鏈上的企業需要共同地分享有關生產的信息,以及相互分享技術和管理上的方法。在有些情況下,有關組織變化的信息也應充分交流,使得供應鏈上的各

個環節之間緊密聯繫，保持工作的高效性。

第三種流是資金流，其含義不僅是指鏈上各個企業之間的款項結算，而且包括供應鏈上各個企業之間如何通過資金的相互滲透從而結合成更加緊密的供應鏈系統。目前，有些西方企業可能不願意在其供應商企業中注入資金，投資入股。但是在日本，這種資金流動的現象很普遍。例如，有些日本公司在其美國的供應商公司中入股；許多日本企業也向其供應商提供原料、機械設備、檢測設備等。資金流更好地表現了現在很多企業期望達到的是一種共贏的經營理念。

四、一體化的供應鏈

供應鏈是一個整體的功能網鏈結構，供應鏈一體化包括功能一體化、空間一體化、跨期一體化。具體來說，就是採購、生產、運輸、倉儲等活動的功能一體化。隨著經濟的發展，人們逐漸認識到社會分工的重要性。各企業應該發揮比較成本優勢，集中力量發展其核心事業，而對於企業不擅長的方面，可以交給夥伴公司去做。於是，一體化的供應鏈管理由此產生。運用供應鏈管理，不僅可以為參與供應鏈的各企業帶來巨大的效益，而且也可為消費者提供更好的服務和更大的價值。

一體化的供應鏈需要鏈上的各企業之間通力合作，信息充分共享，以戰略性的全局眼光來進行生產。如果供應鏈上的企業不能以整體供應鏈為出發點，就會產生牛鞭效應。如果供應鏈上的每個企業都只根據相鄰企業的需求信息確定自己的採購和庫存計劃，需求的變化就會沿著信息流方向逐級放大。每個環節偏差累積的結果將導致處於供應鏈源頭的供應商得到的需求信息與市場實際需求信息之間出現較大的出入。這種沿著需求信息的流向，在供應鏈的各階段產生的需求變化就會被逐級放大，這種現象就是「牛鞭效應」。

下面以美國寶潔公司為例，更清楚地對「牛鞭效應」進行說明。美國寶潔公司生產的一次性尿墊「尿不濕」是專門為嬰兒開發的一種產品，深受新生兒母親的歡迎。該產品市場銷售量一直很好，「尿不濕」產品的零售數量也相對穩定。但是寶潔公司的物流經理注意到一個奇怪的現象：儘管每個月的銷售數量都很穩定，但是分銷商向寶潔公司的訂貨量的變化程度卻比零售數量的波動大很多。不僅分銷商的訂單數量變化大，而且寶潔公司的工廠向上流原材料供應商的訂貨量的波動幅度更大。

「牛鞭效應」影響了供應鏈上各個企業的庫存量和庫存時間，大大地增加了庫存成本。不僅如此，「牛鞭效應」影響了產品的生產過程和交貨時間，從而降低了顧客滿意度。我們要消滅「牛鞭效應」，就必須加強供應鏈上各企業之間的聯繫、合作。供應鏈上的企業共同制訂庫存計劃，使供應鏈過程中的每個庫存管理者都從相互之間的協調性考慮，形成一體化的供應鏈體系，有效地減少牛鞭效應可能帶來的影響。

第二節　供應鏈管理的應用

一、採購管理

1. 採購與採購管理

企業在生產經營活動中，為了滿足產品生產的需要，絕大部分物資是通過企業外部採購獲得。採購是企業物流管理的起點，在企業的供應鏈中扮演重要的角色，因為企業所需物資的採購成本占產品生產成本的一半以上。同時，採購使各個企業之間緊密地連結起來，與供應商的協同化合作，從而實現供需雙方共贏的結果。傳統採購模式的特點主要表現在三個方面：採購完全由採購商主導，對最終用戶的需求回應滯後；供需雙方不能充分分享彼此的信息；供需雙方是臨時性的或者短期合作關係，且競爭多於合作。

相對於傳統採購模式，供應鏈環境下採購管理的特點有所轉變：

（1）從為庫存採購到為訂單採購的轉變；

（2）從單純的採購管理向外部資源管理的轉變；

（3）從一般的買賣關係向戰略合作夥伴關係的轉變。

在很多企業的組織結構中都設立了專門的部門來管理採購活動。其部門的職能不僅是從外部購買物資滿足企業產品生產，同時也要和供應商建立良好的合作關係，對購貨、庫存進行管理，控制供貨進度。在很多情況下採購被認為只是採購部門的職責，實際上採購職能具有更為廣闊的意義。要使這種職能更有效，不能只依賴於一個部門，其他職能部門的密切合作也是至關重要的。從物料的需求、運輸、檢查到最終付款等活動，都離不開產品設計部門、營運部門、收貨部門、會計部門的支持和配合。採購作為連接企業運作系統與供應商的紐帶，它的重要性不言而喻，而不當的採購管理會給企業帶來嚴重的後果。例如，如果採購部門沒有及時地跟蹤供應商的供應過程而造成延誤供貨，就會出現沒有充足原料可供使用的情況，從而可能直接影響產品的生產和銷售過程。而對於大量、多餘的原材料積壓，也會導致企業大量資金的占用和庫存管理成本的增加。因此，採購管理的好壞直接影響著產品成本的高低和物資供應的及時性。

通常情況下，可以從四個方面來評價一個企業的採購管理是否有效：

（1）是否獲得企業所需數量和質量的物資或服務；

（2）是否以恰當的價格獲得物資或服務；

（3）是否保證供應商能夠快速及時地交貨；

（4）是否建立良好的供應商關係，確保恰當的物資來源。

2. 採購流程

採購是一個購買的過程，要使採購管理更加科學化，企業就需要對採購行為進行規範，以保證採購的質量。

採購流程涉及以下幾個步驟：

(1) 發現需求

任何的採購都是從採購部門收到外部物品或服務的申請開始。採購申請的內容一般包括採購品的描述、數量、質量要求以及交貨期限。採購部門要結合現有的庫存，按照採購申請的要求，在得到生產部門的授權後實施採購。而生產部門也需要在採購部門的指導下決定自制還是外購，因為採購部門較生產部門更瞭解供應商的基本情況，可以提供必要的決策信息。

(2) 確定可能的供應商並加以分析，合理選擇

通常情況下，買方市場上有多家供應商可供選擇。一個好的供應商應該以降低企業採購成本為目標，有能力在交貨期內提供所需物品或服務。具體如何選擇供應商，在後面章節詳細討論。

(3) 下訂單

發訂單的程序或複雜或簡單，可能存在較大差異。一般來說，重複性採購的訂單處理過程較簡單，而一次性採購的訂單處理過程較複雜。不難理解，來自於同一個供應商的反覆性採購不需要在每次訂貨前都對所需物料或服務進行說明，通常是週期性地準時供貨，可能一個電話或者傳真就可以完成訂貨手續。

(4) 訂單跟蹤

下訂單後並不表示採購工作的結束，廠家必須對供應商的訂單執行情況進行跟蹤。對訂單進行跟蹤可以隨時把握貨物的動向信息，便於及早發現問題，及時採取相應措施，減少或避免不必要的損失。跟蹤工作是為了保證訂單順利執行，供貨的延誤可能會造成生產進度的延誤，從而影響產品客戶正常的需求，甚至會損壞廠家信譽。

(5) 貨到驗收

對新到的貨物必須馬上組織人員對其數量和質量進行清點和檢查。如果貨物準確無誤，即可簽收。如果貨物不能滿足要求，採購部門應及時和供應商協商或者退貨。有些企業出於對長期合作供應商的信任，也可能省去驗收環節，直接將物料送到生產線。

(6) 支付貨款

會計部門負責向供應商付款，採購部門可以加強和會計部門的協調，保證對供應商的應付帳款能按時完成。

(7) 信息記錄

會計部門負責數據的處理工作，匯集和歸檔與訂單有關的文件副本，並把需要保存的信息轉化為相關的記錄。

隨著信息時代的來臨，絕大多數的企業利用信息技術通過網絡等先進技術和供應商聯繫，不僅節省大量的管理成本，而且簡潔迅速。計算機代替手工是今後採購管理的一個重要發展方向。

3. 供應商選擇

供應商與企業是一種合作夥伴關係，應該和企業協同工作，保證質量和交貨期，實現共同的目標。選擇好的供應商能給企業帶來諸多益處，反之，供應商選擇不當，造成物料運送延遲、缺貨或殘次品會給企業帶來不良後果，如生產計劃中斷、庫存成本增加、產品運送延誤等。

供應商信息的來源有：供應商銷售人員；廠家銷售人員；貿易雜誌；有關的分類目錄；企業名錄等。在瞭解供應商信息的基礎上，企業可以選擇單渠道供貨，也可以選擇多渠道供貨兩種方式。其中企業做出單渠道供貨選擇可能出於兩種原因，一種是被動選擇，即由於技術、專利、地理位置等因素，使得企業只有唯一一個供應商可供選擇，別無他選；另一種是主動選擇，即企業可能出於為了發展長期穩定的合作夥伴關係，自願只和一家企業建立聯繫。表 8-1 為單渠道與多渠道的比較情況。

表 8-1　　　　　　　　　　　　單渠道與多渠道比較

	單渠道	多渠道
優點	良好的質量保證 便於溝通，建立密切、持久的關係 較強的忠誠感和積極性	通過競爭性招標獲得最低價格 靈活性強，可以隨時更換供貨商
缺點	渠道一旦斷裂，會受到嚴重損失 缺乏靈活性 沒有競爭，供貨商可能會抬高價格	難以激發忠誠感 溝通需要投入更大精力 難以實現規模經濟

在選擇供應商時，有許多值得考慮的因素，詳見表 8-2 所示：

表 8-2　　　　　　　　　　　　選擇供應商需考慮的因素

質量	供應商是否有質量體系和有效的質量檢驗？
價格	供應商對所提供產品的報價合理嗎？供應商是否願意協商價格？供應商是否願意和廠家一起聯合起來共同降低成本？
可靠性	供應商是否有良好的聲譽和信譽？是否具有穩定和較強的財力？
技術力量	供應商是否具有技術實力滿足廠家所需的供應品？是否具有產品改進和研發新產品的能力？
製造能力	供應商的生產設備和員工生產技能能否滿足廠家產品的質量要求。供應商也需有良好的質量控制能力，將殘次品率降到最低或者零。
售後服務	廠家如需替換部件或者技術保證，供應商能否及時提供售後服務，這可能包括一個較好的服務組織結構和零部件庫存。
供應商區位	供應商的地理位置是否具有優勢？廠家通常期望選擇靠近自己的供應商，因為供應商的地理位置對庫存有相當大的影響，距離近有利於管理，並且可以減少供貨的時間和縮短臨時缺貨補充的時間。
生產提前期與按時運送	供應商能提供的生產提前期是多少？有什麼確保按時運送的程序，和發現、糾正運送問題的措施？

結合以上選擇供應商時需要考慮的因素，可以通過很多方法最終選定供應商。以上的因素中有些是可以數量化的因素，如價格、供應商區位。但是其中很多因素只能定性並需要判斷才能確定，如技術力量等。我們就以加權評分法為例對供應商進行評估：

(1) 確定選擇供應商的影響因素。
(2) 對每個因素按其重要程度分配權重。
(3) 對各個供應商根據不同的因素進行打分。
(4) 總分進行比較，選擇最佳供應商。總分為不同因素得分與權重乘積相加。
例如，假設現有三家供應商可供選擇，影響因素及評估得分見表 8-3。

表 8-3　　　　　　　　　供應商選擇的影響因素及評估得分

影響因素	權重	因素評估得分 A	B	C
質量	9	8	9	6
價格	8	7	8	6
可靠性	6	7	6	5
技術力量	7	8	8	7
製造能力	7	5	3	6
售後服務	3	5	6	9
供應商區位	4	6	5	7
按時運送	4	6	8	6
總分		324	328	302

　　供應商 B 的總分最高，應選供應商 B。值得注意的是，在使用加權評分法時，確定影響因素的權重是非常重要的一步。
　　4. 供應商關係
　　在供需關係中，存在兩種比較典型的關係模式：競爭型關係和雙贏型關係。
　　競爭型關係模式基於價格驅動，買方不斷要求賣方降低價格，而供應商則提出相應價格只能提供相應水準的質量、服務，屬於一種短期合同關係。而雙贏型關係模式基於相互信任和互利互惠，買方對賣方給予協助，幫助其降低成本、改進質量和產品開發，雙方都以最大的努力幫助對方，屬於長期的信任合作關係。
　　這兩種關係模式都有各自的優點和缺點。選擇什麼類型的供需關係取決於企業的競爭戰略。公司可以採用競爭型關係尋求低價格，但是可靠性較低，供需關係存活時間短。企業也可以採用雙贏型關係建立長期合作關係，但是缺乏靈活性。現在有些公司也採取了兩種混合的模式。

二、分銷配送管理

　　1. 分銷與分銷管理
　　所謂的分銷配送是指產品從製造商到消費者的傳遞過程中涉及的一系列活動。分銷活動的載體是分銷渠道，分銷渠道就是指產品或服務從生產者流向消費者（用戶）轉移過程中取得這種產品或服務的所有權所經過的整個渠道。這個渠道通常是由製造商、代理商、批發商、零售商、其他輔助機構以及消費者組成。他們為使產品到達企業用戶和最終消費者而發揮各自職能，通力合作，有效地滿足市場需求。如果說前面所討論的採購問題涉及流入組織的物流，那麼分銷則涉及組織的向外物流。分銷管理可以定義為，在產品生產到用戶購買的過程中，企業借助外部資源來完成商品的銷售服務過程。
　　分銷在社會經濟活動中普遍存在，分銷使得廠家獲得更多利益，承擔更少風險。在分銷渠道中，中間商比廠家更加熟悉所代理區域的市場情況，有利於廠家迅速打開當地市場。基於中間商對本地客戶的瞭解，可以幫助廠家規避交易風險，減少投資損失。有

了中間商,廠家也可以減少自設網絡的高昂費用,降低了其成本。中間商一次性大批量購買產品的行為,減輕了廠家資金上的壓力,使得廠家擁有更多的流動資金。

對於大多數以分銷為主要銷售渠道的企業,分銷商既是他們的合作夥伴,又是他們的市場、銷售、服務的前沿駐地。供應商如果直接面對顧客可能會增加市場中的交易次數,也不便於信息的收集和銷售成本的控制。通過中間商的集中採購配送過程,交易的次數減少,從而交易的效率得到了顯著提高,實現成本最小化,交易規範化。分銷渠道使廠家與分銷商雙方收集市場信息能力增強,產品需求信息能及時高效地傳播。在產品的流通領域中,分銷商是企業非常重要的信息來源。產品的經銷商最接近市場,和產品的最終用戶保持著密切聯繫,也最容易獲得第一手客戶信息,並應及時將信息反饋給廠商。雙向的溝通過程使廠家能夠更加準確地預測客戶的需求,滿足客戶的消費要求。

2. 分銷業務模式

在分銷管理中有很多種分銷業務模式,要想長久地占領市場就必須要考慮消費者、經銷商、廠商三方的利益,建設健全的分銷網絡要從業務模式開始。以下就庫存設置、渠道結構、運輸方式這三個重要方面展開說明。

庫存設置可以說是分銷管理中的一個基本決策,庫存的設置基本的分法是向前設置和向後設置兩種。向前設置是指將產品成品的庫存設置在接近顧客所在地的倉庫、配送中心、批發商或零售商那裡。相反,向後設置是將產品成品的庫存設置在接近廠家自己所在地的地方。不論是選擇向前設置還是向後設置,都有其優缺點。向前設置有利於銷售,因為它不僅能夠縮短對顧客需求的變化的反應時間,而且可以降低產品的運輸成本。向後設置有利於降低風險,企業要對不同地區消費需求做出精準的預測,有時是很難的。如果在不同地區之間需求量的差異過大,就無疑大大地增加了企業在配送中心之間反覆的調配產品所產生的成本。通常情況下,對於需求量變化不大,生產常規產品的企業來說,會採用向前設置的策略;對於需求量不太穩定或者是生產顧客定制化產品的企業來說,向後設置的策略更加合適。

分銷渠道的結構主要涉及渠道的長度、寬度和廣度三個要素。

渠道的長度結構,又稱為層級結構,指產品在渠道的流通過程中,中間要經過多少中間商參與銷售的全過程。通常情況下,根據層級數的多少,把渠道長度分為四種:零級渠道、一級渠道、二級渠道、三級渠道。零級渠道,即直接渠道,沒有中間商參與,直接從製造商到終端用戶;一級渠道是指有一個中間商參與,製造商—零售商—終端用戶;二級渠道指有二個中間商參與,製造商—批發商—零售商—終端用戶;以此類推,三級渠道是指有三個中間商參與,主要出現在消費面較寬的日用品中。

渠道的寬度取決於每一層級中同類型中間商數目的多少。一般來說,寬渠道適用於日用品,窄渠道適用於特殊性產品。渠道的寬度結構主要有以下三種類型:密集型分銷渠道,指企業盡可能多地選用大量的符合最低標準的中間商參與產品的銷售,比如牙刷、牙膏等;選擇型分銷渠道,指企業在一定的範圍內,通過挑選,選擇少數幾個最合適的中間商來銷售產品,如特約代理商、經銷商等;獨家分銷渠道,是指企業在一定的範圍內,通過挑選,選擇一家中間商銷售產品,如很多電子產品。獨家分銷的優點在於便於控制,費用低,但是客戶的接觸率較低,市場覆蓋面小,而密集型分銷和選擇型分

銷的優缺點與獨家分銷正好相反。

渠道的廣度，實際上是寬度的一種延伸，是渠道的一種多元化選擇，廠商選擇多種渠道進行產品的分銷活動。針對不同的客戶，不同數量的需求，不同地域，對於同一種產品廠商可能只選擇一條渠道進行銷售，也可能選擇幾條不同的渠道及進行銷售。比如對公司的大客戶，採用直接銷售的方式，對偏遠地區的消費者，選用選擇型分銷的方式。

現代運輸方式有鐵路運輸、公路運輸、水上運輸、航空運輸和管道運輸等。各種運輸方式都有各自的長處和短處，在選擇不同運輸方式的時候要充分考慮產品的特點、成本和競爭的要求。

公路運輸靈活性較大，連續性較強，柔性大，但是其載運量較小，運輸成本較高，適合於高檔工農業產品的運輸；鐵路運輸和水路運輸的最大優點是成本低，載運量達，但是時間較長，適合於大宗、低值原材料的運輸；航空運輸無疑是用時最短的運輸方式，方便快捷，但是費用昂貴，適合於高檔品，急需品的運輸；對於液態或者氣態的產品可以通過管道形式進行傳送，但是柔性差，投資高。

企業除了自己行使運輸職能外，也可以將產品的運輸業務外包給專門的運輸服務公司負責。這樣有利於企業節省成本，減少庫存，也有利於企業將人力、財力等資源集中於核心業務，實現資源的優化配置。

3. 分銷系統

分銷系統包括六個要素（6C）：成本（Cost）、資本（Capital）、控制（Control）、市場覆蓋（Coverage）、特性（Character）、連續性（Continuity）。

成本問題是制定分銷策略首先應當考慮的問題。在分銷系統中，成本主要包括開發成本和維持成本。設備投資和調研費用等屬於開發成本，人員工資、設備維護、資源消耗屬於維持成本。企業在選擇分銷系統時應該以長遠的眼光來決定這兩種成本的投入比例。有些系統是前期的開發成本投入低，但後期維持成本很高，維持現狀困難；有些則是前期投入巨資，後期維持起來相對輕鬆。到底是應該以怎樣的比例進行成本投資，企業需要根據具體情況來權衡。

資金的投入和現金的流轉方式取決於企業選擇建立的分銷系統。如果建立自有的分銷系統，則需要大量的資金投入；如果是通過中間商分銷產品，企業不需要現金投入，或者是只需少量投入。

控制，這裡是指企業通過管理銷售人員，瞭解市場需求變化，對分銷渠道進行有利控制，從而有效地銷售產品或者服務的能力。加強對分銷渠道的控制有兩種方法：接近客戶的地方建立自己的分銷機構；盡量縮短分銷渠道。

市場覆蓋的目標可以分為三方面：達到目標銷售量；達到目標市場份額；取得滿意的市場滲透率。三個目標是不能同時實現的，需要企業根據自身情況，圍繞企業的核心目標，確定這三個目標的優先次序。

這裡說的特性包括公司特性和目標市場特性。公司特性包括產品特性，以及產品以外的其他與公司相關的內容，如規模、財務、聲譽等。目標市場特性主要是中間商特性、競爭者特性以及顧客特性。

保證銷售流程連續性，即是保證銷售渠道的通暢穩定性，避免產生分銷渠道中斷，延長分銷渠道壽命。

第三節　電子商務與供應鏈管理

一、電子商務下的供應鏈管理

隨著供應鏈管理的發展，計算機信息和現代的通信技術已經成為供應鏈管理技術支撐的重要組成部分了。而只局限於企業內部操作的傳統的供應鏈，忽略了信息對強化供應鏈競爭能力的重要作用，把企業效益的增加局限於只通過減少成本才能實現。

在傳統的供應鏈中，信息共享不足有兩方面原因：一方面，處於競爭狀態的企業（處於一條供應鏈上的同層級的廠商）之間不願意與其他企業分享自己所掌握的商業信息；另一方面，即使相互依存的企業（處於一條供應鏈的上游廠商和下游廠商）之間願意共享信息，但由於信息技術上的問題不能有效實現信息的充分共享。信息共享不足影響著供應鏈管理的有效性，不僅增加生產和計劃上的不確定性，而且降低了對市場需求的反應能力。一方面，供應鏈上各個成員之間不能及時獲得精確信息，從而增加了產品或服務的生產和計劃上的不確定性。不確定性的存在使得供應鏈各個環節上的企業不得不採取安全庫存的方式來適應這種不確定性，最終導致庫存成本增加，運作效率降低。另一方面，由於信息的可得性和及時性受到影響，使企業對市場需求的反應能力降低。由於製造商或者上游企業沒有和客戶及時溝通，信息往往要經過很長時間才能得到反饋，所以不能快速地回應市場的需求，向市場更好地供應產品。前面我們所提到的牛鞭效應能夠很好地說明信息共享不足可能產生的後果，如果供應鏈上每個企業不能達到充分的信息共享，只根據自己或者相鄰企業的需求信息確定自己的採購和庫存計劃並進行生產，需求的變化就會沿著信息流方向逐級放大，終端客戶需求的變化也會沿著供應鏈向上游逐級放大。牛鞭效應不僅影響了供應鏈上各個企業的庫存量和庫存時間，使得庫存成本大大增加，而且也影響了產品的生產過程和交付時間，最終會降低了客戶的滿意度。

相對於傳統供應鏈管理，現代供應鏈管理的效益基於鏈上全部成員之間的協調合作，而協調合作來源於商業信息的充分共享。供應鏈上的企業之間只有通過及時、有效信息的傳遞，確實地把握市場和顧客的需求，並根據實際需求來確定相應的生產、經營和商品流通運作，才能有效地提高效率，使整條供應鏈的運行通暢高效。

所謂電子商務是指將企業日常工作中的各種信息的交換採用電子傳遞的方式完成，也就是利用電信部門提供的各種網絡完成各企業內部及企業之間的信息交換。現代電子商務的發展對現代的供應鏈產生著重大影響，其主要原因在於當今的電子商務是包含了電子物流和供應鏈的業務實現過程。所謂的業務實現就是能對應顧客的差別化需求，實現包含商品的整個服務過程。電子商務下的供應鏈管理強調的是以核心企業為中心，通過網絡將各個企業有機地組織在一起，不僅是為顧客提供商品，同時也共同為客戶提供

全面的服務，它所涉及的是供應鏈企業間、部門間以及個人間的協同作業。

電子商務對供應鏈有以下幾點影響：

1. 電子商務促進企業之間的合作

供應鏈上的企業通過電子商務這個平臺快速地實現了信息流、資金流和物流的全方位管理和控制，並且建立了企業和客戶之間無縫集成的業務流程，完善了企業的信息管理。利用電子商務技術把供應鏈上下游的供應商、經銷商、客戶進行了全面的協同管理，使資金高效流動，實現了理想的供應鏈運作。

2. 電子商務改變了傳統的經營方式

隨著全球經濟一體化的發展趨勢，供應鏈系統正向著全球化、信息化、一體化的方向發展，電子商務幫助企業實現了從傳統經營方式向互聯網時代的經營方式的轉變。電子商務將傳統的商務流程電子化、數字化，一方面以電子流代替實物流，可以大量減少人力、物理，降低成本；另一方面突破了時間和空間的限制，使得交易活動可以在任何時間、任何地點進行，大大提高了工作效率。電子商務為供應鏈管理開闢了一個嶄新的世界。

3. 電子商務幫助企業拓展市場

電子商務減少了中間環節，使得生產者和消費者之間有直接交易的可能性。通過互聯網，商家之間可以直接交流，消費者也可以把自己的建議反饋給企業，而企業或商家則可以根據消費者的反饋意見及時調整產品及服務，形成良性互動。同時，電子商務的全球性和開放性也為企業創造了更多的貿易機會。

二、信息技術在供應鏈管理中的應用

為了提高供應鏈系統運作的可靠性，降低運行成本，提高服務水準，確保信息要求與關鍵業務指標一致，現在越來越多的企業認識到在供應鏈管理中必然要依賴現代信息技術的支持。以下幾種技術經常被應用到供應鏈管理中，並使企業獲益匪淺：

1. 電子數據交換技術（EDI）

電子數據交換（Electronic data interchange，EDI）是一種利用計算機進行商務處理的新方法，是指按照同一規定的一套通用標準格式，將標準的經濟信息，通過通信網絡傳輸，在貿易夥伴的電子計算機系統之間進行數據交換和自動處理。EDI 採用的是消息處理系統的交換原理，即在 EDI 中心為每一個 EDI 用戶開設一個信箱，貿易夥伴在信箱中傳遞信息，它有別於普通的電子郵件。整個信息的傳輸都是自動完成的，無須人的介入，不僅提高了企業之間經濟活動的效率，節省時間，減少差錯，而且節約了費用。

以 Texas Instruments 公司為例，該公司採用了 EDI 技術使得其裝運差錯減少 95%，數據登陸的資源需求減少 70%，實地詢問減少 60%，以及全球採購的循環時間減少 57%。對於中國大多數的連鎖企業來說，EDI 系統的應用使得信息及時地傳送給了製造商，實現信息數據化共享，製造商通過所得信息反應的市場需求變化，相應地調整生產，減少庫存。零售商也能及時地得到製造商的補貨，減少缺貨的現象。整條供應鏈上的企業都能從中獲得利益。

電子數據交換技術的好處可以概括為以下幾點：

（1）降低出錯率，及時提供更精確的信息，縮短訂貨時間；
（2）提高信息可靠性的同時，大大降低了管理成本；
（3）改進貿易夥伴之間的信息交流，增加企業之間的商業機會；
（4）提高用戶滿意度。

2. 條形碼技術

條形碼是將寬度不等的多個黑條和空白，按照一定的編碼規則排列，用以表達一組信息的圖形標示符。條形碼技術在零售業、生產領域得到廣泛的應用，並取得了顯著的經濟效益。在生活中，我們也可以在圖書館的藏書上，超市的商品上看見條形碼。條形碼技術是為實現物品信息的自動掃描錄入而設計的，是一種具體實物的特殊代碼。在整個供應鏈過程中，製造商、經營商、消費者只要掃描物品的相應條形碼，就可以方便快捷地掌握商品信息，共享即時數據。條形碼技術作為自動化的識別技術，方便了信息的收集和交換，企業運用條形碼技術，借助於 POS 技術和 EDI 技術，就可以對產品進行跟蹤，並做出快速、有效的反應。

條形碼技術的優點可以概括為以下幾點：

（1）速度快，即時性強：條形碼的讀取速度很快，是鍵盤輸入的 5 倍，並且能實現即時數據輸入；
（2）準確率高、可靠性強：條形碼的讀取準確率遠遠高於人工讀取的準確率；
（3）成本低：與其他自動化識別技術相比，條碼技術成本很低；
（4）信息量大：二維條碼比一維條碼可採集更多信息，並且具有一定自動糾錯功能；
（5）靈活性強，簡單方便：條形碼易於製作，操作簡單，使用方便靈活。

3. 全球衛星定位系統（GPS）和地理信息系統（GIS）

全球衛星定位系統（Globe Positioning System，簡稱 GPS）是美國從 20 世紀 70 年代開始研製，歷時 20 餘年，耗資 200 億美元，於 1994 年全面建成的，具有海、陸、空全方位即時三維導航與定位能力的新一代衛星導航與定位系統。由於 GPS 具有全天候、高精度、自動化、高效益等顯著優點，因此，自 90 年代以來，它在物流領域得到了廣泛的應用。在供應鏈管理中，GPS 能夠實現對運輸車輛的定位和跟蹤調度，實現了駕駛員和總部之間的即時通信。顧客也能夠通過網絡或者電話瞭解貨物的即時位置，提高了客戶滿意度。

地理信息系統（Geographic Information System，GIS）是 20 世紀 60 年代開始迅速發展起來的地理學研究新成果，是多種學科交叉的產物。它是以地理空間數據為基礎，採用地理模型分析方法，適時地提供多種空間的和動態的地理信息，是一種為地理研究和地理決策服務的計算機系統。GIS 應用到供應鏈管理中，主要是利用其強大的地理數據功能來完善物流分析技術。在供應鏈管理中，運輸車輛路線的選擇、物流網點配置，以及設施定位模型都要用到地理信息系統。

目前零售行業正在大力推行衛星通信技術，總部和各個賣點之間銷售動態可以及時傳遞，總部可以獲得各個賣場的日銷售量信息，也可以進行及時的庫存補充。例如，萬尼迪福爾（VF）服裝公司，其 1996 年的牛仔褲銷售額超過 50 億美元，該公司的目標是使零售商的貨架上始終有合適的式樣和尺碼，不讓顧客空手而歸。這個目標的實現依

賴於它的「市場反應系統 2000」的庫存補充管理系統，它為 VF 的 14 個分部和幾千家客戶零售商服務。VF 的計算機跟蹤貨架上的每一條牛仔褲，當顧客購買了一條牛仔褲後，信息將通過衛星傳送到工廠，幾小時後，就會從工廠再送來一條同樣的牛仔褲。

4. 電子訂貨系統

電子訂貨系統（Electronic Ordering System，EOS）是企業實踐利用通信網絡和終端設備，以在線連接方式進行訂貨作業與訂貨信息交換的體系。EOS 的運作流程：零售商根據銷售情況確定的訂貨單通過在線連接向生產商發出訂單，生產商在匯總、核查訂單的基礎上，向物流配送中心發出送貨訂單，或者向生產單位發出生產，物流配送中心則及時向需求點發送貨物。通過電子訂貨系統，能有效提高訂貨處理效率及數據準確性。

對於零售商來說，EOS 有以下好處：

（1）不但簡單方便，節省人力，而且減少了訂單的出錯率；
（2）降低庫存，提高企業的庫存管理效率；
（3）縮短訂購商品的交貨期，從而降低缺貨率，提高顧客滿意度；
（4）便於管理。

對於供應商來說，EOS 有以下好處：

（1）能夠快速處理訂單，提高服務質量；
（2）減少退貨率；
（3）能夠準確判斷每個商品的銷售情況，利於根據市場需求調整生產計劃，保持適當庫存量。

有效的供應鏈管理可以降低成本，縮短提前期，提高服務水準，最大限度滿足顧客需求，而這些都離不開信息技術，信息技術是供應鏈管理的發展不可缺少的支撐。

第四節　供應鏈的設計

據一項關於美國食品行業的研究估計，由於供應鏈上的夥伴企業之間缺乏有效的合作，每年將損失 300 億美元。許多其他行業的供應鏈，則由於缺乏預期市場需求的能力，一些產品過量，而另一些產品短缺；很多商店都會打折出售那些供過於求的商品，而又有 1/4 的顧客是因為想買的商品缺貨而離開商店。由於供應鏈管理是一個完整的物料流動過程，所以，要求企業管理者必須對供應鏈的設計選擇一種正確的模式，或者對供應鏈進行規範的設計與調整。在這個過程中，存在很多可以增加價值的機會。

一、供應鏈設計

1. 供應鏈戰略

一個企業的供應鏈基本上包含了其所有生產經營的功能和設施，所以供應鏈設計要與企業總的戰略規劃結合起來進行考慮。首先要清楚地知道企業所處的市場環境和企業所生產的產品類型，從而找出針對該產品有效的市場開發供應鏈。根據產品類型的分類，有如下供應鏈戰略與之相對應，如表 8-4 所示：

表 8-4　　　　　　　　　供應鏈戰略與產品類型的對應表

	功能型產品	創新型產品
效率型供應鏈	相匹配	不相匹配
靈敏型供應鏈	不相匹配	相匹配

該矩陣說明了，功能型產品和效率型供應鏈相匹配，而靈敏型供應鏈適用於創新型產品。功能型產品有以下特徵：滿足基本需要，需求穩定，變化不大，易於預測，生命週期長，但是利潤率相對較低，如牙刷、香皂等日用品。相反，創新型產品是滿足消費者特殊需要，需求變化大，高風險高利潤，生命週期較短，如電子產品、時尚用品等，可以快速地反應市場需求的變化和更好地滿足消費者日益變化的需求。

2. 客戶劃分

客戶是供應鏈實現價值的源泉，只有依據客戶所需的服務特性劃分客戶群，才能準確地找到產品市場，實現供應鏈價值。傳統意義上，市場的劃分是基於企業自己的狀態，如行業、產品、分銷渠道等，然後對同一區域的客戶提供相同水準的服務。但是，現在市場競爭越來越激烈，產品壽命越來越短，產品種類越來越多，客戶對產品和服務的要求也越來越高，因此，供應鏈管理中的客戶劃分強調的是根據客戶的狀況和需求，決定企業應提供的服務方式和水準。客戶劃分的方式多種多樣，根據客戶規模，可以將其劃分為大客戶、中等客戶和小客戶；根據時間長短，可以劃分為長期客戶、中期客戶、短期客戶；根據服務方式，劃分為單一型服務和綜合型服務。

3. 全面降低成本

供應鏈中的企業處於分工合作、相互依存的關係，鏈上的企業需建立長期的相互信任的合作關係，實現資源共享，全面降低成本。例如，供應鏈上的企業應盡量使用共同的運輸服務企業和倉庫，增加批量減少成本。

4. 庫存戰略

庫存成本是供應鏈管理中的主要成本來源之一。庫存管理是根據供應和需求規律確定生產和流通過程中經濟合理的物資存儲量的管理工作。庫存管理起到緩衝的作用，使產品均衡通暢，既保證了正常的生產和供應，又能合理壓縮庫存資金，以得到較好的經濟效果。庫存管理有兩種戰略：推動型管理（庫存分配到儲存點）和拉動型管理（補貨）。

5. 延遲差異

延遲差異是指盡可能在接近最終用戶時才使產品差異化，也是提高供應鏈需求滿意度的一個非常典型的策略。因為用戶需求是在不斷變化的，供應鏈需要根據這種變化做出反應。例如，惠普公司在對其打印機供應鏈進行分析後決定改進其產品設計，由原來生產完整的打印機改為生產一種通用的打印機，不包括電源裝置。這種通用的打印機可以適用於任何國家和地區的打印需要，而電源是在最終銷售地的配送中心進行安裝，從而解決了各地電源差異的問題。這樣的調整使得惠普可以對通用打印機進行集中庫存，有利於對需求的預測和庫存的管理，同時，降低了風險，滿足不同地區的需求。

此外，很多企業也會採取渠道組裝的方式延遲產品的差異化。生產商只生產產品的零部件或功能模塊，並不對其進行組裝，而是配送到各個分銷商手中，分銷商再根據市場的

需求完成組裝和發送最終產品。生產電腦的企業（如 IBM、惠普等）經常採用此策略。

  6. 統一的指標體系

供應鏈上的企業應該建立統一的指標體系，並用於評價供應鏈是否滿足客戶要求這一共同的目標。在一條供應鏈上，各個企業扮演著不同的角色，分工合作最終給顧客提供所需產品。每個企業都有自己用來評價工作完成情況的指標體系，生產商有產品的成本、產量指標，銷售商有庫存指標，供應商有價格指標。而為了滿足最終消費者的需求，與產品相關的企業應該共同設定供應鏈的統一指標體系，用來評價如何縮短運轉週期、減小供應鏈庫存、加快資金流動、降低供應鏈總成本、確保按時交貨等。為了建立統一的指標體系，就需要相關企業根據自身情況，對工作流程進行改進或重組，使之適合整個供應鏈流程的要求。

隨著現代社會變化的迅速性，一個企業必須置於供應鏈中，每個單一的企業都是供應鏈的一個節點，只有相互連接才能實現產品價值。現在，人們越來越清楚地認識到供應鏈中產品生產和流通的總成本最終是由產品的設計來決定的。所以，企業必須在產品開發設計的前期就開始考慮供應鏈的設計問題，以獲得最大化的潛在利益。此外，供應鏈的設計是一個動態的過程，快速的市場變化使企業必須不斷地進行過程的修補和更新。

供應鏈設計包括三個層面：戰略層面（管理決策層）、策略層面（統計分析層）、運作層面（基礎操作層）。這三個層面主要區別在於計劃時間的長短，戰略設計是長期性的，時間跨度通常超過一年；策略設計通常時間控制在一年之內；而運作設計屬於短期決策，是每天，甚至每小時都要進行的頻繁決策。

二、供應鏈設計的原則

在供應鏈設計的過程中，應遵循一些基本的原則：

1. 自頂向下和自底向上下相結合的原則

自頂向下是指從全局走向局部，而自底向上是從局部走向整體。在設計供應鏈的過程中，通常是先由高層根據企業自身情況和外部市場需求情況，做出總體戰略決策，然後由各部門實施。各部門也應向上級及時匯報和更新信息。

2. 集優原則

供應鏈上的各個節點應選擇最適合的合作夥伴，減少供應商個數，強強聯手，建立戰略性伙關係。

3. 協調性原則

和諧是描述系統是否形成了充分發展系統成員和子系統的能動性、創造性及系統與環境的總體協調性。供應鏈合作夥伴關係是否和諧決定這供應鏈業績的好壞。

4. 動態性原則

基於市場需求的不確定性，供應鏈管理應當具備動態性。在不同的時間、地點和環境下，採用不同的方式。

5. 創新型原則

進行創新設計應注意以下四點：①創新必須在企業總體目標和戰略目標的指導下進行，與戰略目標保持一致；②要從市場需求的角度出發，綜合運用企業的能力和優勢；

③發揮企業各類人員的創造性，並與其他企業共同協作，發揮供應鏈整體優勢；④建立科學的供應鏈和項目評價及組織管理系統，進行技術經濟分析和可行性論證。

6. 戰略性原則

供應鏈的設計應與企業的戰略規劃保持一致。

三、供應鏈績效評價

供應鏈績效評價是指對供應鏈的運行狀況進行必要的度量，並根據度量結果對供應鏈的運行績效進行評價，針對所出現的問題提出改進方案，不斷提高績效水準。通過供應鏈績效評價，企業可以瞭解到整個供應鏈的運行效果，發現供應鏈運行方面的不足，及時採取措施予以糾正。基於對供應鏈上各個成員企業的評價，實行優獎劣罰，可起到對企業的激勵作用，同時，促進了節點企業間的合作。

1. 供應鏈運作參考模型

供應鏈運作參考模型（Supply Chain Operation Reference Model，簡稱 SCOR）是由供應鏈協會在總結眾多《財富》500 強企業的供應鏈管理實踐和經驗教訓的基礎上提出的，是唯一的供應鏈管理的國際標準，也是目前影響最大、應用面最廣的參考模型。

SCOR 將供應鏈流程體系概括為五個基本流程：計劃、採購、生產、發運和退貨，並將這五個基本流程逐層分解下去，採用流程參考模式，通過對公司目標和流程現狀的分析，量化作業績效，對照進行評價，不斷改善流程。在此基礎上，按照 5 種屬性（可靠性、回應性、柔性、成本、資產利用）確定出 12 種績效度量指標，如表 8-5 所示。

表 8-5　　　　　　　　　　　供應鏈績效指標

績效屬性	績效度量指標
可靠性	及時交貨率
	合同履行率
	完美訂單履行率
回應性	供應鏈回應時間
	訂單履行週期
柔性	生產能力柔性
成本	產品製造成本
	供應鏈管理成本
	產品保修成本率
	附加價值生產率
資產利用	現金週轉期
	庫存週轉率

2. 供應鏈績效評價原則

為了建立能有效評價供應鏈績效的指標體系，在評價供應鏈的績效時應遵循如下原則：

（1）突出重點，對關鍵績效指標進行重點分析，把重點放在這個供應鏈的突出問題上。

（2）所設計的評價指標要能反應供應鏈的整體營運情況，而不是單個節點企業的營運情況。

（3）應盡可能採用即時分析與評價的方法，針對問題及時採取措施。

本章小結

隨著市場競爭的加劇，經濟全球化、信息技術的迅猛發展，企業之間的競爭已經演變成了供應鏈與供應鏈之間的競爭，供應鏈管理正在成為企業競爭優勢的重要來源。本章介紹了供應鏈和供應鏈管理的相關概念，供應鏈環境下的採購管理和分銷管理，強調了信息技術的應用，並簡要說明了供應鏈的設計。

復習思考題及參考答案

1. 供應鏈的概念是什麼？

答：供應鏈是指圍繞核心企業，通過對信息流、物流、資金流的控制，從採購原材料開始，制成中間產品及最終產品，最後由銷售網絡把產品送到消費者手中，它是將供應商、製造商、分銷商、零售商，直到最終用戶連成一個整體的功能網鏈模式。

2. 什麼是牛鞭效應？

答：如果供應鏈上的每個企業都只根據相鄰企業的需求信息確定自己的採購和庫存計劃，需求的變化就會沿著信息流方向逐級放大。每個環節偏差累積的結果將導致處於供應鏈源頭的供應商得到的需求信息與市場實際需求信息之間出現較大的出入。這種沿著需求信息的流向，在供應鏈的各階段產生的需求變化就會被逐級放大，這種現象就是「牛鞭效應」。

3. 採購的基本程序是什麼？

答：（1）發現需求；

（2）確定可能的供應商並加以分析，合理選擇；

（3）下訂單；

（4）訂單跟蹤；

（5）貨到驗收；

（6）支付貨款；

（7）信息記錄。

4. 電子商務對供應鏈的影響有哪些？

答：（1）電子商務促進企業之間的合作：供應鏈上的企業通過電子商務這個平臺快速地實現了信息流、資金流和物流的全方位管理和控制，並且建立了企業和客戶之間無縫集成的業務流程，完善了企業的信息管理；

（2）電子商務改變了傳統的經營方式：隨著全球經濟一體化的發展趨勢，供應鏈系統正向著全球化、信息化、一體化的方向發展，電子商務幫助企業實現了

從傳統經營方式向互聯網時代的經營方式的轉變；

（3）電子商務幫助企業拓展市場：電子商務減少了中間環節，使得生產者和消費者之間有直接交易的可能性。

5. 供應鏈設計需要遵循的基本原則有哪些？

答：（1）自頂向下和自底向上相結合的原則；

（2）集優原則；

（3）協調性原則；

（4）動態性原則；

（5）創新型原則；

（6）戰略性原則。

參考文獻

[1] 張杰. 營運管理 [M]. 北京：對外經濟貿易大學出版社. 2007：181-206.

[2] 範體軍，李淑霞，常香雲. 營運管理 [M]. 北京：化學工業出版社. 2008：159-178.

[3] 馬風才. 營運管理 [M]. 北京：機械工業出版社. 2007：284-301.

[4] 方愛華，張光明. 生產與營運管理 [M]. 武漢：武漢大學出版社. 2005：125-150.

第九章

準時制生產

學習目標

1. 瞭解準時制生產的概念、目的、特徵、實現要素
2. 掌握 JIT 中的七大浪費及其對策
3. 掌握看板管理的基本原理和使用過程
4. 熟悉精益生產方式的管理理念
5. 能夠區分精益生產方式與大量生產方式之間的差異

引導案例

上海通用汽車的精益生產

「柔性化共線生產、精益製造技術」是人們在談到上海通用先進的生產方式時經常提及的一點，但很少有人能真正明白什麼是柔性化，什麼是精益生產。實際上，柔性化與精益生產不僅僅是上海通用生產製造的一個環節，更是從採購到銷售整個企業流程運作的基本理念。作為一條柔性化精益製造的生產線，它僅僅是整個 GMS（General Manufacture System，通用製造體系的簡稱）系統中一個具體的工藝流程罷了。假如把 GMS 看作是一架高速運轉的機器的話，那麼「標準化、縮短製造週期、質量是製造出來的、持續改進、員工參與」則是保證這部機器運轉良好的最重要的五個環節。實際上 GMS 就是以這五條作為其構成的最基本的原則，而這五條原則又是循序漸進，互為補充，互相促進，最終達到良性循環的效果。

(1) 萬事有道：標準化

應該說，標準化是整個 GMS 系統最基本的要素，這很好理解，作為一項現代化精益生產方式，最重要的是要確立標準和規範，只有在確立標準的基礎上才能實現大規模的精益生產。標準化是現代工業開端的標誌。同時標準化所設定的基準又是持續改進的基礎，同時他能支持最佳的操作方法，更有助於解決問題。看似簡單的標準化實際上包含著眾多方面，諸如工作場地布置標準化、定額工時管理的標準化、標準化的作業流程以及簡單明了的視覺標記的運用和管理。

(2) 人人有責：製造質量

在 GMS 系統裡有一條頗為奇怪的原則：質量是製造出來的，而不是檢驗出來的。這條原則似乎有悖於常規的質量檢驗原則，實際上，在仔細研究了整個產品的生產流程之後，發現這是一條真理。它的本質在於把質量觀念置於整個產品生產製造環節，而非僅僅是最後的一道檢驗的環節，它的意義在於不同環節、不同流程階段的工作中心都要樹立質量的觀念（基礎是要有質量的標準化）。

(3) 永恆目標：縮短週期

縮短製造週期最能體現物流和一體化管理的概念。製造週期是指 OTD（Order To Deliver）從接受客戶訂單直至收到貨款的全過程。縮短製造週期對企業有著非常重要的意義，首先交貨期的縮短，會獲得用戶的滿意，同時客戶反饋的過程加快，利於產品的改進，質量的提高。同時根據訂單，可以避免過量生產，減少流動資金的占用。

(4) 修正坐標：持續改進

持續改進是以標準化的實施為前提的，每一個點滴的小改進都是進一步提升的基礎。持續改進的一個重要步驟就是全員的生產維修，設備維修的方式是自主保養加預防性維修加搶修。

(5) 以人為本：員工參與

企業中最重要、最核心的要素就是人。上海通用提倡員工參與的觀念，不斷地激勵員工，同時下放職權，給員工以充分的參與、創造的空間。提倡員工參與，即激勵個人的能動性，更提倡團隊方式參與到工作目標的實現上。

柔性理念也體現在對員工培訓上，其目的是通過多方位的培訓，使員工能勝任不同的崗位，為所有的員工提供更多的發展計劃和機會。所謂「一人多崗，一崗多能」也是源自豐田生產理念。「一人多崗，一崗多能」的培訓也最終為一個生產線上不同車型的共線生產打下了基礎，同樣也可以使員工避免產生枯燥呆板的情緒，在不同的工作環境和崗位撞擊出更多的火花。

資料來源：範體軍，李淑霞，常香雲. 營運管理 [M]. 北京：化學工業出版社，2008.

第一節 準時制生產的概述

一、準時制生產的概念

準時制生產是由日本豐田企業在 20 世紀 60 年代創立的一種先進的生產管理制度。

第二次世界大戰後，日本企業家發現美國工人的生產率是日本工人的9倍，豐田公司立志要在3年之內趕上美國汽車製造企業，但是對於美國企業所採用的大量生產方式並不適合於日本企業。在經過不斷探索和變革的過程後，豐田汽車公司找到了一條適合本國國情的豐田生產系統，即準時制生產系統。到了20世紀70年代初期，這種新的生產管理方式開始被很多日本企業所推崇。而到70年代中期以後，眾多的西方企業界人士和管理學家也逐漸地關注準時制生產方式，認為這一生產管理方式正是日本企業成功的秘訣。簡單來說，準時制生產就是將必要的原材料和零部件，以必要的數量和質量，在必要的時間送往必要的地點。準時制生產與均衡生產有密切的聯繫，但是它們又有本質上的區別，屬於兩個不同的概念。因為均衡生產的重點是產品生產量在時間上的均衡分佈，而準時制生產追求的是經濟效益最大化，不僅強調準時，並且注重準量。

準時制生產（Just-in-time，簡稱JIT）是一種不同於物料需求計劃的生產方式。物流需求計劃（MRP）是推動式系統，而準時制生產是拉動式系統。準時生產系統的應用可以使企業的庫存減至最小，因此，也稱為無庫存生產方式或者零庫存生產方式。這一生產方式極大地提高了生產率，降低了成本，從而增加了企業的經濟效益和增強了企業的競爭力。

二、準時制生產的目的

企業生存和發展的基礎在於創造企業的利潤，經營企業最主要的目的還是為了贏利，追求最大化的利潤。因為企業要依靠所獲得的利潤來改善員工的生活，維持企業的發展，承擔起稅收和社會責任，才能更好地回報社會。產品的價格被認為是由生產產品所需投入的成本和廠家可獲得的利潤兩部分組成的。因此，企業要獲得更多的利潤，可以通過提高產品銷售價格或者是通過降低所投入的成本兩個途徑來實現。產品的價格是由市場決定的，如果企業隨意抬高價格，就會降低消費者的購買意願，即通過提高產品銷售價格這一途徑並不能給企業帶來真正的利潤。在不增加銷售價格的前提下，企業為了保住利潤，就必須盡可能地降低生產成本。

為了降低成本，準時制生產要求在盡可能短的時間內，以盡可能最佳的方式，使用最小數量的資源，向顧客提供所需要的產品或服務，靠不斷地消除浪費來實現生產系統的效率最大化。產品的生命週期是由增值活動時間和不增值活動時間組成，而JIT的一個基本思想就是消除浪費即不增值的生產活動，從而增加產品生產週期中的增值活動的比重。

在JIT的理念中，增值活動是指為了增加產品價值所必須進行的活動，顧客願意花錢購買的部分，除此之外的活動都視為是浪費。在產品生產線上，人們認為存在著七種浪費：等待浪費、搬運浪費、庫存浪費、不良品浪費、加工浪費、過量生產浪費、動作浪費。下面將對這七種浪費進行說明，並提出相應對策。

1. 七種浪費

（1）等待浪費

由於原材料供應的中斷、原材料品質不良、生產工序之間作業不平衡、生產計劃安排不當等原因，會造成員工無事可做，等待開展工作的現象。等待最常見的兩種情形是

待工和待料。通常情況下，物料的供應不足會造成待料現象，使得員工沒有充足的生產資料可供加工。而從整條生產流水線上來看，工序之間的勞動能力不均也會使得生產線不能平衡運行。例如，在一條生產流水線上，上流工序的生產能力不足將導致向下流工序提供的物料延誤，造成待料現象。員工待料不僅浪費人力和時間，也使機器處於閒置狀態，造成整條生產流水線出現中斷。即使在物料供應充足的情況下，機器設備發生故障也會造成員工待工，等待機器恢復後生產。除此之外，產品質量問題、型號之間的切換都會造成生產停滯。因此，在JIT的理念中，等待就是一種浪費，它不是產品的加工過程，也不會為產品創造價值。

（2）搬運浪費

在搬運的過程中，不合理的車間布置使得搬運路線過長，中轉環節過多引起不必要、無價值的反覆移動，這些都會產生一些非增值行為，如堆積、移動、整理等動作。很多企業管理者認為搬運不是一種浪費，是必要的，不需要消除。但是搬運不僅使得物品的移動需要占用空間和場地，而且搬運浪費了人力資源和時間，占用了搬運設備，最終增加了成本。有些企業也意識到搬運所帶來的浪費，於是採用了輸送帶的方式來減少搬運中所消耗的人力和時間，但是這種方式並不能從根本上消除浪費，而是將其隱藏起來了。準時制生產提倡的是減少零件的搬運次數，同時控制搬運量，因為搬運本身就是一種非增值活動。如果零部件的搬運次數有效地減少了，運送量也減少了，就能夠減少裝配中可能出現的問題，也可以節約裝配的時間。

（3）庫存浪費

管理者為了自身的工作方便或者為了滿足一次性大訂單的需求，而不結合生產計劃而導致局部大批量的庫存。通常人們認為庫存可以起到很好的調節作用，保持一定量的原材料可以保證生產的運行，保持一定量的成品可以隨時滿足客戶需求，提高客戶服務水準。但是JIT把庫存視為萬惡之源，因為它不僅占用了大量的資金，使得資金不能充分，而且原材料或半成品、成品的儲存需要租賃或者修建倉庫，這些都屬於不增值活動。除了資金上的極大浪費，企業還有可能面臨很多被庫存掩蓋了的管理上的問題。例如，如果出現設備故障會造成停機、停線，在沒有庫存的情況下，設備上的管理問題就很容易被發現，可以及時得到改進。但是如果有庫存，設備故障所造成的停機、停線問題就會被掩蓋，問題得不到及時解決。

（4）不良品浪費

產品的生產無標準確認，或者有標準確認但由於管理不善，未對照標準作業而產出不合格產品。在傳統的生產中，人們認為不合格產品的出現是可以理解的。但是JIT認為任何不良品的出現都是一種浪費，企業不管怎樣處理次品都不可避免使企業遭受人力和物力上的損失。不管是對不良品進行修復，還是降價處理殘次品都需要企業付出額外的代價，甚至可能引起出貨的延遲，使企業信譽受損。因此，JIT要求整個生產流程中的每個環節產品，都需要工作人員進行100%的檢查，及時採取措施來預防可能出現的質量問題，保證送達到下一道工序的產品都是100%的合格品，使每個工序都達到最佳工作狀態。雖然在實際的生產過程中，永遠不可能達到零次品的要求，但是豐田汽車公司通過不斷地改進，努力地實現無限接近於這個極限。

（5）加工浪費

加工的浪費在這裡是指過分加工的浪費。一般來說，產品的加工精度每提高一級，企業就要投入數倍甚至更多的費用。因此，在產品的生產製造過程中，有一些不必要的加工程序是可以省略、替代和重合的。如果做不必要的多餘加工，對於一個企業來說，無疑是一種浪費。加工上的浪費通常有以下情況：不必要的加工，過高的精度，過大的加工量。而這些加工不僅造成了人工損失，材料的損失和能源的消耗等容易覺察的浪費，還存在一些不容易發現的浪費，如機器設備的磨損和管理工作量的增加等。

（6）過量生產、過早生產浪費

有些管理者會認為提前時間進行生產和多生產一些半成品或成品有利於企業提高生產效率、減少產能的損失和平衡各工序之間生產能力的差異，但是過量、過早的生產意味著要提前用掉資金，又不能馬上為企業創造利潤，屬於一種資金占用的情況。和庫存浪費相似，過量、過早生產會隱藏許多管理不善的問題。而且這種生產方式存在著在製品的擠壓問題，產品的製作時間被無形地拉長了，也增加了貶值的風險。過量生產和過早生產的浪費和搬運浪費也存在著一定的關聯，它增加了搬運的路程、數量和次數。因此，準時制生產提倡的是「適時、適量、適品」的生產方式，只需要上一道工序能在下一道工序需要之前的短時間內提供物品就可以了，從而避免過早、過量生產所造成的浪費。

（7）動作浪費

通常將任何對生產不增值的人員或者機器的動作都認為是動作的浪費。動作的浪費普遍存在於企業製造過程中，如工人需要彎腰去撿生產材料，左右手需要交換著完成工作等。這些動作的浪費不容易被人們注意到。即使意識到這點，很多企業也會不願意改善，認為這只是一些小事。但是這些動作可能會讓員工感到不順手，動作不順暢，極大影響工作效率，也會消耗員工不必要的體力。而有些不順手的動作其實只需要稍加改動，就可以讓工作變得更加容易，更輕鬆。JIT通過刪除或者改變動作，使操作簡便有效，從而提高工作效率，減少工人的疲勞感。

消除以上這些浪費可以從根本上提高效率，降低成本，而準時制生產的基本點就是全面消除浪費。從某種程度上說，有些浪費甚至會產生一些連鎖的效應，如不良品浪費。如果在一個環節上出現了浪費，可能會在其他的環節上造成更大的浪費；相反，如果運用準時制生產的方式，也會因為某一環節消除了浪費，而在其他的相關環節上得到更大的節約效應。在瞭解了七種浪費以後，人們最關心的問題是怎麼有效地消除這些浪費。

2. 消除七大浪費的對策

（1）等待浪費的對策

造成員工無事可做，等待工作的原因多種多樣，如作業不均衡、計劃安排失誤、在製品品質不良，機械設備故障。而對於這些等待浪費的原因，其實有很多都可以通過合理的管理，周密的計劃進行調節，減少甚至避免浪費的生成。以作業不均衡為例，上下相鄰的兩個工序作業的速度不一定相同，如果上一道工序較下一道工序複雜，那麼生產能力的差異將使得下一道工序的員工不得不等待前面的員工完成作業後再進行加工生

產。但是管理人員如果進行認真的觀察和計算以後，注意到這一問題，合理地分配人員，就可以很大程度上避免這種等待的浪費，實現生產過程同步化。而當製造部在生產過程機器出現故障，技術部也應該採取相應措施最快速地恢復機器，而不需要操作機器的員工長時間等待機器的維修。

(2) 搬運浪費的對策

以日本三洋大型課為例，其為了減少搬運的浪費，將原本的四個車間合併成了兩個車間，搬運的次數自然也隨之減少。在生產過程中，一些零部件被送到指定的地方加工，然後再送回生產線的情況在企業中大量存在著。在這一送一回的過程中，其實已經產生了本來可以消除的搬運浪費。而日本三洋大型課是將一些原來在別處加工的零部件，變成在生產線旁對其進行加工，從而減少搬運。當然有些搬運是必需的，不可能完全消除，這種情況下，企業的管理者應重新調整生產佈局，盡量減少搬運的距離。「U」型的工作設計佈局是準時制生產方式中大量採用的佈局方式，其解決了傳統生產系統設備佈局不合理的問題。這種根據不同的製造單元，採用「U」型布置可以大幅度地縮短操作人員的移動距離，消除了長距離搬運的浪費，也便於員工進行交叉作業。

(3) 庫存浪費的對策

JIT 進行的幾乎所有的改善工作都直接地或間接地和消滅庫存有聯繫。庫存的浪費會引起資金的占用、倉庫的占用、搬運的浪費、庫存管理等一系列浪費。而庫存存在的最大理由就是「保障」，比如部分機器設備出現故障，而引起一系列工作都沒法開展，整個生產線斷裂，這時的庫存似乎看起來很重要，可以降低風險的影響程度。但是庫存的存在就是一種浪費，並且減緩了企業的運轉速度，拉長了生產週期。準時制生產提倡的是「零庫存」，但是這個「零」並不是完全沒有的意思，而是要將庫存盡量減少到最低。對於企業已存在的庫存，就要想一切方法，使之降低，努力實現零庫存。

(4) 不良品浪費的對策

不良品的浪費不僅是某一個環節的浪費，某一個零部件或產品本身的浪費，而且會影響著整個產品生產系統，給企業造成很大的損失。如果因為缺乏有效地檢查控制，上一環節的不良品流入下一環節，並對其進行了加工生產，就會造成反覆的浪費。而這一不良品流入市場，到了消費者手中，售後服務工作會被加重，企業又會承擔修理、退還或者賠償的費用。對於不良品的浪費，企業應該在生產的源頭就予以杜絕，更不允許不合格產品流入下一工序。對於 JIT 推行的「零廢品率」，人們通常認為太極端。但是如果出現一個不良品，就意味著企業少一個零件，也許可能會影響一批產品的出廠。不能100%地保證生產的質量，就不得不加大生產批量，這與準時制生產相違背。

(5) 加工浪費的對策

以日本三洋家用空調機的生產線為例，原來的熱交換器組裝流水線的過程是，首先一個員工把穿完管的熱交換器進行裝箱，然後用手推車運送到漲管設備旁，然後由第二名員工操作設備漲管，最後再由第三名員工把漲完管後的熱交搬運到另一條懸臂運輸線上。整個過程需要三名員工完成。經過革新後，他們把熱交組裝線的傳送帶延伸到漲管設備旁，就可減少一名運輸工人。今後還準備把漲管設備遷移到懸臂線旁，由漲管工人直接把熱交送到懸掛臂上，又可以節省一名搬運工人。最後的這個過程只需要一名員工

就可以完成。從這個例子可以看出，在實際的生產過程中，存在著一些可以消除的加工浪費。只要通過細心地觀察，認真地思考加以改革，就可以使複雜的程序簡單化。

（6）過量生產、過早生產浪費的對策

準時制生產就是將必要的原材料和零部件，以必要的數量和質量，在必要的時間送往必要的地點。這裡的4個「必要」和「過量生產、過早生產」是相矛盾的。早在20世紀50年代，豐田汽車公司原社長豐田喜一郎就有過這樣的構想：「像汽車生產這種綜合工業，最好把每個必要的零部件非常及時地集中到裝配線上，工人每天只做必要的數量。」過量生產和過早生產，在豐田汽車公司被視為最大的浪費。造成過量生產和過早生產有可能是因為企業存在閒置的人力和物力，也有可能是企業為了保證流程不中斷而採取的辦法。但是過量、過早生產並不是解決流程中斷的好方法，相反會引出企業更多的問題。企業只有對人力和物力進行合理安排，使企業所擁有的資源實現最大化的利用，才能實現利潤最大化。

（7）動作浪費的對策

為了達到作業的目的，員工會進行很多不同的動作，而其中有些動作是不必要的或者是需要改進的。車間的管理者應當通過每天對每個員工的工作行為進行觀察，以降低員工勞動強度和工作量為出發點，減少或改善動作的浪費，優化和提升員工的工作。例如，員工在生產中需要運用的各種工具，可以放置在員工伸手就可以拿到的地方，減少體力的消耗；工作臺也應該以員工為出發點來設計，使工作環境更加人性化。以下有幾種可加以改善的方面：①減少不必要的動作；②縮短距離。弧形的工作臺可以很大程度上縮短距離，零部件放在隨手可拿的位置；③盡量使員工雙手同時工作，雙手工作的效率遠遠高於單手工作的效率。除此之外，企業給員工提供輕鬆、舒適的工作環境，員工以快樂的心態，舒服的姿勢工作也會減少動作上的浪費，提高工作的效率。

準時制生產所推行的各種改進活動都是為了消除浪費，而消除浪費需要的是持之以恒，不斷地進行，而不是一步實現。企業只有認識到存在的浪費，並且合理地進行改善，使企業資源實現最優化的利用，才能提高生產系統的效率，實現績效最大化。

三、準時制生產的特徵

JIT是一種新型的綜合生產管理思想，其出發點就是要不斷地消滅浪費，進行持之以恒地改進，本質上是一種以節約時間和提高市場回應速度為中心的生產方式。準時制生產之所以成功，首先在於其大膽地打破了傳統管理觀念的束縛。那麼與傳統的生產系統相比，準時制生產系統有哪些特徵呢？

1. 平穩化生產

平穩化生產是實現「以適時、適量」為重點的準時制生產的前提條件。平穩化生產，是指在物料從公司的供應商到顧客的整個流動過程中，除了維持生產過程的最低需要外不應有延誤（積壓）和中斷，要保持生產率等於或者接近需求比率。平穩化生產降低了庫存水準，同時減少了倉庫需求和資金的占用，達到減少浪費的目的。員工也更加容易實現數量操作，利於其生產效率的提高。對生產率需要等於或者接近需求率這一要求，提高了系統的柔性，能夠更快地回應市場，從而提高顧客滿意度。

有了計劃，生產才能有明確的目標和具體的操作步驟，而平穩化生產的實現需要生產計劃的平穩化。生產的目標，即企業需要生產的數量，是根據市場的需求量來決定的。好的信息系統有利於企業更好地制訂生產計劃，並且需要根據需求的變化而隨時更新信息，調整生產。

2. 牽引式生產系統

牽引式生產系統最初的提出是源於日本的大野耐一從超市得到的啟示。在超級市場裡，顧客能夠在需要的時間只按照需要的數量購買需要的物品。當商品一旦被顧客買走後，超市的銷售人員就會及時地補充貨架。如果將這一理念用於產品的生產系統，就能大大減少原材料和在製品的庫存，節約了成本，提高了勞動生產率。

牽引式生產系統是指，在加工裝配式生產中，從市場需求出發，由市場需求信息牽動產品裝配，再由產品裝配牽動零件加工，將物流和信息流結合在一起的生產系統。從定義我們可以看出，牽引式生產系統不同於傳統的「推動式」機制的生產系統，它是「拉動式」機制，是以市場和客戶為出發點進行生產的。在整個過程中，後一道工序的作業員工按照生產的需要，在必要的時候向前一道工序領取在製品。從最後一個生產環節開始，逐步向前一個環節，上一道工序提出生產要求，發出工作指令，使每個生產環節都連鎖地同步運行起來。牽引式生產系統中，物流與信息流的方向是相反的，這樣很好地保證了計劃生產的數量正好對應於實際生產的數量。

3. 單元式的生產系統布置和快速裝換調整

在 JIT 中，對生產人員和現場設備的安排上，大量採用的是單元式布置形式，而單元式布置通常採用「U」型布置。「U」型的布置可以使每個員工實現同時負責操作多臺機器，不但可以節省人工成本，也使整條生產線更具彈性。在 JIT 中，生產系統的布置是以產品為中心設置製造單元的，每一個製造單元內配備了生產一種產品或者一類產品的全部機器設備。這樣大大減少了加工零部件的處理成本，也降低了產品加工需要的運送次數，只需在不同製造單元之間安排少量工人進行運送。

特別對於多品種、小批量的產品生產，需要頻繁地裝換調整。如果裝換調整所用的時間不能大量縮短，就會出現等待浪費，而頻繁地領取在製品也必然會增加運送的作業量和運送成本。設備和在製品的合理放置，採用「U」型布置工作臺就可以大大簡化運送作業，使單位時間內的零部件和在製品的運送次數增加，從而滿足準時制生產節約時間的要求。JIT 的實踐表明，至少 50%的作業轉換時間是採用管理方式實現的，而不是技術方式。例如，豐田汽車公司發明並採用了 SMED 設備快速裝換調整方法，這一方法使得豐田公司的所有大中型設備的裝換調整時間控制在 10 分鐘內完成，以達到小批量、多品種產品的均衡化生產。

4. 小批量生產

準時制生產中的小批量生產有幾方面涵義：小批量加工、小批量採購、小批量運送。因為大批量生產會導致過高的庫存，占用較大的存放場地，並且搬運時間被拉長，生產提前期增加。而準時制生產就是要消除這些浪費，降低成本，從而採用小批量生產的方式來提高生產系統的柔性。小批量生產不僅減少了庫存場地的占用和資金的使用，也降低了搬運成本，縮短了提前期。在準時制生產的採購方式上，相比傳統採購方式最

大的不同之處在於採用的是小批量的採購，甚至希望實現單件生產。通常企業生產所需的材料數量是不確定的，或者是不能精確計算的，小批量採購可以有效避免庫存的增加。小批量生產會帶來裝換調整的次數增加和生產頻率增加，但是前面所提到的合理生產系統布置和快速的裝備調整能有效地解決這一問題。

5. 資源配置柔性化

除了生產所需的零部件和在製品外，員工和設備也是生產線上關鍵的要素。為了實現柔性化的資源配置，企業管理者需要採用最合理的方式培養員工和調配機器設備。

在準時制生產系統中，員工趨向於被培養成多技能型員工，即那些能夠操作多種機床的生產作業人員，又稱為多面手。JIT中的多技能員工培養是基於兩方面原因考慮：一方面，採用「一人多機」的工作方式能大大提高工作效率，可以達到「一人一機」工作方式效率的2~3倍；另一方面，準時制生產是以產品為中心組織生產和設置製造單元的，而區別於傳統生產系統是以功能為中心組織生產的。在準時制生產系統中，多技能員工和單元式設備布置是緊密聯繫在一起的。由於多種設備被組合在了一起，這就要求製造單元內的作業人員掌握多種不同機床的操作技術，會使用多種不同的機器設備，同時負責多道工序的完成工作。

在生產車間裡，除了合理地擺放機器設備，保持機器設備總是處於最佳狀態外，達到最好的使用效率也是很重要的。JIT系統注重機器設備的維護和保養，通常不會在滿負荷狀態下運行設備，設備的維護和保養既延長了設備的使用壽命，又提高了生產效率。

6. 全面的質量控制

全面的質量控制是準時制生產系統的必要條件之一，因為每個環節出現的不良品都會擾亂和中斷整個生產過程，導致企業遭受損失。為了實現全面的質量控制，要求在生產系統的每一道工序上都要確保產品的質量，而不是通過檢驗來確保質量。在傳統的生產系統中，質量控制通常是在產品成品後檢驗的，而準時制生產系統要求生產的每個環節都要有質量保證。同時，全面的質量控制不是僅通過企業的質量檢驗部門來實現，而是企業的全體員工共同參與。它要求所有的員工都要對自己工作完成質量情況負責，在生產加工的操作中進行連續的自我質量監控，發現問題及時解決和糾正。只有當員工對自己工作質量完成負責時，才能保證生產系統中的產品具有很高的質量水準，確保準時制生產很好地運行。

四、準時制生產的實現要素

通過對準時制生產的特徵瞭解，可以得出，準時制生產的實現是基於以下五個方面的實現：

（1）全面的質量控制；

（2）適時適量生產的實現；

（3）作業人員和機器設備柔性化的配置；

（4）準時採購的實現；

（5）與供應商建立長期友好的合作關係。

這五方面的內容是相輔相成的，其中每一項內容的實現都會改善其他方面的內容。

如果企業與供應商建立了長期友好的合作關係，就能更好地保證物料的準時供應，有利於實現準時採購。建立了長期的供求關係，可以很好地解決供貨質量問題，甚至可以取消貨物檢查工序。

第二節　準時制生產方式的實現手段——看板管理

一、看板管理概述

看板管理是為了達到準時制生產方式控制現場生產流程，傳遞生產計劃和控制信息的一種工具。看板的形式多種多樣，可以是一張用紙製作的卡片，也可以是信號燈或者小旗之類的信號。不管選擇哪種形式的看板，都為了起到相同的作用：用來控制生產系統中的物料流動和生產。JIT是一種拉動式的管理方式，信息是從最後一道工序逐一向上一道工序進行傳遞的，因此，如果沒有看板這一傳遞信息的載體，JIT也就無法進行。

一般來說，看板上的信息包括：品名、製造編號、物料箱容量、移往地點、零件描述等。看板類別一般分為兩種：生產看板和傳送看板。生產看板用於指揮工作地的生產，規定了各工序應該生產的零部件或在製品的種類及其數量。傳送看板用於指揮零部件或者在製品在前後兩道工序之間傳送活動，適時適量地將物料箱內的在製品傳送到後一道工序。一般物料箱所規定的零部件數量是固定的，作業工人只要清點物料箱就可以知道零部件的數目，不需要再對零部件進行清點，減少工作量。

二、看板管理的基本原理

看板管理的理論依據是：工廠生產的目的是為了滿足客戶的需要，沒有需要就沒有生產的必要。看板管理的發明是受再訂貨庫存管理系統的啟示，因此，看板系統和再訂貨庫存系統有很多相似的地方，但是在應用上存在著差異。對於庫存，再訂貨庫存系統試圖實行一個長久的庫存政策，而看板系統則是鼓勵不斷降低庫存水準。

在這種系統中，生產是被需求驅動的，而不是被生產能力驅動，市場需求多少，企業生產多少。看板的管理過程可簡述為：首先根據需求制訂總體生產計劃，總體生產計劃一旦確定後，就會向生產車間下達生產指令，然後每一個生產車間又要向其前一個工序下達生產指令，最後再向採購部門、倉庫管理部門下達相應的指令。在JIT的整個生產系統中，所有的活動都是由看板來進行控制的，看板是一種能夠調節和控制在必要時間生產出必要數量產品的管理手段。看板管理中，生產看板和傳送看板控制著物料移動和授權生產，而加工和傳送的批量則是由標準容器（物料箱）進行控制的。

三、看板管理的使用過程

看板分為生產看板和傳送看板兩種，以下分別對這兩種看板的使用過程進行闡述：
傳送看板的使用過程：
1. 放置零件的物料箱從前一道工序的出口存放處運送到後一道工序的入口存放處

時，傳送看板就附在物料箱上。

2. 後一道工序開始使用其入口存放處容器中的零件時，傳送看板就被取下，放在看板盒中。

3. 後一道工序需要補充零件時，傳送看板就被送到前一道工序的出口存放處的相應的容器上，同時將該容器上的生產看板取下，放到生產看板盒中。

生產看板的使用過程：

（1）需方工作地傳來的傳送看板與供方工作地出口存放處容器上的生產看板對上號時，生產看板就被取下，放入生產看板盒中。

（2）該容器（裝滿零件）連同傳送看板一起被送到需方工作地的入口存放處。

（3）工人按順序從生產看板盒內取走生產看板，並按生產看板的規定，從該工作地的入口存放處取出要加工的零件，加工完規定的數量之後，將生產看板掛到容器上。

可以看出，傳送看板只是在前一道工序的出口存放處與後一道工序的入口存放處之間往返運動，而生產看板只是在生產工作地和其出口存放處之間往返運動。

在使用看板的整個過程中，員工應該遵守一定的原則，以下有六個方面值得注意：

（1）各工序沒有看板不能進行生產，也不能運送。看板所標示的只是必要的量，根據看板進行作業可以有效地防止過量生產和運送。當然，看板數量的增減，生產量也應隨之增加或減少。

（2）看板必須和實物一起存放。一個物料箱對應一個看板。

（3）看板只能來自後工序。準時制生產方式是拉動式的管理方式，信息流只能是從最後一個工序向前傳遞。

（4）前工序只能生產取走的看板所對應的部分。後工序向前工序傳遞看板，意味著後工序正需要向前工序領取必要零部件的數量。前工序就應該只生產取走的部分，只需要向後工序補充必要數量的零部件。

（5）前工序的生產應按照收到看板的先後順序進行。看板的先後順序反應了需求的先後順序，應該按照順序生產，以更好地滿足需求。

（6）杜絕不良品流通。前一道工序生產出來的不良品不能交給後一道工序，如果後一道工序發現不良品必須立刻停止生產，將次品返回前一道工序。

四、看板的作用及看板數量的計算

1. 看板的作用

日本築波大學的門田安弘教授曾指出：「豐田生產方式是一個完整的生產技術綜合體，而看板管理僅僅是實現準時制生產的工具之一。把看板管理等同於豐田生產方式是一種非常錯誤的認識。」雖然準時制生產方式不能等同於看板方式，但是人們不得不承認看板管理是準時制生產方式中最獨特的部分。

看板管理作為準時制生產方式的一種實現手段，那麼，它在整個生產過程中有哪些功能呢？看板的功能可以歸納為以下幾方面：

（1）看板是生產以及運送的工作指令

看板提供生產信息，便於作業工人合理地控制生產活動，防止浪費的產生，同時，

看板也提供取貨和移動信息。

（2）看板可以有效防止過量生產和過早傳送

看板必須按照既定的運用規則來使用，其中一條規則為：「沒有看板不能生產，也不能運送。」根據這一規則，可以發現，看板數量減少，生產量也會隨之相應地減少。因為看板所表示的只是必要的量，所以，通過合理地運用看板能夠有效地防止過量的生產和過早地運送。

（3）看板有助於生產系統的改善

準時制生產方式的目標就是要最終實現「零庫存」的生產系統，而看板正是實現這一目標的有力工具。在準時制生產方式過程中，企業習慣性地通過不斷減少看板數量來減少在製品的中間儲存，對在製品庫存進行控制。在一般情況下，如果零部件或者在製品庫存較高時，即使設備出現故障、不良品數目增加也不會影響到後一道工序的生產，所以庫存容易將這些管理上的問題掩蓋起來。同樣的道理，生產中出現人員過剩的情況，有時也不容易被發現。而通過運用了看板管理，一些不易覺察的問題就會被暴露出來。根據看板的運用規則中的一條：不能把不良品送往後一道工序。而此時，後一道工序所需得不到滿足，就會造成全線停工，由此可使問題立即被暴露，從而企業會立即採取改善措施來解決問題。看板不僅能使生產線中存在的問題得到有效的解決，而且也會不斷增強生產線的柔性，帶來生產效率的提高。通過識別產生不良品的工序，可以防止不良品的生產和傳送。

（4）看板是實現「可視管理」的一種工具

看板的運用規則中要求看板必須在實物上存放，並且前工序要按照看板取下的順序進行生產。目的是能夠看到工廠的工作流程、生產線的運轉、出現的問題以及工廠的改善。可視管理的目標是信息顯示，沒有信息就不能發揮員工的主觀能動性，看板充當了可視管理實現的工具。

（5）看板是聯繫廠內外有關單位之間和各工序之間的橋樑

在生產線上，看板成了一種交流的載體，將各個車間工人的工作緊密地聯繫在一起。

2. 看板數量的計算

看板的使用數量代表著零部件或者在製品的最大庫存量，因此，應盡量減少看板的數目，以保證在製品庫存最小化。當需求發生變化時，看板和容器的個數也應該隨之相應增加或者減少，只要通過簡單的公式計算就可以很方便地調整生產率。看板數量的計算公式：

看板數量＝（提前期內的平均需求量＋安全庫存）／容器容量

即，$N = (DL+S)/C$

其中：N 表示看板個數或者容器個數；

D 表示提前期內每天的平均需求量；

L 表示加工件的提前期，即完成一個訂單所需要的時間；

S 表示安全庫存量，通常是以提前期內的需求的百分比計算，也可以按服務水準或提前期內需求變化情況來計算；

C 表示容器容量。

【例 9-1】某藥品生產企業，生產一種藥品需要經過三道工序：裝瓶、蓋蓋、貼商標。市場需求量為每小時 400 瓶，要求每個容器上附一張看板，每個容器裝 10 瓶藥品，從上一工序得到一個容器需要 15 分鐘，安全庫存的百分比為 10%，計算需要看板的個數。

答：已知 D = 400 瓶/小時，L = 15 分鐘 = 0.25 小時，得 DL = 400×0.25 = 100，S = 10%×100 = 10，C = 10 瓶。

把數據帶入看板個數計算公式中，得 N =（DL+S）/C =（100+10）/10 = 11，需要看板的個數為 11。

第三節　精益生產

一、精益生產方式

20 世紀初，美國福特汽車公司創立了第一條汽車生產流水線，以大規模的生產方式改變了原來效率低下的單件生產方式，成為現代工業生產的主要生產特徵，這一改變被稱為生產方式的第二個里程碑。大規模生產方式是以標準化、大批量生產為特點，從而降低生產成本，提高生產效率。這種適應了美國當時國情的汽車生產流水線的產生，一舉將汽車從少數富人才能擁有的奢侈品變成了大眾化的交通工具。這使美國的汽車工業迅速成為美國的一大支柱產業，並帶動和促進了包括鋼鐵、玻璃、橡膠、機電，乃至交通服務業等在內的一大批產業的發展，大規模流水生產在生產技術以及生產管理史上有很重要的意義。但經過了第二次世界大戰後，市場的需求發生了很大的變化，進入了一個以多樣化發展為主導的新階段，相應地也要求工業生產向多品種、小批量的方向發展，單品種、大批量的流水生產方式已不能很好地滿足市場的需求，缺點也逐漸暴露出來了。為了滿足時代的要求，日本豐田汽車公司在 20 世紀 80 年代創立了一種新的生產方式——精益生產方式。精益生產方式是根據多品種、小批量混合生產條件下滿足高質量、低消耗的要求下摸索出來的一種生產方式，是繼大量生產方式之後人類現代生產方式的第三個里程碑，又被人們稱為「改變世界的機器」。

從精益生產方式的形成過程來看，精益生產方式就是繼單件生產方式和大量生產方式之後，在日本豐田汽車公司誕生的一種全新的生產方式。可將精益生產方式的形成過程劃分為三個階段：第一階段——豐田生產方式形成與完善階段；第二階段——精益生產方式的提出；第三階段——精益生產方式的革新階段。

「精益生產」這一名詞，是由美國麻省理工學院在對日本豐田汽車公司的生產方式進行研究、調查中提出的。他們認為與美國的汽車公司大量生產方式相比，日本豐田汽車公司的生產方式是更加適用於現代工業生產的一種生產管理方式。研究表明，豐田汽車公司只需要美國的汽車公司一半的人員、一半的生產場地、一半的投資、一半的工程設計時間、一半的新產品開發時間和少得多的庫存，就能生產出質量更高、品種更多的汽車。

精益生產方式管理，是指一種以顧客需求來拉動，以消滅浪費和快速反應為核心，從而使企業以最少的投入獲取最佳的運作效益，並且提高對市場的反應速度的生產方式。「精」——精良、精確、精美，在精益生產中表示更少的投入，即少而精，只在適當的時間投入適當的生產資料，生產出適當數量的產品；「益」——利益、效益，在精益生產中表示更多的回報，在所有的生產經營活動中都要有利益有效益。精益生產方式的核心就是精簡，通過減少和消除產品開發設計、生產、管理和服務中一切不增值活動，縮短對客戶的反應週期，快速實現客戶價值增值和企業內部增值，增加企業資金回報率和企業利潤率。

二、精益生產方式與大量生產方式

精益生產作為一種從環境到管理目標都是全新的管理思想，並在實踐中取得成功，並非簡單地應用了一、二種新的管理手段，而是一套與企業環境、文化以及管理方法高度融合的管理體系，因此，精益生產自身就是一個自治的系統。

與大量生產方式和單件生產方式相比，精益生產方式既綜合了大量生產方式低成本和單件生產方式多品種的優點，又避免了大量生產方式缺乏柔性和單件生產方式低效率的缺點。因此，精益生產方式綜合了大量生產方式與單件生產方式的優點，力求在生產系統中實現多品種、少批量、高質量、低成本的生產。

精益生產方式與大量生產方式之間存在的差異具體表現在以下幾個方面：

1. 庫存

精益生產方式的庫存管理強調「庫存是萬惡之源」，而大量生產方式的庫存管理強調「庫存是必要的惡物」。大量生產方式認為庫存是惡物，但是是必要的，不可避免的，容忍一定量的庫存。而精益生產方式很明確地將生產中的一切庫存視為浪費，因此在精益生產中存在著「七大浪費」的說法。同時精益生產方式也認為庫存掩蓋了生產系統中和管理上的缺陷。它一方面強調物料的供應對正常生產的保證，另一方面又提出了零庫存的要求，從而不斷暴露生產中基本環節的矛盾並加以改進，不斷降低庫存以消滅庫存產生的「浪費」。精益生產方式追求的目標是消滅一切浪費，盡量做到零庫存。在庫存管理上，體現了節約成本的要求，在滿足客戶和市場的需求和保持生產線流動的前提下，保持最低的在製品和成品的庫存。

2. 產品質量

大量生產方式認為一定量的次品是生產製造中必然出現的結果，不能保證100%都是合格產品。而精益生產方式要求的是高質量、零缺陷的產品，認為讓作業人員對自己生產的產品做到100%合格質量的保證是可行的。大量生產方式對產品質量的檢查通常是靠檢查部門事後進行的。在質量管理上，精益生產貫徹了六西格瑪的質量管理原則，不是依靠檢查，而是從產品的設計開始就把質量問題考慮進去了。同時，依靠每個環節的人工進行，全體員工共同參與、監督、控制，確保每一個產品只能嚴格地按照唯一正確的方式生產和安裝。精益生產方式的核心思想就是，導致這種概率性的質量問題產生的原因本身並非概率性的，通過消除產生質量問題的生產環節來「消除一切次品所帶來的浪費」，追求零不良品。

3. 企業內部關係

企業內部關係主要表現在兩個不同的方面：企業與雇員之間的關係、員工之間的工作關係。在大量生產方式下，員工的雇傭週期短，可能隨時被解雇，沒有工作保障，員工缺乏安全感和歸屬感。而大批量生產方式強調的是員工以企業為家，通常採用終身雇傭制，增強了員工對企業的信任感和歸屬感，有利於提高生產效率。大量生產方式生產的是數量很大的標準化產品，員工通常是自己做自己的工作，沒有相互交流的機會，員工之間相互封閉。精益生產方式要求員工要有集體主義精神，一件產品的生產是通過多種工序完成的，各個工序之間必須通力合作，共同協作完成。

4. 企業外部關係

企業外部關係主要表現在兩個方面的不同：企業和用戶之間的關係、企業和供應商之間的關係。任何企業不管採取什麼樣的生產方式都是以用戶為上帝，但是真正滿足客戶的需求才是企業成功的必要條件。隨著生活水準和科技的提高，客戶的需求也在日益變化，人們需要的是品種更多，質量更好的個性化商品。相比大量生產方式，精益生產方式可能滿足顧客的需求，真正實現不同的產品面向不同的客戶。大量生產方式下，企業和供應商之間存在的是一種互不信任、無長期打算的合作關係，以對手相對待。企業選擇供應商通常是從降低成本的角度考慮，因此相互之間很難建立長期的合作關係。而精益生產需要企業和供應商建立一種長期合作關係來保證產品的質量。

5. 管理方式

大量生產方式強調的是管理中的嚴格層次關係，採用的是寶塔式的管理方式，對員工的要求就是嚴格完成上級下達的任務，人被看作是工作崗位上附屬的機器。而精益生產強調人本主義思想，以人為本，採用權力下放的方式賦予員工一定的權力。它不僅強調個人對生產過程的干預，盡力發揮人的能動性，同時也強調一種協調精神，對員工個人的評價也是基於長期的表現。所以精益生產方式更多地將員工視為企業團體的成員，而不是機器。

本章小結

近年來，準時制生產方式不僅作為一種生產方式，也作為一種通用管理模式在物流、電子商務等領域得到了廣泛的推行。本章首先介紹了準時制生產的概念、目的、特徵、實現要素等基本知識，並對 JIT 中提出的七大浪費（等待浪費、搬運浪費、庫存浪費、不良品浪費、加工浪費、過量過早生產浪費、動作浪費）及其解決方法進行了詳細說明。然後描述了準時制生產中的看板管理的基本原理和使用過程。最後就精益生產方式與大量生產方式之間的差別進行了區分。

復習思考題及參考答案

1. 在準時制生產中，七大浪費是指哪些浪費？

答：（1）等待浪費；

（2）搬運浪費；

（3）庫存浪費；

（4）不良品浪費；

（5）加工浪費；

（6）過量生產浪費；

（7）動作浪費。

2. 與傳統的生產系統相比，準時制生產系統有哪些特徵呢？

答：（1）平穩化生產；

（2）牽引式生產系統；

（3）單元式的生產系統布置和快速裝換調整；

（4）小批量生產；

（5）資源配置柔性化；

（6）全面的質量控制。

3. 在使用看板的過程中，員工應該遵守哪些原則？

答：（1）各工序沒有看板不能進行生產，也不能運送；

（2）看板必須和實物一起存放；

（3）看板只能來自後工序；

（4）前工序只能生產取走的看板所對應的部分；

（5）前工序的生產應按照收到看板的先後順序進行；

（6）杜絕不良品流通。

4. 看板有哪些功能？

答：（1）看板是生產以及運送的工作指令；

（2）看板可以有效防止過量生產和過早傳送；

（3）看板有助於生產系統的改善；

（4）看板是實現「可視管理」的一種工具；

（5）看板是聯繫廠內外有關單位之間和各工序之間的橋樑。

5. 什麼是精益生產方式管理？

答：精益生產方式管理，是指一種以顧客需求來拉動，以消滅浪費和快速反應為核心，從而使企業以最少的投入獲取最佳的運作效益，並且提高對市場的反應速度的生產方式。

參考文獻

[1] 張杰. 營運管理 [M]. 北京：對外經濟貿易大學出版社. 2007：236-266.

[2] 範體軍，李淑霞，常香雲. 營運管理 [M]. 北京：化學工業出版社. 2008：196-210.

[3] 馬風才. 營運管理 [M]. 北京：機械工業出版社. 2007：302-313.

[4] 黃憲律，劉福廣. 生產營運管理精華讀物 [M]. 合肥：安徽人民出版社. 2002：209-231.

第十章

業務流程再造

學習目標

1. 理解業務流程再造的定義
2. 理解業務流程再造的原理和本質
3. 掌握業務流程再造的基本原則和步驟
4. 瞭解業務流程再造的技術和工具
5. 瞭解業務流程再造成功要旨

引導案例

馬士基物流業務的重組再造

馬士基物流全球總部位於丹麥哥本哈根，在 70 多個國家設有 200 多個辦事處，員工超過 3,500 人。馬士基物流從八十年代末開始進入中國，總部設在上海，在沈陽、天津、青島、北京、武漢、廈門、深圳和廣州等地設有分公司，還在大連、南京、寧波、重慶、福州及哈爾濱設有辦事處。

作為世界物流業中的先行者，馬士基物流的宗旨就是在全球範圍內為客戶提供經濟高效、一步到位、完善的集運服務。服務範圍涉及供應鏈管理、空運、海運代理、報關代理、內陸運輸、倉儲及物流分撥。近年來，隨著中國物流市場迅猛成長，客戶對服務的要求也日趨多樣化。以前客戶要求馬士基提供的多是單項物流服務，如今綜合性的整合服務要求大大增多，尤其是近 600 家跨國客戶（他們的出口業務占了馬士基物流業務 80% 以上）要求馬士基物流提供從出廠、包裝、陸運、海運直至到銷售商手上的整合式

物流服務，而且要求整個供應鏈都要透明，可以隨時瞭解貨物在各個環節的狀態。

這就要求更高效、更專業的管理，促使馬士基物流業務必須重組再造。重組再造集中在兩個層面展開：一是業務管理機制的轉變，二是公司組織架構的分離。以前，馬士基物流施行的是以區域為概念的橫向管理，公司的四大業務都歸到當地總經理手裡；而這次重組在造則是推行以業務為概念的縱向管理，四塊業務的當地經理都直接向各自的最高業務部門負責。不管是出口物流、進口及國內物流，還是國際海運貨代，或是空運，它們不光獨立處理自己的業務，還將逐步擁有自己的財務部門和人力資源部門，到最後，在「政策成熟的時候」，它們都將註冊成為獨立的公司。

比如，客戶需要空運或其他單項服務，就直接找馬士基空運公司或其他馬士基業務公司；需要多站多環節的整合服務，則可以找重組後的馬士基物流公司，由後者做出整合服務方案，向集團內或者集團外其他公司採購各項服務，打包後賣給這些客戶。經過重組再造之後，馬士基物流就已經悄然地實現了「變身」，從一個第三方物流公司，蛻變為一個「第四方物流公司」。

資料來源：https://wenku.baidu.com/view/590f1a2f86c24028915f804d2b160b4e767f81f1.html

第一節　業務流程再造的概述

管理學家邁克爾·哈默是業務流程再造的先驅。他把流程再造定義為：「對企業的業務流程（Process）進行根本性（Fundamental）再思考和徹底性（Radical）再設計，從而獲得在成本、質量、服務和速度等方面業績的顯著性（Dramatic）的改善。」

簡單地說，業務流程再造（BPR）就是指對組織內或組織之間的工作流和流程進行分析和重新設計，以大幅度提高業務流程的效率和績效。

一、業務流程再造的推動力

1. 新形勢下的市場——戰場

日本的工商界近乎一個戰爭的世界，大財閥集團公司之間爭奪市場份額的戰鬥每天都在激烈地進行著。當本田公司（Honda）發覺雅馬哈公司（Yamaha）對自己在摩托車市場的霸主地位構成威脅時，他們發動了一場新產品大戰：僅僅18個月就在日本市場推出了81款新車型，同期雅馬哈也推出了34款車型。在這場火並之前，兩家公司各自擁有的車型才不過60款左右。這次鬥爭最後以雅馬哈的退卻而告終。不過，在日本沒有哪家公司能永戴桂冠。在西方的諸如造船、家用電子產品等許多傳統行業裡，公司並不將市場看作戰場。對這些公司而言，市場是人們會做交易的地方，每個人有自己的地盤，互不侵犯，而且市場往往還都在一個國度裡。然而，不幸的是日本的工商戰車已經開進這些西方公司的市場領地。一開始，誰也不曾把這看作是一種威脅，但是不久，許多大公司，例如卡拉比勒公司、通用汽車公司等就感覺到了他們正在受到攻擊。

2. 流程——戰爭的武器

日本人在美國以及近來在歐洲的登陸，不僅帶來了五光十色的產品，大批脖子上掛著照相機的觀光遊客，而且還帶來了新的工作方式。準時生產、精良生產和快速反應同

期等打破了許多生產製造方法的傳統「規則」。這些方法使得日本製造商比他們的西方同行取得了明顯的優勢：產品質量更好、成本更低、開發時間更短。

　　第二次世界大戰之後，面對迅速增長的市場需求，大批量生產成為西方製造商們的主要目標。由於未受到戰火侵擾，美國在戰爭期間形成的巨大工業實力使其最終獲得了長期追求的領先地位。隨著大英帝國的結束，英國以一個沒落王國的面孔出現在世人面前。戰前重要的工業強國日本和德國此時幾近變成一片廢墟，要靠美國的幫助和財政支持進行工業基礎的重建。冷戰格局促使美國願意提供這些幫助和支持。由於害怕共產主義勢力，美國改變了拆散日本的戰前工業集團，即財閥的策略，轉為利用它們作為抵禦共產主義的前線堡壘。在20世紀50年代，日本工業界經歷了他們國家歷史上最激烈的勞資糾紛。罷工導致停產，影響了許多主要的大公司。豐田和日產經歷過長達數月的罷工。資方最終取得了勝利，重組了公司集團。工人的工資被削減，工作時間被加長。作為對工人同企業合作的回報，有些公司許諾永遠不降低工資和解雇人員。這種社會性契約保證了所有工人的奉獻精神和行動。他們努力不斷提高效率、消除各種浪費，包括不必要的工作崗位，因為他們知道公司會安排他們其他的工作。曾有汽車廠商在自己的困難時期安排生產工人挨家挨戶地推銷汽車。這種看起來有點窮途末路的做法不僅為多餘的勞動力找到了出路，從而避免解雇員工，而且使得汽車生產工人面對面地接觸了顧客。質量的重要性得到進一步的重視，生產工人在提供顧客滿意的產品過程中的作用更加清楚了。

　　日本在工業重建的過程中努力向西方學習，尤其是充分吸取了產生於美國的關於質量的觀念。日本以美國人 W. E. 戴明命名他們的質量獎絕非偶然之事。戴明和朱蘭以及其他的美國人在日本找到了大批聽眾來傳播他們的質量觀念。第二次世界大戰期間美國工業界曾廣泛採用的過程控制和其他相關技術，戰後在許多工廠遭到廢棄，這時卻轉移到了日本。這些技術幫助日本把20世紀50年代和20世紀60年代的低質量產品改造成自20世紀70年代以來至今的世界級產品。

　　日本人的準時生產觀念的基礎就是理解和簡化製造流程的每一步驟。他們「再造」了西方式的生產流程，突出和利用了自己的優勢，減少了自己弱點的影響。例如，對於美國廠商視為製造流程必要組成部分的庫存，日本的汽車製造公司支付不起其費用，因此盡力降低。通過使用看板，他們創造了一種簡單、易見的控制生產車間物流的手段。

　　就在日本人不斷改善生產流程的時候，西方的製造商卻對質量不再繼續給予充分的重視，特別是隨著計算機技術的發展，他們將解決日益複雜的生產製造問題的希望寄予更為複雜的計算機系統的應用。物料需求計劃（MRP）和製造資源計劃等技術被開發出來幫助企業降低庫存和充分利用生產能力。雖然這些方法在計算供應商交貨時間方面取得了很大的成功，但是在車間這一層次控制實際生產上卻沒有取得理想的效果。具有諷刺意味的是，就在許多計算機集成製造的領先者們拆除他們的集中控制型計算機調度計劃系統，恢復工廠本身對生產的控制的時候，日本人卻在有效流程基礎上實施了MRP和MRP-II各方面的優點。各種MRP系統的確能為企業帶來巨大效益，但是，成功者絕不用計算機解決能夠通過其他途徑解決的問題。

3. 服務——前線新陣地

市場全球化不限於製造業。服務業就已經在很大程度上從基本上屬於國內的事業發展成為地區化和全球化的事業。銀行、金融服務、運輸、通訊、娛樂、信息等都已成為激烈的國際競爭的領地。弱化管制和推進更為自由化市場體制的政治運動帶來了跨國界服務貿易的迅速增長。許多只關注國內的公司，如航空業的泛美航空公司、空中旅行公司等等無不敗陣於此。

在歐洲，英國正在許多行業中積極推進弱化管制。美國航空公司和聯合航空公司班機在希思羅機場的降落標誌著英國航空公司以及歐洲其他國家航空公司競爭對手的增加。行業內組建聯盟的爭鬥也反應了這種變化影響的深刻程度。現在，在歐洲，英國是對電信市場管制最鬆的國家。因此，這裡已經成為向家庭和辦公機構提供一系列各類新服務的主要競爭戰場。許多美國公司也到這裡來建立他們的實驗網絡，不僅為了打開更大的歐洲市場，也為在他們國內開展類似的服務累積經驗。隨著 Cost Co 等一些大型百貨商店向聖士伯里和德士高等連鎖超市領地進軍，英國零售業競爭的進一步增強已經端倪漸顯。

在國際化的服務業新戰場上，流程又一次成為關鍵的武器。早在 20 世紀 70 年代初期，豐田公司就發現製造一輛汽車無需幾天的時間，處理一份訂單卻要花費幾個星期的時間。豐田公司轉向流程尋求答案，他們將許多車間生產技術應用於訂單處理上，結果大大縮短了訂單處理週期。按照著名管理思想家彼得·德魯克的說法，提高服務工作生產率是目前最緊迫的社會挑戰，這種挑戰不僅針對企業，而且針對整個社會。他認為這將改變每個工業化國家裡的生活質量和基礎社會結構。BPR 被認為是贏得這個挑戰最受推崇的手段之一，至少目前如此。

二、業務流程再造的本質

業務流程再造的核心思想是要打破企業按職能設置部門的管理方式，代之以業務流程為中心，重新設計企業管理過程。業務流程再造的本質體現在以下幾個方面：

1. 流程再造的驅動力

實現企業目標是企業流程的驅動力。

2. 流程再造的目標

取得性能與績效的明顯改善。流程再造強調從整體著眼，改造的目的在於提高總體性能。

3. 流程再造的核心

流程再造是並行的，打破了傳統工序的觀念，從跨越職能部門的角度，從企業整體目標的角度重新審視傳統的企業管理過程，跨越不同職能部門的界限，進行管理和業務過程重構。

4. 流程再造的技術支持

由於整合業務會使工作複雜性提高，許多成功企業就運用信息技術來提高員工的作業與決策能力。

三、業務流程再造的基本原則

流程再造的目的是獲得顯著的改進，以滿足顧客目前對質量、速度、創新、定制及服務等的要求。關於流程再造和整合，哈默提出了七條原則：

1. 流程再造應著眼於最終結果，而非具體任務

原先由不同的人完成的幾種專業化的工作應該合併為一個工作。這個工作可以由一個業務員或一個工作小組來完成。圍繞最終結果來組織流程再造可以縮短傳遞過程，從而加快速度，提高生產力，並對顧客的要求做出快速回應。同時，它也提供了一個可以與顧客全面接觸的環境。

2. 對需要使用流程產出的人員，請他們參與流程再造

換句話說，必須以最有意義的方式來開展工作。這就要求最熟悉流程的人參與流程再造，從而打破了部門內和部門間的傳統界限。例如，顧客自己可以做一些簡單的維修工作，供應商可以參與零件庫存的管理。

3. 把信息處理工作並入到產生這些信息的實際工作中

這意味著信息收集人員應該同時負責處理信息。這樣能大大降低其他工作人員處理信息的需要，通過減少處理過程中與外部聯繫的次數，來降低信息處理的錯誤率。

4. 把地理位置上分散的資源集中化

信息技術現在已經使得分散/集中的混合營運模式變為現實。它可以讓許多獨立的組織同時處理同一項任務，實現並行工作，同時改善了公司的整體控制。例如，電信網絡公司使公司可以與分散的組織以及獨立領域的人員保持聯繫，在實現規模經濟的同時，保證其靈活性和對顧客的回應能力。

5. 將並行活動聯結起來，而不只是合成其工作成果

僅僅將並行活動的工作成果進行合成，是重複工作、高額成本及推遲整個流程產出的主要原因。在整個過程中，這些並行活動都應該始終被聯結起來並加以協調。

6. 把決策點放在工作的執行過程中，並對流程實行控制

做出決策成為工作執行過程中的一部分，這也許是因為現在的職員接受過更多教育，掌握了更多技能，另外還有決策支持技術的作用。現在控制也已經成為流程的一部分。它對組織進行垂直方向的壓縮，形成了具有快速回應能力的扁平的組織結構。

7. 獲取源頭信息

第一時間在公司的在線信息系統上收集和處理信息，這樣能避免收到錯誤信息，以及付出重新獲得信息的高額成本。

第二節　業務流程再造的步驟

一、戰略決策階段

這個階段是項目策劃階段，常被稱為流程再造的建立「宏觀模型」階段，變更的

必要性及可行性都要經過嚴格檢查。要強調管理層的支持並尋求流程再造的機會，找出需要變革的流程，並確定流程再造的機會。還應找出需要變更的流程並制定變革範圍。流程再造具有戰略意義，且具有較大的風險，因此高層領導的支持是至關重要的。

這一階段的主要工作有：建立企業願景；確保管理層的支持；確認使用信息技術的機會；結合企業戰略，選出流程再造的項目。

二、再造計劃階段

再造計劃標誌流程再造的正式開始，該階段任務包括成立再造工作小組，設立再造工程目標、工程策劃，通知相關人員以及進行員工動員等。

這一階段的主要工作有：成立再造團隊；制訂工作計劃；制定再造目標和評估標準。

三、診斷分析現有流程階段

在組建了業務流程再造的工作小組後，工作小組就開始對流程再造的項目負責。它們首先要對現有流程進行描述，然後還要進一步對備選流程進行分析和研究。

這一階段的主要工作為：記錄現有流程；進行流程診斷；分析找出存在的問題。

一般情況下，流程的病症是阻礙或分離有效工作流程的活動和業務政策，是官僚習氣、缺乏溝通以及非增值增加的結果。因此，分析弊病的重點應該放在確認不需要的活動、活動中的瓶頸以及不必要的步驟等方面。為了發現及診斷出這些病症並最終解決問題，應該採取一些新的方法說明現有的流程。

四、社會——技術的再造

流程的重新設計包括對各種改造方案的選擇，要尋找既能實現企業戰略，又與人力資源、組織變革相結合的方案，並盡量將崗位和工作流、信息管理和技術等各方面搭配合適，最終完成進行新的社會——技術系統的設計。在這一階段，需要再造工作小組的成員有突出的創新精神，要打破常規，大膽設計新的流程。

在這一階段還要充分考慮信息技術和人力資源與流程再造的匹配程度，加強與相關各方的信息交流，幫助員工獲得勝任新工作任務（特別是用應用信息技術）的知識和技能。

為了使高層管理者能夠全面瞭解新流程的特徵、過程、工作分配、信息技術結構和系統需求等方面的情況，需要模擬整個新流程的過程（包括工作任務、人員和技術），並決定新舊流程過渡的最佳辦法。

五、流程再造階段

在完成了流程的設計後，接下來就應該對現有的流程進行重構了。根據專門設定的人力資源結構及所選擇的信息技術平臺執行新的流程，這一階段的主要工作如下：

1. 改善管理

這一步的重點放在向新組織設計方案的平滑過渡、綜合改進上，主要任務有：業務

單元的中心組織、組織與崗位重構、通過訓練和教育程序向留下的員工授權以及改進工作質量等。根據新設計的流程方案，各種職務的角色和描述都可能改變、消失或重新定義，新組織結構以及詳細的職務分配必須傳達給受影響的員工，規定他們的新職責，以預期其行為的規範。加強對員工的培訓以使其適應新的崗位。

2. 信息技術的應用

信息專家在流程再造中的主要任務是建立並運行新的信息體制技術，以便支持流程再造工程。首先是建立詳細的系統分析指標，這一工作在方案設計時可能已經完成，不過在正式編碼、調試、測試新的信息系統之前，一定要詳盡地分析並建立信息再造的指標。

3. 重新組建

這項工作著重於向新的組織結構過渡，工作包括組織重建、人員裁減、組建團隊、工作交替及員工培訓等。根據新的流程設計，向有關人員清楚部署他們日後的工作任務和評價標準。這個階段的巨大變動所造成的人心不穩，可以通過高層領導、再造小組及其他員工之間的不斷溝通和交流得以緩解。

六、不斷更新改進階段

新的業務流程開始執行後進行監控和評價流程的表現，包括對在戰略構想階段設置新的目標的評價以及新流程的動態監控。同時確認它與公司其他流程管理活動之間的聯繫是評價階段的主要任務。

1. 評價內容

評價的指標主要從流程表現、信息技術的表現、生產率指數等方面來考慮。再造後的評估是確定再造目標的實現程度，同時還將客戶的新要求與再造目標相比較，依此來找出進一步的改進方向。由於流程再造與自治小組的結構和多面手員工之間有很強的依賴性，所以為確保流程的完整性、準確性和可操作性，應該對新設計的流程進行詳細審查。

2. 與質量改進等工作的結合

儘管流程再造的目標與致力於改進質量管理工作的目標有所不同，但是在再造工程的最後階段——不斷完善改進階段，如果能把志在巨變的流程再造運動與只求逐步改進的全面質量結合起來，將會取得好的結果。因此，有時候，只有對新流程的某些方面不斷進行新的調整，才能取得令人滿意的成績。而使用統計過程控制等全面質量管理工具，可以不斷地調整某些指令性指標，以便不斷增加必要的流程改進。

第三節 業務流程再造的技術和工具

一、流程再造的技術

（1）戰略決策階段的代表性技術包括調查協商會議、信息技術、流程分析和流程

的先後順序矩陣等；

（2）再造計劃階段的代表性技術包括質量屋技術、團隊組建技術、項目進度表技術等；

（3）診斷階段的代表性技術包括流程描述技術、魚骨分析技術等；

（4）重新設計階段的代表性技術包括創新技術和 IDEF 方法以及流程模擬技術等；

（5）重新構建階段的代表性技術包括作用力場分析及社會——技術系統設計技術等；

（6）評價階段的代表性技術有基於活動的成本分析技術和帕累托圖表技術等。

二、流程再造的工具

流程再造的工具是指一種套裝軟件，它能分析企業的工作流程，且能決定改變原有流程對公司整體的影響。此外，流程再造軟件也能協助經理人員在限定的時間內完成指定工作。

流程再造工具最初只提供業務流程繪製功能，新近的軟件功能大幅度提升。除上述的基本功能之外，還能提供數據分析及方針分析。這些新開發出來的軟件，不但能分析出企業營運之利弊與瓶頸，還能協助公司擬定新的流程，提高效率。

流程再造軟件工具按照功能可以分為以下幾種：流程再造規劃工具、流程分析工具、作業成本分析工具、營運作業工具、基準分析工具、圖像仿真模型化工具。仿真軟件可以分為三類：流動圖仿真工具、系統動態仿真工具和標的仿真工具。

第四節　業務流程再造成功要旨與風險防範

一、業務流程再造的成功要旨

成功的 BPR 項目能夠帶來巨大效益。在這裡我們將列出一些需管理者們應該注意的要點：

1. 自上而下

雖然有點老生常談，但我們還是要強調「高層管理者的承諾是至關重要的」。對 BPR 項目承諾的管理層次主要取決於項目範圍，其次是它的規模。顯然，如果一家企業的大部分都需再造，那麼就必須有來自組織的最高管理層的承諾。這裡的承諾必須以行動衡量，而不能僅僅靠口頭支持。據一些研究人員估計：很多首席執行官會有 50% 的時間花在 BPR 項目上。高層管理者們的支持、精力和推動必須長期堅持，這樣才能保證組織是在做實事，而不是成為來去匆匆的「管理時尚」的受害者。

2. 溝通、溝通、再溝通

人們必須瞭解為什麼要改進、未來的遠景以及他們在其中的地位與作用，甚至包括失去工作的可能性。工人並不傻，不論管理者如何掩飾、他們對於即將來臨的裁員都能看得出來。因此，對這個問題應該預先同他們溝通。現在，有的組織會提前一年通報哪

些辦公室將要關閉，人員將要下崗，給人們留出充分的時間調整自己和尋找新的工作。當然，並非所有情況都要這樣處理，但是「立斬速決」會損害所有人的積極性，是應該避免的做法。

3. 善待人，尊重人

我們每個人都希望別人能夠用期待我們對待他們的方式對待我們。然而，為什麼這種現象在工作環境中卻如此少見呢？管理部門必須樹立明確的待人典範，行為舉止、基本禮貌和對人的尊重都不應該鎖在家裡，要把它們帶到工作場所來。

4. 選對主持者

我們發現許多流程再造項目的主持者在組織內的身分級別太低，或者過分注重技術。還有一些項目的主持者的威信和領導能力不足。一位優秀的主持者雖然並不能保證項目的成功，但是一個不稱職的主持者肯定很快就能用自己的手把項目之火撲滅。世上無完人，但是優秀的領導者瞭解自己的不足，善於聘用能力互補的人員，能夠對他們的技術與能力提出挑戰。

5. 明確重新設計的目標

組織的遠景一定要明確，要對顧客要求、需求模式、約束條件和效率目標進行深入分析和理解，流程再造項目的目標要設定在這些方面的績效改進上。

6. 項目的規模和範圍與目的相適應

項目的預期一定要與項目的規模和範圍相適應。針對一個部門的 BPR 項目可能會對該部門及其他有關部分的績效產生顯著效果，但是絕不會產生同全公司範圍項目一樣的影響。對於希望在全公司取得大幅度績效改進的管理機構來說，重要的是要專注於公司開展和保持業務的那些「核心」流程。

7. 設定進取的再造績效目標

BPR 的特點是要取得根本性的績效改善。設定目標和度量績效是理解、管理和改進流程的關鍵。尤其應該注意的是構建績效度量體系。這項任務的難度眾所周知，俗話「考評什麼幹什麼」表明「錯誤」的度量會引導「錯誤」的行為。所以，任何度量體系都必須支持流程目標，而不是增強職能目標。

認清項目的規模和範圍，以及基於改進潛力的預期是非常重要的。不要幻想某個部門的一個流程再造項目就能為整個組織畫出一條「曲棍球棒」曲線。

8. 理解被重新設計流程的環境

同其他所有經營哲理一樣，BPR 必須考慮公司的具體特定環境條件。再造項目的目標和方法必須同公司的具體狀況相適應，標杆瞄準是一種尋找不同的工作方式的好方法，但是，一定要記住：一家公司的有效方法在另一家公司就不一定能取得「同等」的效果。

9. 整體對待 BPR 哲理

成功的 BPR 需要各個戰線的全面行動。組織由相互依存的要素構成。孤立地改變一個要素不大可能得到預想的收效，甚至會對其他要素產生負面影響。例如，有一家金融機構曾經在不改變原有預算體制的條件下，重新設計了一些流程。為了降低經營成本，這家公司指示禁止分部處之間和分部處與總部之間不必要的電話聯繫。指示發出以

後，電話費降了下來，但是實際上是被更多的文字備忘錄所取代，造成內部郵務系統的超負荷狀態，而更糟的是，增加了顧客從分部處獲得答復的等待時間。公司的職能化預算系統挫敗了 BPR 的目標。

10. 短線出擊

一事成功百事順。盡量早地展示出成功的跡象和初步成就有助於克服阻力、營建動量以及「能夠做到」的心態，使人們增強對自己能力的信心。不過，公司要認清「短線出擊」的地位與作用，堅持長期不斷的努力，克服各種困難，追求長遠目標的實現。

11. 保證流程與所服務的市場需求相「匹配」

市場需求和向市場提供服務的流程之間「匹配（match）」的重要性勝過一切。如果市場對大批量、低價格和可靠的供貨的需求超過其他要求，流程就必須以這樣的供貨能力為目標，而不要致力於以成本和時間為代價的高度靈活性的設計。

12. 顧客和供應商參與流程重新設計的必要性

有一家公司的首席執行官將其稱作「穿顧客的鞋」。應該邀請顧客參與 BPR 項目，特別是直接與他們有關的流程。顧客以及供應商往往能夠對流程的重新設計提出非常有價值的看法和建議。這種做法還有助於培育密切的客戶關係，並且對同顧客的業務量有正面的影響。

13. 投入資源

任何人都不可能同時進行兩項工作，且兩項工作都做得很好。如果 BPR 對組織是重要的，就值得投入最好的人才，全力以赴地去做。諮詢人員和學術界專家可以提供幫助、支持和鼓勵，但是他們不應該是實際去「干（do）」的人。

14. 認清 IT 技術給新設計提供的機會

雖然我們介紹的方法強調首先要從界定流程開始，然後再考慮流程對人員和技術的要求，我們也指出了這一過程的往返迭代性質。IT 技術也可能成為新流程設計的強大推動者，因此，組織必須不斷地對如何應用新老技術進行評價。

15. 認清 BPR 可能只是一個開頭

通過 BPR 可以取得績效的升級，但是為了保持領先地位，一段時間以後仍有必要進行進一步的改進。必須以持續改進作為目標，使得隨著時間發展交替的躍進和漸進改進成為正常模式。因此，一段時間後需要對流程進行重新考慮。然而，新流程的設計並不是問題的終結，它僅僅是一個新的起點。組織必須不斷地尋求自己的「再生」，從而避免其他更年輕更饑渴的競爭對手奪走自己的市場。

二、業務流程再造的風險防範

業務流程再造不是一件容易的事，充滿了苦痛和不確定性。儘管如此，我們並不認為那些有志於 BPR 的人會因此而退卻。風險與回報之間當然存在著相關關係，任何一家旨在徹底變革的公司都會在實行變革過程中承擔巨大的風險。除了列舉獲取成功的指導原則外，我們這裡還將指出一些應該防範的風險。

1. 流程再造的努力與組織的主要目標分離

我們曾經遇到過某些未曾把將流程再造項目納入戰略目的和長期目標的組織。這樣的項目缺乏方向，僅為其自身而存在。花費了大量努力，忍受了許多痛苦，但到頭來卻

毫無所得。

2. 低估轉向流程導向模式所需要的變革

對實施BPR可能導致的巨變缺乏認識，是造成許多企業不得不重來的主要原因。BPR需要變革，而且往往需要大量的變革。僅僅關注流程重新設計階段，而忽視框架列舉的其他方面會導致項目停滯不前。

3. 不會走，就想跑

組織必須「有備（ready）」於BPR，這可能來自公司過去的全面質量管理歷史、危機形勢或者擁有新遠景的領導者，但不論推動力來自哪裡，組織都必須對於項目的開展處於「齊備」狀態。有些組織認為TQM的經歷對他們進入BPR大改組（shake—up）的準備甚為重要。

4. 期望過高

BPR真正的效益需要一定的時間才能實現。組織文化、員工行為和態度等都不是短期內所能改變的。因此，管理人員應該認識到在長期效益到來之前可能會有一些短期損失發生。

5. 計較名稱

近年來，BPR被廣為宣揚，因此，也肯定會招到反對者的批評，就像在此前流行過的其他管理哲學一樣。這些批評意見，有的是出於無知，有的則是出自在誇張宣傳誤導下的慘痛教訓。從根本上看，叫什麼無所謂，關鍵的是實際效果。ABB公司降低週期時間50%的T50項目就是對此的很好證明。公司的許多部門沒有使用公司的T50口號，而是給項目起了自己的名字，同樣取得了非凡的成效。

6. 任命IT部門作為BPR執行者

雖然IT部門是業務流程重新設計的支撐力量，但是有證據表明，成功的BPR的項目一定是由業務部門而不是IT部門推動的。系統人員由於受過分析師的專業訓練，具有勝任這種角色的技能，並且通常對組織擁有跨越職能的觀念。但是，他們對業務流程不負有責任，往往傾向於將精力投入到計算機系統的建設上。

7. 對新流程沒做試點

你願意冒風險參加先前從未嘗試過的流程嗎？可能你願意，但是你一定要瞭解可能會出現哪些風險。那麼，為什麼不在你的企業裡通過試點檢驗一下流程的新設計呢？通常列舉的原因是費用和時間，但就我們所知，清理失敗流程所花的費用和時間要比試點的花費多得多。

8. 依靠計算機軟件完成再造任務

很多質量改進項目往往由於過分強調技術，缺乏員工參與而陷入困境。複雜的計算機工具可能會做出非常漂亮的東西，但是只有訓練有素的專家才會使用它們。這樣做的危險是可能會變成「職能人員項目」，而工作在流程裡的人卻沒能成為分析的主人。

本章小結

業務流程再造不是一般的管理工具，僅對企業管理的某一方面發揮作用，也不像諸如知識經濟、新經濟那些概念，僅提供一種新的觀念，而只發揮軟作用。業務流程再造，既是一種全新的管理思想，又是一種新的管理方法，它既能迅速地改變人們的思想觀念，提高管理水準，更能即期提高企業的經濟效益。

正因為如此，幾乎所有業務流程再造的諮詢顧問，都敢於以企業經濟效益提高多少、成本減少多少等作為自己服務的承諾。由此也可見，21世紀是業務流程再造的世紀，是流程導向型企業的時代。

復習思考題及參考答案

1. 業務流程再造的含義是什麼？

答：業務流程再造是對企業的業務流程（Process）進行根本性（Fundamental）再思考和徹底性（Radical）再設計，從而獲得在成本、質量、服務和速度等方面業績的顯著性（Dramatic）的改善。

2. 業務流程再造的推動力有哪些？

答：主要有三個方面的因素：
(1) 不斷加劇的競爭壓力；
(2) 世界範圍的經濟不景氣；
(3) 由於20世紀80年代對信息技術的大量投資卻令人失望的效果。

3. 業務流程再造的本質是什麼？

答：業務流程再造的本質體現在以下幾個方面：
(1) 流程再造的驅動力；
(2) 流程再造的目標；
(3) 流程再造的核心；
(4) 流程再造的技術支持。

4. 業務流程再造的基本原則有哪些？

答：原則1：流程再造應著眼於最終結果，而非具體任務；
原則2：對需要使用流程產出的人員，請他們參與流程再造；
原則3：把信息處理工作並入到產生這些信息的實際工作中；
原則4：把地理位置分散的資源集中化；
原則5：將並行活動聯結起來，而不只是合成其工作成果；
原則6：把決策點放在工作的執行過程中，並對流程實行控制；
原則7：獲取源頭信息。

5. 業務流程再造的具體有幾個步驟？

答：(1) 戰略決策；

(2) 再造計劃；
(3) 診斷分析現有流程；
(4) 社會——技術的再造；
(5) 流程再造；
(6) 不斷更新改進。

參考文獻

[1] 佩帕德. 業務流程再造 [M]. 北京：中信出版社，1999：32-38，306-318.

[2] 丁寧，穆志強. 營運管理 [M]. 北京：清華大學出版社，北京交通大學出版社，2009：247-252.

[3] 楊建華，張群，楊新泉. 營運管理 [M]. 北京：清華大學出版，北京交通大學出版社，2006：306-315.

第十一章

智能製造

學習目標

1. 瞭解智能製造的發展背景和現狀
2. 掌握智能製造的定義、內涵、特徵及總體模型
3. 瞭解製造系統的主要內容
4. 掌握智能工廠的概念及體系架構

引導案例

奧迪：顛覆傳統的汽車工廠

奧迪一直將科技作為產品的賣點，這一次奧迪將科技發揮到了極致，為我們描繪出一座未來汽車工廠——奧迪智能工廠。在這座工廠中，我們熟悉的生產線消失不見，零件運輸由自動駕駛小車甚至是無人機完成，3D打印技術也得到普及……

零件物流是保障整個工廠高效生產的關鍵，在奧迪智能工廠中，零件物流運輸全部由無人駕駛系統完成。轉移物資的叉車也實現自動駕駛，實現真正的自動化工廠。在物料運輸方面不僅有無人駕駛小車參與，無人機也將發揮重要作用。

在奧迪智能工廠中，小型化、輕型化的機器人將取代人工來實現瑣碎零件的安裝固定。柔性裝配車將取代人工進行螺絲撐緊。在裝配小車中布置有若干機械臂，這些機械臂可以按照既定程序進行位置識別、螺絲撐緊。裝配輔助系統可以提示工人何處需要進行裝配，並可對最終裝配結果進行檢測。在一些線束裝配任務中還需要人工的參與，裝配輔助系統可以提示工人哪些位置需要人工裝配，並在顯示屏上顯示最終裝配是否合

格，防止出現殘次品。

奧迪智能工廠發明的柔性抓取機器人不同於現階段的抓取機器人，該機器人最大特點在於柔性觸手，這種結構類似於變色龍舌頭，抓取零件更加靈活。除了抓取普通零件外，柔性抓取機器人還可以抓取螺母、墊片之類的細微零件。

未來奧迪智能工廠將借助 VR 技術來實現虛擬裝配，以發現研發階段出現的問題。借助 VR 設備，設計人員可以對零件進行預裝配，以觀測未來實際裝配效果。此外，數據眼鏡可以對看到的零件進行分析，這套設備類似裝配輔助系統，可以發現缺陷與問題。數據眼鏡可以對員工或者工程師進行針對性支持。

在奧迪智能工廠，3D 打印技術將得到普及，到時候汽車上的大部分零件都可以通過 3D 打印技術得到。目前用粉末塑料製造物體的 3D 打印機已經被製造出來，下一階段還將出現 3D 金屬打印機。奧迪專門設計了金屬打印試驗室，對此技術進行研發。

資料來源：http：//www. sohu. com/a/127934841_ 117959

第一節　智能製造概述

一、智能製造的發展背景

21 世紀以來，全球出現了以物聯網、雲計算、大數據、移動互聯網等為代表的新一輪技術創新浪潮。當前，新興經濟體快速崛起，全球市場經濟交流合作規模空前龐大，多樣化、個性化需求快速發展，用戶體驗成為市場競爭力的關鍵要素；資源、能源需求快速增長，生態環境、氣候變化備受關注，綠色低碳的發展理念漸成共識；信息網絡、先進材料、智能製造、生物醫藥等科技與產業醞釀新突破，服務與業態創新日新月異。

在此背景下，德國提出「工業 4.0」，中國推出《中國製造 2025》，美國推進振興高端製造，日本發展協同機器人和無人工廠，英國著力生物、納米等高附加值製造，法國開啓「新工業法國」總動員。這些國家都將智能製造視為振興實體經濟和新興產業的支柱與核心，以及提升競爭力和可持續發展能力的基礎與關鍵。

二、智能製造的發展現狀

1. 美國《先進製造業國家戰略計劃》

20 世紀 90 年代，面對虛擬經濟危機爆發導致的增長乏力、失業率居高不下的困境，美國社會各界深刻認識到實體經濟的重要性，美國國內主張發展製造業、改變經濟過分依賴金融業的呼聲不斷高漲；特別是在 2008 年金融危機之後，美國相繼提出了一系列的重振製造業政策，包括「再工業化」戰略、《重振美國製造業框架》、《先進製造業夥伴計劃》等，以期通過政府、高校、企業的合作來強化美國的製造業。在 2012 年 2 月正式發布《先進製造業國家戰略計劃》，計劃描述了全球先進製造業的發展趨勢及美國製造業面臨的挑戰，明確了三大原則，即能夠應對市場變化和有利於長期經濟投資的創新政策、建設製造商共享的知識資產和有形設施的產業公地、優化聯邦政府和機構的投資。同時也提出了實施美國先進製造業戰略的五大目標：加快中小企業投資、提高

勞動力技能、建立全夥伴關係、調整優化政府投資和加大研發投資力度。此後，美國進一步提出了《美國製造業創新網絡計劃》（2012年3月）、《振興美國先進製造業2.0版》（2014年10月）、《美國創新新戰略》（2015年10月）等多項政策，其目的在於促進美國先進製造業的發展，占領先進製造的制高點。

目前，美國在智能製造技術的理論和應用研究方面處於世界領先地位，人工智能、控制論、物聯網等智能技術的基礎多數起源於美國。美國在智能產品的研發方面也一直走在全球前列，從早期的數控機床、集成電路、PLC，到如今的智能手機、無人駕駛汽車以及各種先進的傳感器，均來自於美國高校的實驗室和企業的研發中心。在基礎元器件領域，不僅有艾默生、霍尼韋爾這樣的工業巨頭，更有大量專注於某一領域的優秀小企業。在數控機床方面，有MAG、哈挺、哈斯、格里森等一批知名企業，工業機器人方面也有American Robot等知名企業。在工業軟件方面，全球大多數研發設計軟件、管理軟件和生產製造軟件的實力企業來自於美國。美國重返製造業的典型特點是利用現有的先進信息、軟件技術來改造現有的製造業，使得美國智能製造技術產業保持全方位、高水準發展，代表企業包括IBM、思科、GE、AT&T等知名企業。

2. 德國工業4.0

20世紀80年代以來，隨著科技技術的迅猛發展，信息技術和製造業的結合代表著未來工業發展的方向，這必將帶來相關產業的突破和重構，作為全球頂尖的製造業強國，德國敏銳地感知到了這種趨勢和挑戰，急需在全球製造業中尋找制高點，以取得全球製造業的話語權，並引領全球的智能製造。2011年，德國人工智能研究中心負責人和執行總裁Wolfgang Wahlster教授提出了「工業4.0」概念，旨在通過互聯網的推動，形成第四次工業革命的雛形。2013年，德國聯邦教研部與經濟技術部將其列為《高技術戰略2020》十大未來項目之一。2015年4月，德國在《工業4.0戰略計劃實施》報告中，對工業4.0做了較為嚴格的定義，即從創意、訂單到研發、生產、終端客戶產品交付，再到廢物循環利用，包括與之緊密聯繫的各服務行業，在各個階段都能更好地滿足客戶日益個性化的需求。其核心是通過信息物理系統（Cyber-Physical System）將生產過程的供應、製造、銷售信息進行數據化、智能化，達到快速、有效、個體化的產品供應，目的是提高德國工業競爭力，在新一輪工業革命中占領先機。

工業4.0的顯著特徵是：以建立智能工廠、智能生產體系、智能物流為主題，通過價值鏈實現橫向集成，通過網絡化製造系統實現縱向集成，通過信息和物理融合實現工程端到端的集成。

工業4.0的成功實施需要恰當的產業和產業政策與之相伴，為此提出需要在以下八個關鍵領域採取行動：標準化和參考構架、管理複雜系統、基礎設施建設、安全和保障、工作的組織和設計、培訓和持續的專業發展、監管框架、資源利用效率。

實現工業4.0的核心和關鍵是建立一個人、機器、資源互聯互通的網絡化社會。物聯網、互聯網、服務化的智能連接必然要求有一個系統框架，在這個框架內，各種終端設備、應用軟件之間的數據信息交換、處理、識別、維護等必須以一套標準化的體系為基礎。2013年12月，德國電氣電子和信息技術協會（DKE）發布了德國首個「工業4.0」標準化路線圖，包括以下幾點：①建立對目標、利益、潛力和風險、可能的內容

和實施策略的描述，以便參與者建立互信，從而聯合執行措施；②瞄準關鍵技術術語和後續生產匯編發布通用的「工業4.0詞彙表」；③對工業4.0的架構的模型共性（底層的核心模型、參考模型、架構設計）進行界定；④制定工業4.0服務架構標準；⑤制定一個超自動化水準的程序與功能的描述標準；⑥給出術語標準和使用本體；⑦對自治和自治組織的系統進行研究，包括策劃、運作和安全；⑧描述特性維護和系統結構；⑨改變現有的系統架構方法；⑩制定自上而下的技術地圖，對目前存在的標準化機構進行分析和定位；⑪考慮到成本效益和時間的限制，還需建立自上而下的路線圖；⑫選擇一個合適的許可模式和合適的社區進程；⑬有其他任務組成工作組，任務包括協調、建議、評估、溝通和激勵。

工業4.0戰略發布後，德國各大企業積極回應，已經形成了從基礎元器件、自動化控制軟硬件、系統解決方案到應用商的完成產業鏈（詳見表11-1），圍繞工業4.0形成了大的生態系統，如圖11-1所示。

表11-1　　　　　　　　　德國工業4.0產業鏈

分類	公司名稱	業務簡介
硬件、終端提供商	倍福（Beckhoff）	Beckhoff生產的工業PC、驅動產品、自動化設備規範（ADS）、EtherCAT自動化協議（EAP）和OPC統一架構（OPC UA）相結合，構建工業以太網絡，成為智能工廠中信息互通有無的媒介
	庫卡（KUKA）	庫卡集團是全球領先的機器人和自動化生產系統及解決方案供應商，客戶主要分佈於汽車工業領域。KUKA下設有兩大業務：工業機器人和機器人系統
	英飛凌（Infineon）	全球領先的半導體公司之一，為汽車和工業級功率器件、芯片卡和安全應用提供半導體和系統解決方案，在模擬和混合信號、射頻、功率以及嵌入式控制裝置領域掌握尖端技術，通過微控制器、功率器件和傳感器推動第四次工業革命
軟件提供商	思愛普（SAP）	SAP以信息技術為核心，提供企業應用、商務分析、移動商務、數據庫及技術平臺和雲計算五大業務領域的企業管理解決方案。SAP是全球最大的企業管理和協同化商務解決方案提供商、世界第三大獨立軟件提供商，也是工業4.0時代必不可少的IT綜合提供商
控制軟硬件提供商	菲尼克斯電氣（PHOENIX）	作為全球電氣工程、電子與自動化市場的領導者，提供未來支持智能網絡化和自組織製造技術的期間、系統和解決方案。公司提出「電氣智能戰略」，並成立獨立軟件公司PHOENIX CONTACT SOFTWARE，以服務於智能製造和工業4.0的下一代菲尼克斯電氣軟件
	西門子（SIEMENS）	全球電子電氣工程領域的領先企業，重點業務是電氣化、自動化和數字化
	施耐德電氣（SchneiderElectric）	全球能效管理專家。在能源與基礎設施、工業工程控制、樓宇自動化和數據中心與網絡等市場處於世界領先地位，致力於為工業領域的最終用戶和機器製造商提供完整的自動化產品系列、開放的能效管理平臺和領先的行業解決方案。旗下已開展Eco Struxure能效管理平臺、PlanStruxure協同自動化控制系統和智能電網業務

表11-1(續)

分類	公司名稱	業務簡介
應用商	博世（Bosch）	涵蓋汽車與智能交通技術、工業技術、消費品以及能源與建築技術領域，逐步打造智能工廠生產模式：智能化原材料輸送、國際生產網絡系統、流水線操作狀況監控、遠程技術和高效設備管理系統
	戴姆勒（Daimler）	全球領先的汽車製造商，擁有高檔轎車、輕型商用車、卡車和客車等產品，以及一系列量身定制的汽車服務組合。它已經將工業4.0運用在梅賽德斯－奔馳智能互聯網系統（為用戶提供涵蓋便捷服務、信息娛樂、安全服務等多領域的車載智能互聯繫統）、智能生產車間和流水線、3D仿真模擬車輛建模等方面
	巴斯夫（BASF）	全球領先的化工公司，公司的產品範圍包括化學品、塑料、特性化學品、農用產品、精細化學品以及原油和天然氣。企業已把「一體化」列為核心競爭優勢，憑藉遍布全球的6個一體化基地和376個生產基地，形成生產裝置、能量流與基礎設施的智能連接。此外，它的專業知識和客戶之間也實現了智能連接。一體化系列創造了從基礎化學品到塗料和作物保護產品等高附加值產品的高效價值鏈

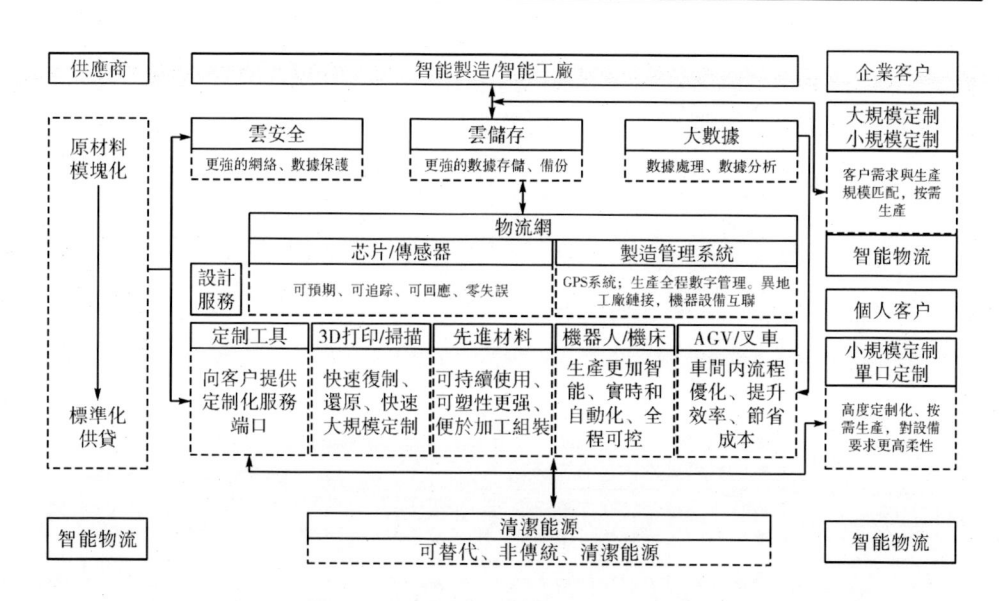

圖11-1 圍繞工業4.0形成了大的生態系統

資料來源：陳明，梁乃明．智能製造之路——數字化工廠［M］．北京：機械工業出版社，2017，12．

3.《中國製造2025》

隨著全球製造業智能化技術的不斷發展，快速發展的智能製造將加速重構全球製造業格局，中國在製造業方面的低成本優勢、制度變革後發優勢、技術獲取的後發優勢等都在逐漸消失。為主動應對新一輪科技革命和產業變革，中國在2015年發布了《中國製造2025》，這是中國實施製造強國戰略的第一個十年行動綱領。

《中國製造2025》提出，堅持「創新驅動、質量為先、綠色發展、結構優化、人才

為本」的基本方針，堅持「市場導向、政府引導、立足當前、著眼長遠、整體推進、重點突破、自主發展、開發合作」的基本原則，通過「三步走」實現製造強國的戰略目標：第一步，到2025年進入製造強國行列；第二步，到2035年中國製造業整體達到世界製造強國陣營中等水準；第三步，到新中國成立一百年時，中國製造業大國地位更加鞏固，綜合實力進入世界製造強國前列。

圍繞實現製造強國的戰略目標，《中國製造2025》明確了九項戰略任務：①提高國家製造業創新能力；②推進信息化與工業化深度融合；③強化工業基礎能力；④加強質量品牌建設；⑤全面推行綠色製造；⑥大力推動重點領域突破發展；⑦深入推進製造業結構調整；⑧積極發展服務型製造和生產性服務業；⑨提高製造業國際化水準。

《中國製造2025》還確定了十大重點領域：新一代信息技術、高檔數控機床和機器人、航空航天裝備、海洋工程裝備及高技術船舶、先進軌道交通裝備、節能與新能源汽車、電力裝備、新材料、生物醫藥及高性能醫療器械、農業機械裝備。國家將引導社會各類資源聚集，大力推動十大重點領域突破發展。

《中國製造2025》還確定了五項重大工程，如表11-2所示。

表11-2　　　　　　　　中國製造2025五項重大工程

智能製造工程	●開展信息技術與製造裝備融合的集成創新和工程應用，開發智能產品和自主可控的智能裝置並實現產業化 ●建設重點領域智能工廠/數字化車間 ●開展智能製造試點示範及應用推廣 ●建立智能製造標準體系和信息安全保障 ●搭建智能製造網絡系統平臺
工業強基工程	●支持核心基礎零部件（元器件）、先進基礎工藝、關鍵基礎材料的首批次或跨領域應用 ●突破關鍵基礎材料、核心技術零部件工程化、產業化瓶頸 ●完善重點產業基礎體系
綠色製造工程	●組織實施傳統製造業能效提升、清潔生產、節水治污、循環利用等專項技術改進 ●開展重大節能環保、資源綜合利用、再製造、低碳技術產業化示範 ●實施重點區域、領域、行業清潔生產水準提升計劃 ●開展綠色評價
高端裝備創新工程	●實施一批創新和產業化專項、重大工程 ●開發一批標誌性、帶動性強的重點產品和重大裝備
製造業創新中心建設工程	●形成一批製造業創新中心 ●重點開展行業基礎和共性關鍵技術研發、成果產業化、人才培訓等工作

資料來源：陳明、梁乃明等. 智能製造之路——數字化工廠（第1版）　[M]. 北京：機械工業出版社, 2017, 12.

為深入貫徹落實《中國製造2025》，加快實施智能製造工程，工業部和信息化部2015年7月首次發布了智能製造試點示範項目名單，全國共46個示範項目入圍，覆蓋了38個行業，涉及流程製造、離散製造、智能裝備和產品、智能製造新業態新模式、智能化管理、智能服務等6個類別。在2016年、2017年、2018年發布的智能製造試點示範項目名單中，分別遴選了63個、98個、99個智能製造試點示範項目。通過試點示範，進一步從多個領域提升了中國智能製造水準，不斷形成並推廣智能製造新模式。

4.《英國工業 2050 戰略》

英國是全球最早進行工業化的國家，曾經被稱為「現代工業革命的搖籃」和「世界製造工廠」，它的現代化發展絕大多數來源於製造業。然而，出現第三產業和金融業後，英國製造業開始低迷，尤其是 20 世紀 80 年代中後期，英國當局開始實施去工業化的策略，即重新調整和佈局產業結構來發展虛擬經濟。隨著時間的推進，英國已完成了去工業化的歷程。英國在 2008 年金融危機中損失慘重，英國政府認識到要想強大和富民必須靠製造業的再次崛起。因此，2013 年 10 月，英國政府科技辦公室推出了《英國工業 2050 戰略》，其中制定了到 2050 年的未來製造業發展戰略。《英國工業 2050 戰略》就是定位於 2050 年英國製造業發展的一項長期戰略研究，通過分析製造業面臨的問題和挑戰，提出英國製造業發展與復甦的政策。報告展望了 2050 年製造業的發展狀況，並據此分析英國製造業的機遇和挑戰。報告的主要觀點是科技改變生產、信息通信技術、新材料等科技將在未來與產品和生產網絡融合，極大改變產品的設計、製造、提供，甚至使用方式。報告認為，未來製造業的主要趨勢是個性化的低成本產品需求增大、生產重新分配和製造價值鏈的數字化。製造業不再是「製造後銷售」，而是轉變為「服務+再製造（以生產為中心的價值鏈）」，這將對製造業的生產過程和技術、製造地點、供應鏈、人才，甚至文化產生重大影響。

為系統推進《英國工業 2050 戰略》，英國先後提出了《高價值製造推動計劃》《創新英國》《EPSRC 製造業未來》《製造業行動計劃》等一系列計劃和方案；英國部門還發布了新的經濟發展策略，其主要內容是增大工業在經濟結構中的比重和打造高水準的製造業，在創造、升級上做準備；減輕服務業、第三產業、金融業在經濟中的比重，使國家的經濟發展進入常態。

5. 法國《新工業法國》戰略

20 世紀 80 年代以後，法國首先開始「去工業化」，這使得製造業增長值占 GDP 比重從 20.6% 下降到 10%，2008 年全球金融危機爆發後，法國製造業延續了下滑走勢，2008—2012 年，製造業就業率和增長值占比分別降低了 1.3% 和 1.8%。為挽救製造業頹勢，2010 年 9 月，法國政府在「新產業政策」中明確將工業置於國家發展的核心位置，提出了法國必須進行再工業化。隨後在 2013 年 9 月推出了《新工業法國》10 年中長期戰略規劃，旨在通過創新重造工業實力，使法國工業重新回到世界工業的第一陣營。並以解決能源、數字革命和經濟生活為目的，並提出了 34 項具體計劃。

2015 年 5 月，法國政府對《新工業法國》計劃進行了大幅調整，調整後的法國「再工業化」總體佈局為「一個核心，九大支點」。一個核心是「未來工業」，主要內容是實現工業生產向數字製造、智能製造轉型，以生產工具的轉型升級帶動商業模式變革。九大支點包括大數據經濟、環保汽車、新資源開發、現代化物流、新型醫藥、可持續發展城市、物聯網、寬帶網絡與信息安全、智能電網，旨在通過信息化改造產業模式，實現再工業化的目標。根據這一計劃，2015 年秋，法國「未來工業」項目正式和德國工業 4.0 項目建立合作關係；2016 年 2 月，法國發布「未來工業」標準化戰略。

6. 其他國家發展現狀

日本通產省於 1990 年 6 月提出了智能製造研究十年計劃，並聯合歐美國家，共同

成立智能製造系統（IMS）國際委員會。此後，日本陸續提出了諸多與智能製造相關的支持政策和計劃，主要包括《科學技術基本計劃》（1996年）、《國家產業技術戰略》（2000年）、《日本製造業競爭策略》（2009年）、《第四期科技發展基本計劃》（2011年）、《製造業白皮書（2014版）》、《機器人新戰略》（2015年）等。

韓國於1991年年底提出了「高級先進技術國家計劃（G-7計劃）」，該計劃包括計算機集成製造（CIM）和智能製造系統（IMS），計劃用15年時間，由政府和民間共同投資4,200億韓元來實施「先進製造系統」的研究與開發，該目標現已基本實現。亞洲金融危機後，韓國將發展高科技提升為國家戰略，並在2003年開始實施「第二次科技立國」戰略，通過科技創新和產業升級，韓國的電子、造船、汽車和鋼鐵產業都實現了飛躍。2014年6月，韓國推出了「工業4.0」的《製造業創新3.0戰略實施方案》，2015年3月，韓國政府又公布了經過進一步補充和完善後的《製造業創新3.0戰略實施方案》，這標誌著韓國版「工業4.0」戰略正式確立。首先，戰略目標明確，即促進製造業與信息技術相融合，從而創造出新產業，提升韓國製造業競爭力。為實施這一戰略，韓國制定了長期規劃與短期計劃相結合的多項具體措施，大力發展無人機、智能汽車、機器人、智能可穿戴設備、智能醫療等13個新興動力行業。其次，在戰略設計上，韓國政府特意使用了「製造業創新3.0」的提法，這意味著並非原封不動地複製德國「工業4.0」的全部概念，尤其是在戰略執行上，充分考慮到韓國中小企業生產效率相對較低、技術研發實力不足的特點，採取了由大企業帶動中小企業，由試點地區逐漸向全國擴散的「漸進式」推廣策略。

印度政府於2004年5月提出了設立國家製造業競爭委員會，以加強和維持食品加工、紡織服裝等製造業的發展。該位委員會還在2005年發布了《印度製造業國家戰略》白皮書，稱印度每年需要在農業以外創造700萬至800萬個就業崗位，勞動密集型的製造業是唯一能實現如此多就業機會的來源。為了在2020年達到製造業占GDP25%的目標，印度「國家製造業政策」（NMP）規劃制定了改革投資與稅收政策和改善鐵路、公路、港口等核心基礎設施的路線圖。

三、智能製造的概念

1. 智能製造的定義

智能製造是一項綜合系統工程，以傳統管理技術和標準化為基礎，突出人的核心作用，將互聯網技術、設備聯網技術、雲計算和大數據信息化技術廣泛應用於生產設施、控制、操作、製造執行、企業營運、分析決策、商業模式、協同創新過程，實現自動識別、自動記錄、自主分析、自主判斷、自主決策、自主優化，並通過設備聯網、智能營運模式、協同創新對傳統製造業進行升級改造，實現企業管理過程的智能化、柔性化、集成化。需要指出一點：製造過程的時間、安全、質量、效率、交期、成本、服務等依然是智能製造管理目標的主題。

2. 智能製造的內涵與特徵

智能製造是一種全新的製造管理系統，是隨著市場的變化和製造業的內在發展邏輯，經過演變和整合逐步形成的。它是將傳統管理技術通過信息化、自動化、網絡化植

入日常管理中，使其得到昇華。

智能管理是高度綜合性管理工程技術系統，涉及信息、網絡、自動化等技術以及管理學、經濟學等學科。在進行研究和設計時，必須先設計其整體架構，再設計詳細的子系統，進行各子系統或具體問題的研究。智能管理以適應企業發展的整體功能最優為目標，通過對智能製造系統的綜合、系統分析，構建系統模型來指導企業智能製造系統的推進。

智能製造是企業價值鏈的智能化和協同創新的應用，是推進兩化深度融合和提升的有效手段，用於解決企業的設計、生產、銷售、服務等為顧客創造價值的一系列活動、功能以及業務流程之間的連接問題。它將創新資源和要素有效匯聚，通過突破創新主體間的壁壘。充分釋放彼此間「人才、資源、信息、技術、數據」等創新要素活力而實現協同創新下的深度合作。智能製造通過核心企業的引導和機制安排，促進價值鏈上企業發揮各自的能力優勢，整合互補性資源，實現優勢互補，協作開展技術創新，加速技術應用，並促使技術不斷進步。

智能製造是過程方法應用的集中體現：通過數據自動採集、存儲、提煉、分析、預警、指令，實現閉環生態系統。更高階段體現為擁有強大的知識庫，能夠自主識別、自主分析、自主判斷、自主決策通過閉環生態系統對製造業不斷優化升級。

智能製造以客戶需求為中心，其動力在於必須在質量、成本、效益、服務和環境等方面同時滿足市場和社會的需求，在最短的週期提供高質量的產品，提供具有競爭優勢的價格和全方位的服務，從而獲得利益最大化。

企業需建立一個知識技能水準合理的推進組織。要實現智能製造，必須推進組織變革，使組織更具適用性：一是摒棄傳統的金字塔式組織，建立扁平化、矩陣式組織；二是根據智能製造各環節、各階段的知識技能要求，對人員職責進行重新設計，明確崗位標準、職責和報酬體系，進行系統培訓，保證每一階段人力資源的供應。

3. 智能製造與傳統製造的異同點

智能製造是一種由智能機器和人類專家共同組成的人機一體化智能系統，通過人與智能機器的合作共事，去擴大、延伸和部分地取代人類專家在製造過程中的腦力勞動。它更新了製造自動化的概念，使其擴展到柔性化、智能化和高度集成化。智能製造與傳統製造的異同點主要體現在產品的設計、產品的加工、製造管理以及產品服務等幾個方面，具體見表11-3。

表11-3　　　　智能製造與傳統製造的異同點

分類	傳統製造	智能製造	智能製造的影響
設計	常規產品 面向功能需求設計 新產品週期長	虛實結合的個性化設計，個性化產品 面向客戶需求設計 數值化設計，週期短，可即時動態改變	設計理念與使用價值觀的改變 設計方式的改變 設計手段的改變 產品功能的改變

表11-3(續)

分類	傳統製造	智能製造	智能製造的影響
加工	加工過程按計劃進行 半智能化加工與人工檢測 生產高度集中組織 人機分離 減材加工成型方式	加工過程柔性化，可即時調整 全過程智能化加工與在線即時監督 生產組織方式個性化 網絡化過程即時跟蹤 網絡化人機交互與智能控制 減材、增材多種加工成型方式	勞動對象變化 生產方式的改變 生產組織方式的改變 生產質量監控方式的改變 加工方法的多樣化 新材料、新工藝不斷出現
管理	人工管理為主 企業內管理	計算機信息管理技術 機器與人交互指令管理 延伸到上下游企業	管理對象改變 管理方式改變 管理手段改變 管理範圍擴大
服務	產品本身	產品全生命週期	服務對象範圍擴大 服務方式變化 服務責任增大

資料來源：陳明，梁乃明. 智能製造之路——數字化工廠 [M]. 北京：機械工業出版社，2017，12.

四、智能製造總體模型

智能製造總體模型分為以下四個部分，如圖11-2所示。

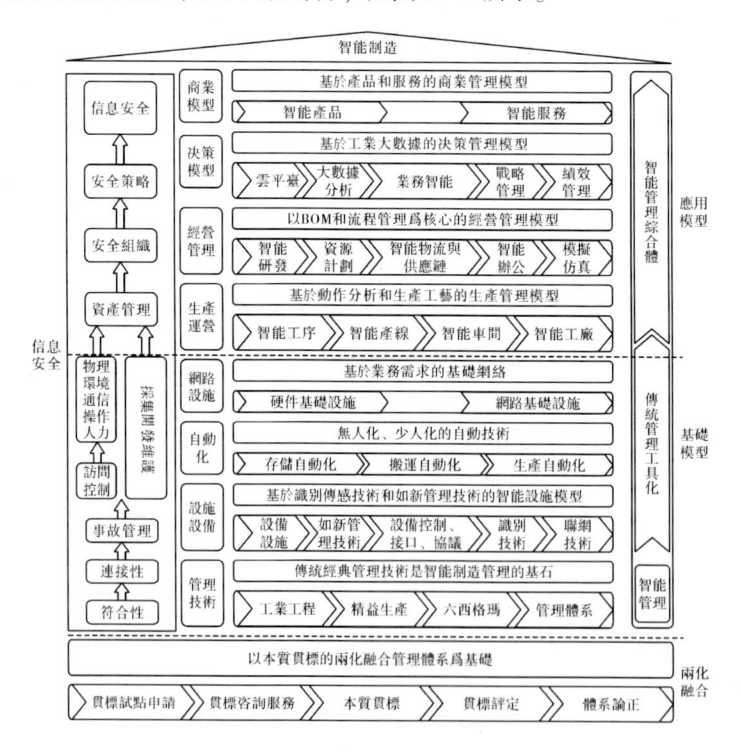

圖11-2　智能製造總體模型

資料來源：胡成飛，姜明，張旋. 智能製造體系構建——面向中國製造2025的實施路線[M]. 北京：機械工業出版社，2017，6.

第一部分為兩化融合部分。此部分是以本質貫標的兩化融合管理體系為基礎，進行智能製造體系模型構建，主要內容包括：貫標申請試點、貫標諮詢服務、本質貫標、貫標評定、體系認證等。

第二部分為智能製造基礎模型部分，主要內容包括：通過把傳統管理技術進行智能升級，使之工具化，形成智能管理綜合體，貫穿整個製造過程；通過智能技術將設備設施自動化、智能化，當與信息技術、設備管理技術、設備如新管理思維集成和融合後，使之具有自我感知、自主分析、自主推理、自主診斷、自主決策和控制功能；建立適應智能製造的網絡設施。

第三部分為應用模型部分。主要內容包括：建立基於動作分析和生產工藝的生產管理模型，通過工序和運載集成建立智能生產線，智能生產線通過工藝集成形成智能車間，再由智能車間和執行層系統的融合構建智能工廠；建立以 BOM 和流程管理為核心的營運管理模型；建立基於工業大數據分析的決策管理模型；建立基於智能產品，智能服務的商業管理模型。

第四部分為信息安全部分。信息安全是智能製造的重要部分，企業須參照 ISO 27001 信息安全管理體系標準，制定自身的信息安全體系，用以規範企業員工行為，這是各種信息技術實施的有效保證。從企業層面統籌安排軟硬件系統，保證信息安全體系協同工作高效、有序地進行；通過信息安全管理體系實施，不僅要對安全事故及時採取有效措施，更重要的是通過過程管理預防和避免更多的信息安全事件，避免因信息安全造成經濟損失。

第二節　智能製造系統

從系統的功能角度，智能製造系統可以看作若干複雜相關子系統的一個整體集成，包括產品數字化建模與開發系統、產品全生命週期管理系統、生產製造執行系統、全集成自動化系統、企業資源計劃（ERP）系統以及將各子系統無縫連接起來的信息物理系統等。

一、產品數字化建模與開發系統

產品的研發、設計、製造、質檢等組成了產品生產過程，而過程是一系列相關活動組成的有機序列，通過過程才能形成產品並產生效益。為提高製造的成功率和可靠性，在數字化製造中應格外重視工藝過程，即產品加工過程、裝配過程及生產系統規劃、重組和仿真等技術的研究，以實現生產資源和加工過程的優化及從傳統製造向可預測製造轉變的目的。出於工藝過程的複雜性，很難用一個模型來描述，所以在工藝過程建模中往往採用多視圖和複合過程模型描述。所謂多視圖，即從產品信息、開發活動、企業資源和組織結構等多方面分別進行描述，然後通過集成化方法產生模型間的映射機制；複合過程模型是指對過程、產品數據及資源數據的複合描述，也包括複合各種模型的特點，如功能模型中的結構分析、動態模型中的狀態轉移及對象模型中的封裝、繼承等特

點。按照加工過程的特點，加工過程中的建模和仿真指的是對刀具軌跡進行運動模擬，並判斷在刀具與原材料的相對運動過程中是否存在干涉。同時在智能工廠裝配環節，通過虛擬裝配環境可以有效地提高裝配車間現場的現代化管理水準。在車間現場，所提供的三維可視化裝配工藝文檔（包括裝配工藝過程動畫、三維模型、裝配工裝和工具、輔助材料清單等）使裝配人員可以更清晰、更快速地理解裝配意圖，從而減少或部分替代實物試裝，提高生產效率，降低生產成本。

可以說，產品數字化模型不僅是產品性能仿真的基礎，而且是生產系統建立、工藝路線確定和工藝過程建模的基礎。產品數字化建模技術主要研究的是在計算機內部採用什麼樣的數字化模型來描述、存儲和表達現實世界中的產品，包括產品的幾何形狀、結構、性能與行為狀態等信息。對機械產品而言，由於產品的幾何形狀和結構是最基本的信息，因此自三維CAD系統（如NX）出現以後，數字化建模技術首先成功應用在產品的數字化定義和數字化預裝配方面。

二、產品全生命週期管理系統

產品全生命週期管理系統（Product Life-cycle Management，簡稱PLM）是智能製造系統的一個重要組成部分。它對產品從需求提出至被淘汰的整個過程進行嚴格的流程控制管理，是對產品生命週期中全部組織、管理行為的綜合與優化，它以不斷增加個體消費需求為導向，貫穿產品的設計、生產、發展、配送直到最後的回收環節，並包括所有相關服務。主要功能包括產品需求管理、產品論證管理、產品績效管理、產品關停並轉管理、產品360度分析視圖、流程引擎及工作臺，如圖11-3所示。產品全生命週期管理系統的核心是數據，以及對數據進行可視化展示和建模仿真的技術。

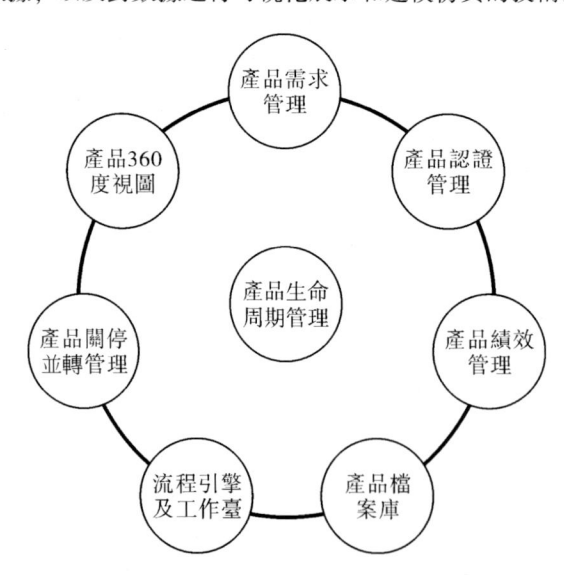

圖11-3 產品全生命週期管理

資料來源：德州學院、青島英谷教育科技股份有限公司. 智能製造導論［M］.
西安：西安電子科技大學出版社，2016，8.

產品全生命週期管理的各項功能具體作用如下：

（1）產品需求管理：設計前期，做好對客戶需求的存檔歸類分析，使產品設計更為合理。

（2）產品論證管理：上線測試產品設計，對於測試不通過的整改再設計，再行測試通過後方可營運。同時按照規範，就資費方案的各個環節與各種變形進行多重疊加綜合測試，及時反饋資費設計與實際結果的對比情況，發現設計問題，從而提高設計的準確性，降低市場風險，在整個過程中保證產品的資費準確。

（3）產品績效分析：在營運後對產品進行跟蹤，即時瞭解產品狀態，預測產品趨勢，定位產品所處生命階段。對於無效益產品可及時關停或合併，提高企業效益。

（4）產品關停並轉管理：即產品下線，可以視為該產品的生命結束，但任何一個實例產品的生產營運數據都有參考價值，可為以後的產品設計提供參考。

（5）產品檔案庫：保存所有已生產產品數據的檔案，為後期其他產品的設計上線提供參考。

（6）360度視圖：產品資費分析的一種，可以給用戶提供最好的產品及資費解決方案，同時精準提供最適合顧客的產品推薦，從而提高用戶滿意度。

（7）流程引擎及工作臺：整個流程的開關係統，以上流程均需流程引擎來控制。

三、生產製造執行系統

生產製造執行系統（Manufacturing Execution System，簡稱 MES）由美國 AMR 公司（Advanced Manufacturing Research，Inc.）在 20 世紀 90 年代初提出，旨在加強 MRP（物料需求計劃）的執行功能，把 MRP 計劃與車間作業現場控制設備——PLC 程控器、數據採集器、條形碼、各種計量及檢測儀錶、機械手等通過生產執行系統連接起來，並設置了必要的接口，以期與生產現場控制設備的供應廠商建立合作關係。生產執行系統協會（Manufacturing Execution System Association，簡稱 MESA）對 MES 的定義如下：MES 能通過信息傳遞對從訂單下達到產品完成的整個生產過程進行優化管理。當工廠發生即時事件時，MES 能對此及時做出反應、報告，並用當前的準確數據對它們進行指導和處理。這種對狀態變化的迅速回應使 MES 能夠減少企業內部沒有附加值的活動，有效地指導工廠的生產運作，從而既能提高工廠的及時交貨能力，改善物料的流通性能，又能提高生產回報率。MES 還通過雙向的直接通信在企業內部和整個產品供應鏈中提供有關產品行為的關鍵任務信息。

從以上定義可看出 MES 的關鍵作用是優化整個生產過程，它需要收集生產過程中大量的即時數據，並對即時事件做出及時處理，同時又與計劃層和控制層保持雙向通信能力，從上下兩層接收相應的數據並反饋處理結果和生產指令。因此，不同於以派工單形式為主的生產管理和以輔助物料流為特徵的傳統車間控制器，也不同於偏重於以作業與設備調度為主的單元控制器，我們應將 MES 作為一種生產模式，把製造系統的計劃和進度安排、追蹤、監視和控制、物料流動、質量管理、設備的控制和計算機集成製造接口（CM）等作為一體去考慮，以最終實施製造自動化戰略。圖 11-4 反應了 MES 在企業生產管理中的數據流圖。

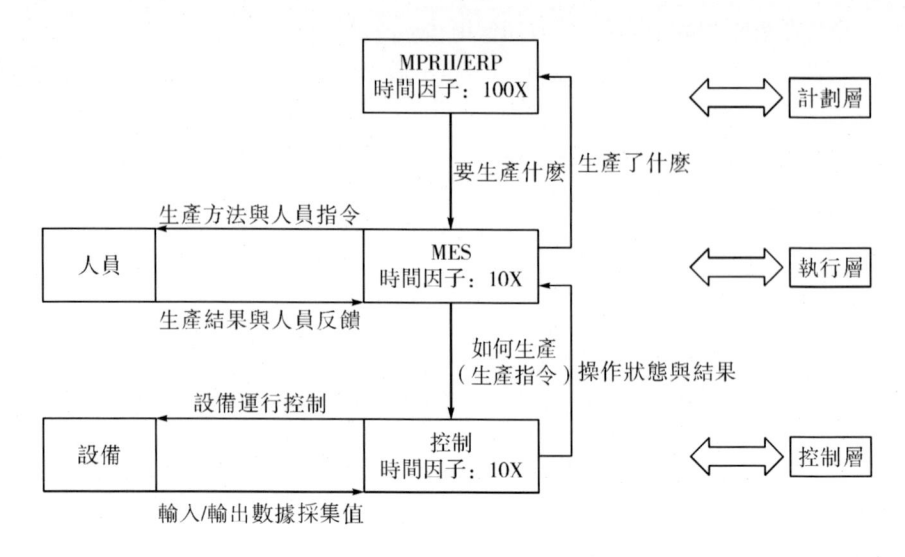

圖 11-4　MES 在企業生產管理中的數據流圖

資料來源：陳明，梁乃明. 智能製造之路——數字化工廠 [M]. 北京：機械工業出版社，2017，12.

四、全集成自動化系統

全集成自動化系統是實現智能控制生產過程的核心部分，實現了對工廠層面的柔性操控、自動化物流營運、靈敏製造，達到了智能工廠對生產業務功能的要求。西門子全集成自動化系統的功能定義是：TIA 是一個以工業以太網（或工業總線）為基礎的技術解決方案，它集成工廠的生產管理系統、人機控制、自動化控制軟件、自動化設備、數控機床，形成工廠的物理網絡，即時採集生產過程數據，分析生產過程的關鍵影響因素，監控生產物流的穩定性和生產設備的即時狀態，以實現智能控制整個工廠的生產資源、生產過程達到智能化、數字化生產的目的。全集成自動化系統、MES 和企業 PLM/ERP 的連接實現了整個企業層級自上而下的數字化驅動，真正實現產品全生命週期的數字化定義，實現企業全生命週期的技術狀態透明化管理，靈活快速地回應市場需求，通過即時監控設備生產狀態和完備率，評估投產風險，預估成本，為企業提供可靠的投資保障。

五、企業資源計劃（ERP）系統

企業資源計劃（ERP）系統是由美國 Gartner Group 公司於 1990 年提出。企業資源計劃是 MRP-II（企業製造資源計劃）下一代的製造業系統和資源計劃軟件。除了 MRP-II 已有的生產資源計劃、製造、財務、銷售、採購等功能外，還有質量管理實驗室管理、業務流程管理、產品數據管理、存貨管理、分銷與運輸管理、人力資源管理和定期報告系統。目前，在中國 ERP 所代表的含義已經被擴大，用於企業的各類軟件都已經被納入 ERP 的範疇。它跳出了傳統企業邊界，從供應鏈範圍去優化企業的資源，是基於網絡經濟時代的新一代信息系統。它主要用於改善企業業務流程，以提高企業的

核心競爭力。

ERP 匯合了離散型生產和流程型生產的特點，面向全球市場，包羅了供應鏈上所有的主導和支持能力，協調企業各管理部門圍繞市場導向，更加靈活或「柔性」地開展業務活動，即時地回應市場需求。為此，我們需要重新定義供應商、分銷商和製造商之間的業務關係，重新構建企業的業務、信息流程及組織結構，使企業在市場競爭中有更大的能動性。ERP 是一種主要面向製造行業進行物質資源、資金資源和信息資源集成一體化管理的企業信息管理系統。ERP 是一個以管理會計為核心，可以提供跨地區、跨部門甚至跨公司整合即時信息的企業管理軟件，也是針對物資資源管理（物流）、人力資源管理（人流）、財務資源管理（財流）、信息資源管理（信息流）集成一體化的企業管理軟件。

ERP 系統包括以下主要功能：供應鏈管理、銷售與市場、分銷、客戶服務、財務管理、製造管理、庫存管理、工廠與設備維護、人力資源、報表、製造執行系統、工作流服務和企業信息系統等。此外，還包括金融投資管理、質量管理、運輸管理、項目管理、法規與標準、過程控制等補充功能。ERP 是將企業所有資源進行整合集成管理，簡單地說，是將企業的三大流——物流、資金流、信息流進行全面一體化管理的管理信息系統。它的功能模塊已不同於以往的 MRP 或 MRPII 模塊，它不僅可用於生產企業的管理，而且許多其他類型的企業（如一些非生產公益事業的企業）也可導入 ERP 系統進行資源計劃和管理。在企業中，一般的管理主要包括三方面的內容：生產控制（計劃、製造）、物流管理（分銷、採購、庫存管理）和財務管理（會計核算、財務管理）。這三大系統本身就是集成體，它們互相之間有相應的接口，能夠很好地整合在一起對企業進行管理。另外，要特別提出的是，隨著企業對人力資源管理重視程度的加強，已經有越來越多的 ERP 廠商將人力資源管理作為 ERP 系統的一個重要組成部分。

ERP 把客戶需求和企業內部的製造活動以及供應商的製造資源整合在一起，形成一個完整的供應鏈。其核心管理思想主要體現在以下三個方面：對整個供應鏈資源進行管理，精益生產、敏捷製造和同步工程，事先計劃與事前控制。ERP 具有整合性、系統性、靈活性、即時控制性等顯著特點。

六、信息物理系統

信息物理系統（Cyber Physical System，簡稱 CPS）是將虛擬世界與物理資源緊密結合與協調的產物。它強調物理世界與感知世界的交互，能自主感知物理世界狀態、自主連接信息與物理世界對象，形成控制策略，實現虛擬信息世界和實際物理世界的互聯、互感及高度協同。信息物理系統是融合了計算（computation）、通信（communication）與控制（control）技術的智能化系統，它從實體空間的對象、環境、活動中進行大數據的採集、存儲、建模、分析、挖掘、評估、預測、優化、協同，並與對象的設計、測試和運行性能表徵深度有機融合，是即時交互、相互耦合、相互更新的網絡空間（包括機理空間、環境空間與群體空間），進而通過自感知、自記憶、自認知、自決策、自重構和智能支持，促進工業資產的全面智能化。

具體而言，信息物理系統是在環境感知的基礎上，通過計算、通信與物理系統的一體化設計，形成可控、可信、可擴展的網絡化物理設備系統，通過計算進程與物理設備

相互影響的反饋循環來實現深度融合與即時交互，以安全、可靠、高效和即時的方式，監測或者控制一個物理實體。

信息物理系統具有與傳統的即時嵌入式系統以及監控與數據採集系統（Supervisory Control And Data Acquisition Systems，簡稱 SCA-DA）不同的特殊性質：

（1）全局虛擬性、局部物理性：局部物理世界發生的感知和操縱，可以跨越整個虛擬網絡，並被安全、可靠、即時地觀察和控制。

（2）深度嵌入性：嵌入式傳感器與執行器使計算深深嵌入到每一個物理組件，甚至可能嵌入進物質裡，從而使物理設備具備計算、通信、精確控制、遠程協調和自治等功能，更使計算變得普通，成為物理世界的一部分。

（3）事件驅動性：物理環境和對象狀態的變化構成「CPS 事件」；觸發事件—感知—決策—控制—事件的閉環過程，最終改變物理對象狀態。

（4）以數據為中心：CPS 各個層級的組件與子系統都圍繞數據融合向上層提供服務，數據沿著從物理世界接口到用戶的路徑一路不斷提升抽象，用戶最終得到全面的、精確的事件信息。

（5）時間關鍵性：物理世界的時間是不可逆轉的，因而 CPS 的應用對時間有著嚴格的要求，信息獲取和提交的即時性會影響用戶的判斷與決策精度，尤其是在重要基礎設施領域。

（6）安全關鍵性：CPS 的系統規模與複雜性對信息系統安全提出了更高的要求，尤其重要的是需要理解與防範惡意攻擊帶來的嚴重威脅，以及 CPS 用戶的隱私被暴露等問題。

（7）異構性：CPS 包含了許多功能與結構各異的子系統，各個子系統之間需要通過有線或無線的通信方式相互協調工作，因此，CPS 也被稱為混合系統或者系統的系統。

（8）高可信賴性：物理世界不是完全可預測和可控的，對於意想不到的情況，必須保證 CPS 的魯棒性（Robustness，即健壯和強壯性），同時還須保證其可靠性、高效率、可擴展性和適應性。

（9）高度自主性：組件與子系統都具備自組織、自配置、自維護、自優化和自保護能力，可以支持 CPS 完成自感知、自決策和自控制。

第三節　智能工廠

一、智能工廠的概念

隨著物聯網、大數據、移動應用等一系列前沿信息技術的發展，全球範圍內的新一輪工業革命開始提上日程，工業轉型進入實質階段。而在中國，《中國製造2025》戰略的出抬，表明國家開始積極行動起來，發力把握新一輪工業發展機遇，實現工業智能化轉型。智能工廠作為工業智能化發展的重要實踐形式，已經引發行業的廣泛關注。通過

底層設備互聯互通、大數據決策支持、可視化展現等技術手段，進行生產過程的智能化管理與控制，最終實現全面智能生產的工廠，可以稱為智能工廠。

從狹義上來看，智能工廠是移動通信網絡、數據傳感監測、信息交互集成、高級人工智能等智能製造相關技術、產品及系統在工廠層面的具體應用，以期實現生產系統的智能化、網絡化、柔性化、綠色化。從廣義上來看，智能工廠是以製造為基礎、向產業鏈上下游同步延伸的組織載體，涵蓋了產品整個生命週期的智能化作業。智能工廠的本質是通過人機交互，實現人與機器的協調合作，從而優化生產製造流程的各個環節，具體體現在如下幾個方面：

（1）製造現場：使製造過程透明化，敏捷回應製造過程中的各類異常，保證生產有序進行。

（2）生產計劃：合理安排生產，減少瓶頸問題，提高整體生產效率。

（3）生產物流：減少物流瓶頸，提高物流配送精確率，減少停工待料問題。

（4）生產質量：更準確地預測質量趨勢，更有效地控制質量缺陷。

（5）製造決策：使決策依據更翔實，決策過程更直觀，決策結果更合理。

（6）協同管理：解決各環節信息不對稱問題，減少溝通成本，支撐協同製造。

二、智能工廠的體系架構

智能工廠是實現智能製造的基礎與前提，它在組成上主要分為三大部分，如圖11-5所示。

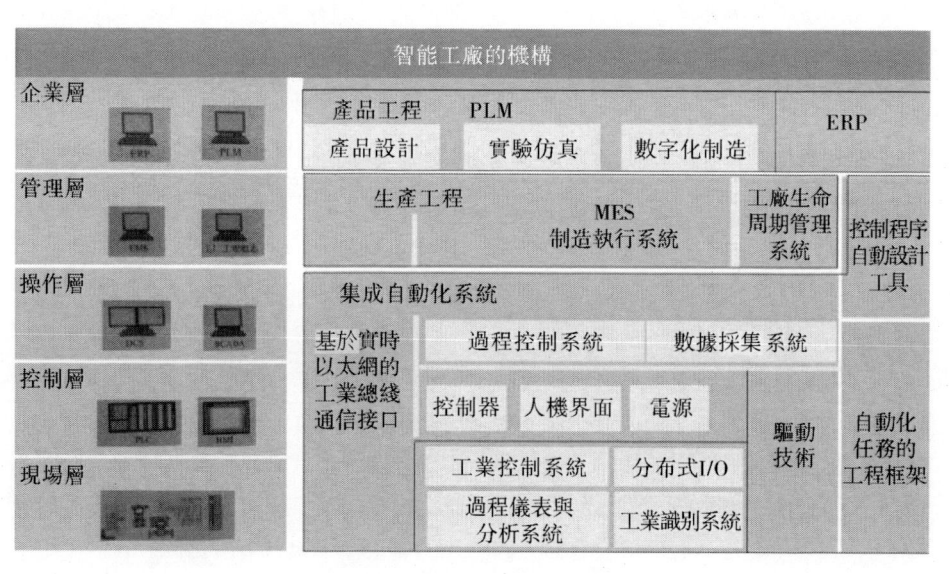

圖11-5 智能工廠的體系架構圖

資料來源：陳明，梁乃明. 智能製造之路——數字化工廠 [M]. 北京：機械工業出版社，2017，12.

在企業層對產品研發和製造準備進行統一管控，與 ERP 進行集成，建立統一的頂層研發製造管理系統。管理層、操作層、控制層、現場層通過工業網路（現場總線、工

業以太網等）進行組網，實現從生產管理到工業網底層的網絡連接滿足管理生產過程、監控生產現場執行、採集現場生產設備和物料數據的業務要求。除了要對產品開發製造過程進行建模與仿真外，還要根據產品的變化對生產系統的重組和運行進行仿真，在投入運行前就要瞭解系統的使用性能，分析其可靠性、經濟性、質量、工期等，為生產製造過程中的流程優化和大規模網絡製造提供支持。

1. 企業層——基於產品全生命週期的管理層

企業層融合了產品設計生命週期和生產生命週期的全流程，對設計到生產的流程進行統一集成式的管控，實現全生命週期的技術狀態透明化管理。通過集成 PLM 系統和 MES、ERP 系統，企業層實現了全數字化定義，設計到生產的全過程高度數字化，最終，實現基於產品的、貫穿所有層級的垂直管控。通過對 PLM 和 MES 的融合實現設計到製造的連續數字化數據流轉。

2. 管理層——生產過程管理層

管理層主要實現生產計劃在製造職能部門的執行，管理層統一分發執行計劃，進行生產計劃和現場信息的統一協調管理。管理層通過 MES 與底層的工業控制網絡進行生產執行層面的管控，操作人員/管理人員提供計劃的執行、跟蹤以及所有資源（人、設備、物料、客戶需求等）的當前狀態，同時獲取底層工業網絡對設備工作狀態、實物生產記錄等信息的反饋。

3. 集成自動化系統

自動化系統的集成是從底層出發的、自下而上的，跨越設備現場層、中間控制層以及操作層三個部分，基於 CPS 網絡方法使用 TIA 技術集成現場生產設備物理創建底層工業網絡，在控制層通過 PLC 硬件和工控軟件進行設備的集中控制，在操作層有操作人員對整個物理網絡層的運行狀態進行監控、分析。

智能工廠架構可以實現高度智能化、自動化、柔性化和定制化，研發製造網絡能夠快速回應市場的需求，實現高度定制化的節約生產。

三、智能工廠介紹

1. 西門子安貝格數字化工廠

西門子基於工業 4.0 概念創建安貝格數字化工廠的目的是實踐工業 4.0 概念並詮釋未來製造業的發展，在產品的設計研發、生產製造、管理調度、物流配送等過程中，安貝格數字工廠都實現了數字化操作。安貝格數字化工廠突出數字化、信息化等特徵，為製造產業的可持續發展提供了借鑑與啓迪。安貝格數字化工廠已經完全實現了生產過程的自動化，在生產過程的製造研發方面與國際化的質量標準相對接。安貝格數字化工廠的理念是將企業現實和虛擬世界結合在一起，從全局角度看待整個產品的開發與生產過程，推動每個過程步驟都實現高能效生產，覆蓋從產品設計到生產規劃、生產工程、生產實施以及後續服務的整個過程，安貝格數字化工廠通過數字化工廠的實踐來對未來工業 4.0 概念做出最佳實踐，處於製造業革命的應用前沿。

（1）建立數字化企業平臺

如圖 11-6 所示，在統一的數字化平臺上進行企業資源、企業供應鏈、企業系統的

融合管理，建立一個跨職能的層級數字化平臺，實現資源、供應鏈、設計系統、生產系統統一的柔性協調和智能化管控，企業所有層級進行全數字化管控，通過數字化數據的層級流轉實現對市場需求的高定制化要求，並即時監控企業的資源消耗、人力分配、設備應用、物流流轉等生產關鍵要素，分析這些關鍵要素對產品成本和質量的影響，以達到智能控制企業研發生產狀態、有效預估企業營運風險的目的。

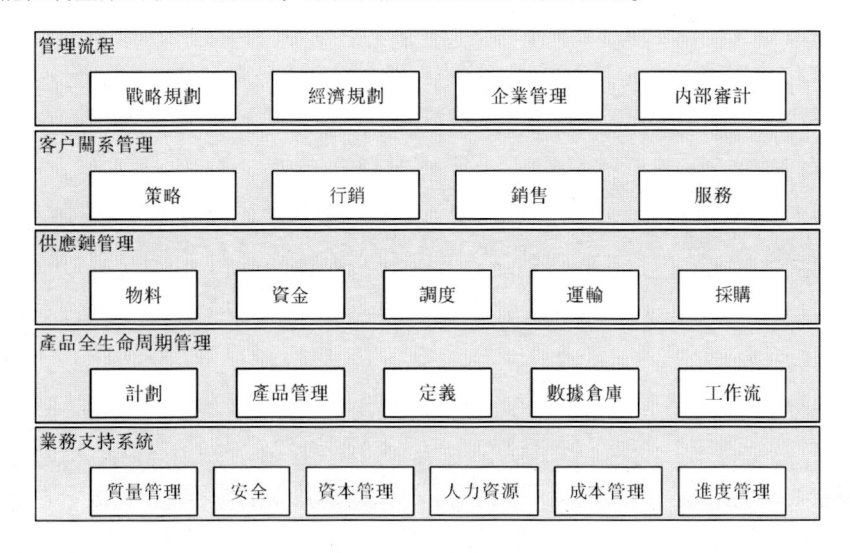

圖 11-6　數字化企業平臺

資料來源：陳明、梁乃明. 智能製造之路——數字化工廠 [M]. 北京：機械工業出版社，2017, 12.

（2）建立智能化物理網絡

基於 Cyber 物理網絡基礎（見圖 11-7）集成西門子的 T 平臺、工控軟件、製造設備的各種軟硬件技術，建立西門子的工業網絡系統。在創建生產現場物理網絡的同時，把生產線的製造設備連接到物理網絡中，採集設備運行情況，記錄生產物料流轉等生產過程數據。

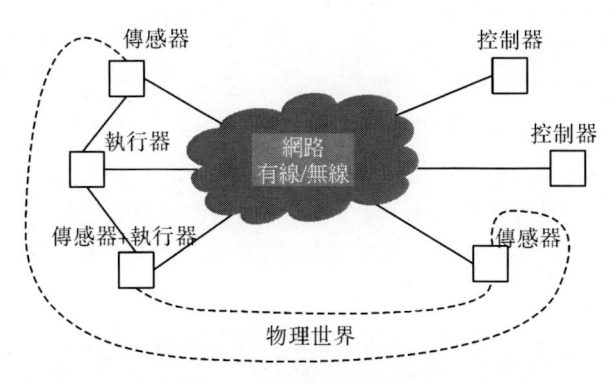

圖 11-7　智能化物理網絡

資料來源：陳明、梁乃明. 智能製造之路——數字化工廠 [M]. 北京：機械工業出版社，2017, 12.

在西門子數字化工廠中，所研發、生產的每一件新產品都會擁有自己的數據信息。這些數據信息在研發、生產、物流的各個環節中不斷豐富，即時保存在數字化企業平臺中。基於這些數據實現數字化工廠的柔性運行，生產中的各個產品全生命週期管理系統、車間級製造執行系統、底層設備控制系統、物流管理等全部實現了無縫信息互聯，並實現智能生產。

　　西門子數字化工廠在同一數據平臺上對企業的各個職能和專業領域進行數字化規劃，數字化工廠應用領域包括數字化產品研發、數字化製造、數字化生產、數字化企業管理、數字化維護、數字化供應鏈管理。通過對企業各個領域的數字化集成實現企業精益文化的建立，實現企業的精益營運，如圖11-8所示。

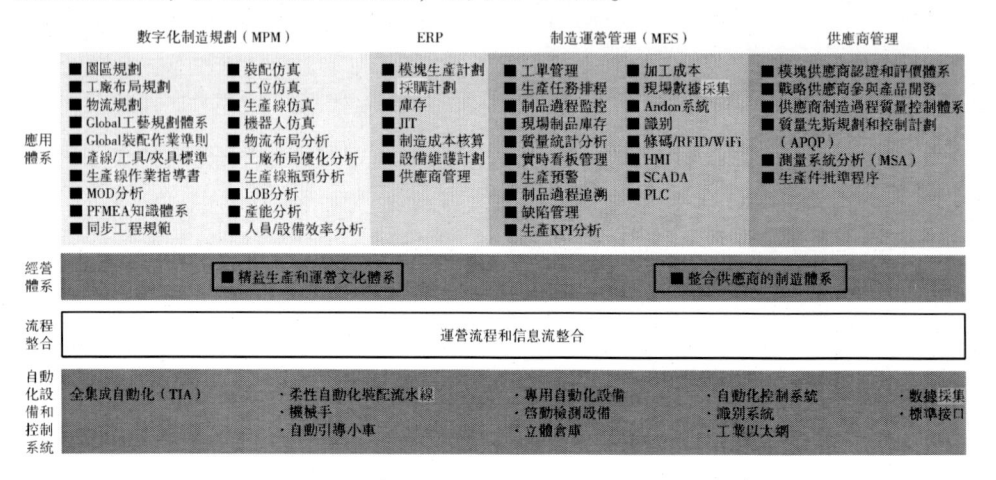

應用體系	數字化製造規劃（MPM）	ERP	製造運營管理（MES）	供應商管理
	■園區規劃 ■工廠布局規劃 ■物流規劃 ■Global工藝規劃體系 ■Global裝配作業準則 ■產線/工具/夾具標準 ■生產操作業指導書 ■MOD分析 ■PFMEA知識體系 ■同步工程規範	■裝配仿真 ■工位仿真 ■生產線仿真 ■機器人仿真 ■物流布局分析 ■工廠布局優化分析 ■生產線瓶頸分析 ■LOB分析 ■產能分析 ■人員/設備效率分析	■模塊生產計劃 ■採購計劃 ■庫存 ■JIT ■製造成本核算 ■設備維護計劃 ■供應商管理	■工單管理 ■生產任務排程 ■製造過程監控 ■現場制品庫存 ■質量統計分析 ■實時看板管理 ■生產預警 ■制造過程追溯 ■缺陷管理 ■生產KPI分析	■加工成本 ■現場數據採集 ■Andon系統 ■識別 ■條碼/RFID/WiFi ■HMI ■SCADA ■PLC	■模塊供應商認證和評價體系 ■戰略供應商與產品開發 ■供應商製造過程質量控制體系 ■質量先期規劃和控制計劃（APQP） ■測量系統分析（MSA） ■生產件批準程序
經營體系	■精益生產和運營文化體系		■整合供應商的製造體系	
流程整合	運營流程和信息流整合			
自動化設備和控制系統	全集成自動化（TIA）	·柔性自動化裝配流水線 ·機械手 ·自動引導小車	·專用自動化設備 ·啟動檢測設備 ·立體倉庫	·自動化控制系統 ·識別系統 ·工業以太網	·數據採集 ·標準接口

圖11-8　西門子數字化工廠的數據平臺

資料來源：陳明，梁乃明．智能製造之路——數字化工廠［M］．北京：機械工業出版社，2017，12.

2. 江淮汽車製造工廠

　　在中國，企業對智能工廠的建設尚處於探索階段。這裡以江淮汽車製造工廠為例，將目前國內企業在工廠智能化升級改造方面的成果進行展示。

（1）全自動生產線

　　江淮汽車製造工廠在焊裝車間使用了ABB公司提供的自動焊接機器人，通過多個機器人實現拼裝連接工藝，既保障了焊接工藝的精細程度，又實現了柔性生產，達到了降低生產成本的目的。

　　在塗裝車間，江淮汽車同樣擁有一系列全自動化控制設備，保障產品的精密生產。比如國內節拍最高的擺杆鏈生產線，可實現多種車型高柔性化的全自動生產，並隨時跟蹤車身位置及狀態。

　　而在江淮汽車製造工廠的衝壓車間，有四條自動生產線，全部由工業機器人（自動機械臂）完成作業。衝壓是汽車四大生產工藝的第一步，就是把一塊塊切割好的鋼板衝壓成型，製成轎車生產所需的不同形狀的鈑金部件。在衝壓車間，工業機器人根據預先設定的程序和輸入的質量標準完成自己負責的衝壓工序，然後將衝壓好的鋼板自動送入下一個工序。

（2）信息技術改造

江淮汽車進行信息技術升級改造前，存在的主要問題如表 11-4 所示。

表 11-4　　　　　　　　　　江淮汽車生產存在的主要問題

主要問題	體現	具體現象
過程透明	信息發布手段落後	生產指令基本靠手工發布（白板） 關鍵件裝配信息僅憑操作工人經驗
	數據採集不即時	操作不方便，數據容易丟失 各車間按照不同的標示管理在製品 生產數據不能及時反應到系統中
	溝通不及時	各車間半成品分開管理，無法全局控制 生產狀況靠電話溝通，不夠即時、準確 生產過程不可觀
生產部優化	計劃制訂不合理	設備利用率低於 70% 關鍵件裝配切換頻繁 經常因上游供應不足或下游生產能力不足影響生產
	物料配送繁雜易出錯	手工生產配送清單，工作量大 信息滯後，導師配送不夠及時 物料短缺經常導致停線 無歷史記錄，無法追溯
信息孤島	多信息源未能有效集成	各種系統操作複雜、種類繁多、無法進行有效的數據交換

資料來源：德州學院，青島英谷教育科技股份有限公司. 智能製造導論 [M]. 西安：西安電子科技大學出版社，2016，8.

針對以上問題，江淮汽車製造工廠建立車間即時信息採集與處理平臺，即時監控汽車正常生產時四大車間的運行，優化生產運作；實現發動機加工/裝配協同運作，減少在製品庫存和儲運成本；按需即時發布物料需求，減少物流短缺導致的停線，優化物流執行，減少物流成本；集成已有軟硬件平臺，消除信息孤島，實現各系統及時有效的數據交換，提高生產和運轉效率，促進精益生產。

本章小結

　　隨著科技技術的飛速發展，智能製造已成為促進世界經濟發展的主要生產方式。本章首先介紹了智能製造的發展背景、發展現狀、概念、內涵、特徵、總體模型等基本知識，然後對智能製造系統（包括產品數字化建模與開發系統、產品全生命週期管理系統、生產製造執行系統、全集成自動化系統、企業資源計劃（ERP）系統以及將各子系統無縫連接起來的信息物理系統等）進行了詳細闡述，最後詳細介紹了智能工廠的概念和體系架構，並舉例說明。

復習思考題及參考答案

1. 智能製造的概念是什麼？

答：智能製造是一項綜合系統工程，以傳統管理技術和標準化為基礎，突出人的核心作用，將互聯網技術、設備聯網技術、雲計算和大數據信息化技術廣泛應用於生產設施、控制、操作、製造執行、企業營運、分析決策、商業模式、協同創新過程，實現自動識別、自動記錄、自主分析、自主判斷、自主決策、自主優化，並通過設備聯網、智能營運模式、協同創新對傳統製造業進行升級改造，實現企業管理過程的智能化、柔性化、集成化。

2. 智能製造系統主要包括哪些內容？

答：從系統的功能角度，智能製造系統可以看作若干複雜相關子系統的一個整體集成，包括產品數字化建模與開發系統、產品全生命週期管理系統、生產製造執行系統、全集成自動化系統、企業資源計劃（ERP）系統以及將各子系統無縫連接起來的信息物理系統等。

3. 智能工廠的概念是什麼？

答：從狹義上來看，智能工廠是移動通信網絡、數據傳感監測、信息交互集成、高級人工智能等智能製造相關技術、產品及系統在工廠層面的具體應用，以期實現生產系統的智能化、網絡化、柔性化、綠色化。從廣義上來看，智能工廠是以製造為基礎、向產業鏈上下游同步延伸的組織載體，涵蓋了產品整個生命週期的智能化作業。

參考文獻

[1] 陳明，梁乃明. 智能製造之路——數字化工廠 [M]. 北京：機械工業出版社，2017, 12.

[2] 胡成飛，姜明，張旋. 智能製造體系構建——面向中國製造2025的實施路線 [M]. 北京：機械工業出版社，2017, 6.

[3] 德州學院，青島英谷教育科技股份有限公司. 智能製造導論 [M]. 西安：西安電子科技大學出版社，2016, 8.

第十二章

項目管理

學習目標

1. 瞭解項目和項目管理的基本概念
2. 掌握項目管理的組織結構及其優缺點
3. 掌握項目計劃技術

引導案例

智能化空調項目

海天電器股份有限公司是一家生產高質量家用電器的製造商。多年來，公司堅持「高科技、高質量、高水準服務、創國際名牌」的發展戰略，以優化產業結構為基礎、技術創新為動力、資本營運為槓桿，快速成長，迅猛發展，率先在國內構架並專注於家電、通信、信息為主導的3C產業結構，主導產品為電視、空調、計算機、移動電話、冰箱、軟件開發、網絡設備。公司在國內外擁有30多個子公司，淨資產達50億元。2002年海天電器股份有限公司實現銷售收入120億元。目前，研發部門正在研究一種除菌型空調。公司將這項項目命名為「海天2002」，該產品具有健康除菌光（高效除菌更持久）、正壓換新風氧吧（空氣持久清新，增強人體活力）、聰明風功能（上下出風不吹人）、環繞立體風等特點。預測該產品如果能夠成功投放市場的話，將成為海天電器股份有限公司的一個新的利潤增長點。但是，市場部最近得到了一些可靠的信息，美新電器股份有限公司也正在開發類似產品，而且它們準備加快將新產品投放市場的速度。在家電市場競爭白熱化的情況下，誰的新產品先投放市場誰就可以獲得高利潤。因此，

海天電器的總經理林志文考慮加快產品投放市場的速度，在速度上擊敗美新電器。公司林總希望將整個項目的完成時間提前。這樣的願望能否實現呢？

資料來源：季建華，邵曉峰. 營運管理［M］. 上海：上海人民出版社，2007.

第一節 項目管理基本概述

一、項目的基本概念

項目是一種一次性工作，它應當在規定的時間內，在明確的目標和可利用資源的約束下，由為此專門組織起來的人員運用多種科學知識來完成。項目包含四個基本要素：

（1）項目的實質是由一系列工作組成的；
（2）項目是一次性的過程；
（3）項目都有一個特定的目標；
（4）項目要受資金、時間和資源等多種條件的約束。

項目可以是一項建設工程，例如一座橋樑、一棟大樓，也可以是解決某些研究課題，例如開發一個軟件、製造一種設備。這些都是一次性的任務，並且要在一定時間約束和費用約束下獲得結果的。由此可見，項目的特點可以概括如下：

（1）項目是一次性的任務，具有單一性；
（2）項目有明確的目的性；
（3）項目由多個部分組成，通常需要多方合作才能完成；
（4）對費用有明確的預算，並嚴格執行；
（5）項目有嚴格的時間約束，並公之於眾。

二、項目管理的涵義和特點

1. 項目管理的基本涵義

項目管理是通過項目經理和項目組織的努力，運用系統理論與方法對項目及其資源進行計劃、組織、協調、控制，旨在實現項目特定目標的管理方法體系。項目管理是一種管理活動，即一種有意識地按照項目特點和規律，對項目進行組織管理的活動。項目管理是一種管理科學，即以項目管理活動為研究對象的一門學科，它是探索項目活動科學組織管理的理論與方法。

2. 項目管理的特點

（1）項目管理是一項複雜的工作

項目管理與一般的職能管理有很大的差別。項目管理一般是由多個部分組成，工作跨越多個組織，涉及多個領域的專業知識，還需要運用多種學科的知識來解決問題；項目工作通常很少有經驗借鑑，其中又包含許多的不確定性因素，還要將不同經歷、來自不同組織的人員有機地組織在一個臨時性的組織內，同時還要嚴格地控制成本、進度、技術性能等。這些都決定了項目管理是一項很複雜的工作。

(2) 項目管理是一項創造性的工作

由於項目管理具有一次性的特點，又缺乏以往的經驗，因此對於項目經理來說，項目管理是一項創造性的工作。又由於項目管理複雜，而且又存在著許多不確定因素，因此項目管理具有很高風險，其失敗率也很高。

(3) 項目管理有其壽命週期

項目管理的本質是計劃和控制一次性的工作，在規定的期限內達到預定的目標。一旦目標滿足，項目就因失去其存在的意義而解體。因此，項目管理是一項臨時性的工作，有著預定的時間週期，是有其壽命週期的。

(4) 項目管理的方法多樣

項目管理的方法大致可分為傳統管理方法和系統管理方法兩類。前者如甘特圖（橫道圖），後者如 CPM、PERT 以及 WBS 等。

系統管理方法與傳統管理方法相比，具有如下顯著區別：

①系統管理方法更強調各類人員和各個部門的橫向溝通、協調和綜合，以整個系統的高效率為主要目標。

②系統管理方法注重物質流、資金流、人流和信息流的同步和一致，以保證信息的準確性和及時性。

③系統管理方法運用系統科學理論和系統工程方法，把各因素相互關係和各種活動的狀態用系統模型加以描述，並據此對項目進行規劃和控制。

④系統管理方法把經驗和科學方法緊密結合起來，對整個項目進行系統的分析，從而使之有條不紊地展外。然而，採用系統管理方法需要訓練有素的技術人員、管理人員，以及計算機、通信設備和較多的費用。因此，採用什麼方法對項目進行管理，要具體問題具體分析。

(5) 項目經理在項目管理中發揮重要的領導作用

項目經理在項目管理中負責按時、按質、按量地完成整個項目的目標，他有權獨立進行計劃、資源分配、指揮和控制。項目經理的位置是因特殊需要形成的，他行使著大部分傳統職能組織以外的職能。項目經理必須瞭解、利用和管理項目的技術邏輯方面的複雜性，綜合各種不同專業觀點來考慮問題。這就決定了項目經理不但要有專業知識和技術知識，還要具備一定的管理能力。因此項目經理必須使他的組織成員成為一支真正的隊伍，一個工作配合默契，具有積極性和責任心的高效率群體。

3. 項目管理

在企業中的應用項目管理主要是從開發和生產大型、高費用、進度要求嚴的複雜系統的需要中發展起來的。美國在 20 世紀 60 年代只有航空、航天、國防和建築工業採用項目管理。20 世紀 70 年代，項目管理在新產品開發領域中擴展到了複雜性略低、變化迅速、環境比較穩定的中型企業。到 20 世紀 70 年代後期和 80 年代，愈來愈多的中小企業也開始注重項目管理，將其靈活地運用於企業活動的管理中，項目管理的技術及其方法本身也在此過程中逐步發展和完善。到 20 世紀 80 年代末，項目管理已經被公認為是一種有生命力並能實現複雜的企業目標的良好方法，在許多方面均有應用：

(1) 新產品開發：項目管理本身不能開發出新產品，但它能為開發新產品工作創

造更好的條件，使新產品開發更容易、更快地取得成功。一個企業要開發新產品，首先要挑選一個負責人領導開發工作，制訂一個工作計劃，確定目標，估算出大概的期限和費用等。這些都可以按照項目管理的原則和方法來做。

（2）軟件系統開發：例如一個製造企業在引進或開發 MIS 系統或 CIM 系統時，單就其所需的軟件部分而言，也需要生產、設計、財務等不同方面的專業人員來共同協作進行。為了有效地協調這些橫向聯繫，就可以採用項目管理的原理和方法。

（3）設備大修工程：企業的設備大修工程可以說與基建項目有類似之處。有些工廠設備在運行了一定的時間後，就有必要進行停產大修。顯然停產的時間越短越好。為了縮短這個工期，使用項目管理是最好的方法。

（4）單件生產：某些特殊的大型產品在進行單件生產時（如超大型計算機，專用成套設備等），通常是由用戶提出詳細的訂貨要求、具體的交貨時間和預算費用，這類產品一旦成功利潤很高，一旦失敗風險也很大，因此，經常用項目管理的方式來進行。

第二節　項目計劃

一、項目計劃的特點及其意義

項目管理的首要目標是制定一個構思良好的項目計劃，以確定項目的範圍、進度和費用。在整個項目壽命週期中，特別是在做出影響整個過程的主要決策的初始階段，最基本也可以說最重要的功能之一就是項目計劃。但從另一方面來說，由於項目管理是一個帶有創造性的工程，項目早期的不確定性很大，所以項目計劃不可能在項目一開始就全部一次性完成，而必須逐步展開和不斷修正。這又取決於能適當地對計劃的執行情況做出反饋和控制以及不間斷地交流信息。從這裡也可以看出項目進行過程中控制的重要性。

1. 項目計劃的特點

項目計劃具有以下四個特點：

（1）彈性和可調性。即能夠根據預測到的變化和實際存在的差異，及時做出調整。

（2）創造性。充分發揮和利用想像力和抽象思維的能力，滿足項目發展的需要。

（3）分析性。要探索研究項目中內部和外部的各種因素，確定各種變量和分析不確定的原因。

（4）回應性。即能及時地確定存在的問題，提供計劃的多種可行方案。

在制訂一個綜合的項目計劃之前，需要具備以下前提條件：整個項目要能夠按照工作內容詳細地分解，分成獨立的可衡量的活動；根據工作組合關係、產品結構、擁有的資源（設備與人員等）以及管理目標等，確定組成項目的各項活動的先後順序，每項任務或活動的時間、成本和性能要能估計出來，並盡可能的詳細。把工作分得越細，制訂計劃時就越容易。

2. 項目計劃的意義

項目是一項獨特的或具有風險的一次性工作，這個任務應該按照一定的期限、一定數量的費用，在預期的實施範圍內來完成。為實現項目的目標，項目需要適當的「投入」，即完成項目所需的各種資源，包括人、資金、材料、設備以及信息等。而把這些投入變成「產出」即項目結果的過程，則構成項目管理的全過程。

項目計劃的目標是將完成項目所需的資源在適當的時候按適當的量進行合理分配，並且力求這些資源的最優利用。隨著系統工程理論和方法的發展，項目計劃越來越多地強調運用系統模型，力求達到量化，能精確地表達多因素的實際運作狀況和各要素之間的相互關係。

二、項目進度計劃方法

安排項目進度計劃的目的是為了控制時間和節約時間，而項目的主要特點之一即是有嚴格的時間期限要求，由此決定了進度計劃在項目管理中的重要性。

基本進度計劃要說明哪些工作必須於何時完成和完成每一項任務所需要的時間，但最好同時也能表示出每項活動所需要的人數。下面是幾種常用的制定進度計劃的方法。

1. 關鍵路徑法（Critical Path Method，簡稱 CPM）

每一個項目都有開始和結束的時間，將開始的第一項活動與結束的最後一項活動連接起來，便構成了項目實施需要經過的「路徑」。但是由於一個項目一般由多個活動構成的，項目活動或工序之間的依賴關係和相互交錯的性質，使得所構成的項目實施的路徑可能有很多條。每條路徑有與之相關的時間，它是該路徑上所有活動需用的總和。

關鍵路徑的定義是，在諸多網絡路徑中，總時間最長的路徑。這說明關鍵路徑是項目各項活動完成的總期限，它體現了時間和成本之間的關係。關鍵路徑應該體現以時間為單位的最佳成本。

關鍵路徑之所以稱為「關鍵」，是因為關鍵路徑上所有活動都是關鍵性活動，即如果關鍵路徑上的活動有一項延誤就會影響到整個項目的完成時間。不在關鍵路徑上的活動稱為非關鍵性活動，它可以有鬆弛時間，這種鬆弛時間就是在不影響項目如期完成的情況下，該活動能夠推遲的時間。而在關鍵路徑上的活動是沒有鬆弛時間的。

2. 計劃評審技術（Program Evaluation and Review Technique，簡稱 PERT）

計劃評審法（PERT）是項目網絡分析的重要方法，它使用概率方法通過估算各工序活動的期望完工時間來估算整個項目期望完成時間，是一種活動日程進度安排的控制技術。它包括的基本內容有：

（1）選擇具體的、可鑑別的事件，這些事件是取得項目成功所必然發生的事件。

（2）安排這些事件的順序，確立事件間的相互獨立性，繪製項目網絡圖。

（3）在不確定條件下估算完成這些事件所需要的時間。

（4）建立一種分析或評價程序來加工和處理有關數據。

（5）建立信息渠道，評價實際結果數據和調整數據。

（6）利用電子數據加工設備來進行分析操作。

當一個項目內的各項活動以及各項活動之間的相互關係確定以後，便可以繪製一張

網絡圖。在網絡圖繪製結束以後，需要對每一項活動所需要的時間期限進行評價。既要求項目管理人員確定每一項活動所需時間，再用統計方法計算出日程進度的期望位。

計劃評審技術法和關鍵路徑法的區別，前者是通過概率統計，確定項目活動的期望時間；後者是根據給出和確定的項目活動時間確定經濟有效的項目最佳實施路線。從項目執行的時間和成本整體來看，計劃評審法是確定適合關鍵路線的基礎。具體地說就是，CPM 假設每項活動的作業時間是確定的，而 PERT 中作業時間是不確定的，是用概率方法進行估計的估算值。

CPM 不僅考慮時間，還考慮費用，重點在於費用和成本的控制，而 PERT 主要用於含有大量不確定因素的大規模開發研究項目，重點在於時間控制。到後來兩者有發展一致的趨勢，常常被結合使用，以求得時間和費用的最佳控制。

近些年來又發展了一些新的網絡技術，如 GERT（Graphical Evaluation and Review Technique，圖示評審技術），VERT（Venture Evaluation and Review Technique，風險評審技術）等。採用哪一種進度計劃方法，主要應考慮下列因素：

①項目的規模大小。小項目應採用簡單的進度計劃方法，大項目為了保證按期按質達到項目目標，就需考慮用較複雜的進度計劃方法。

②項目的複雜程度。項目的規模並不一定總是與項目的複雜程度成正比。例如修一條公路，規模雖然不小，但並不太複雜，可以用較簡單的進度計劃方法。而研製一個小型的電子儀器，要很複雜的步驟和很多專業知識，可能就需要較複雜的進度計劃方法。

③項目的緊急性。在項目急需進行時，特別是在開始階段，需要對各項工作發布指示，以便盡早開始工作，此時，如果用很長時間去編製進度計劃，就會延誤時間。

④對項目細節掌握的程度。如果在開始階段項目的細節無法說明，CPM 和 PERT 法就無法應用。

⑤總進度是否由一二項關鍵事項所決定。如果項目進行過程中有一、兩項活動需要花費很長時間，而這期間可把其他準備工作都安排好，那麼對其他工作就不必編製詳細複雜的進度計劃了。

⑥有無相應的技術力量和設備。例如，沒有計算機，CPM 和 PERT 進度計劃方法有時就難以應用。而如果沒有受過良好訓練的合格的技術人員，也無法做到用複雜的方法編製進度計劃。

此外，根據情況不同，還需考慮客戶的要求，能夠用在進度計劃上的預算等因素。到底採用哪一種方法來編製進度計劃，需要考慮全面。

三、項目計劃成本估算

項目計劃及控制的基本要素是項目進度計劃和成本估算。進度計劃是從時間的角度對項目進行規劃，而成本估算則是從費用的角度對項目進行規劃。這裡的費用應理解為一個抽象概念，它可以是工時、材料或人員等。

成本估算是對完成項目所需費用的估計和計劃，是項目計劃的重要組成部分。要實行成本控制，首先要進行成本估算。對許多工業項目來說，由於項目和計劃變化多端，把以前的活動與現實對比幾乎是不可能的。費用的信息，不管是否根據歷史標準，都只

能將其作為一種估算。而且，在費時較長的大型項目中，還應考慮今後幾年的職工工資結構是否會發生變化，今後幾年原材料費用的上漲如何，經營基礎以及管理費用在整個項目壽命週期內會不會變化等問題。所以，成本估算是在一個無法以高度可靠性預計的環境下進行的。為了使時間、費用和工作範圍內的資源得到最佳利用，可以採用以下成本估算方法：

1. 經驗估算法

進行估計的專業人員有專門知識和豐富的經驗，據此提出一個近似的數字。這種方法是一種最原始的方法，還稱不上估算，只是一種近似的猜測。它對要求很快拿出一個大概數字的項目是適用的，但對於要求詳細的估算數據的項目顯然是不能滿足要求的。

2. 因素估算法

這是比較科學的一種傳統估算方法。它以歷史統計數據為根據，運用數學工具，找一個「基準年度」，消除通貨膨脹的影響，經過適當的調整，形成成本估算值。做這種成本估算，前提是有過去類似項目的資料，而且這些資料應在同一基礎上，具有可比性。

3. 工作分解結構方法基礎上的全面詳細估算

利用工作分解結構，先把項目任務進行合理的細分，分到可以確認的程度，如某種材料，某種設備，某一活動單元等，然後估算每個工作分解結構要素的費用。採用這一方法的前提條件或先決步驟是：對項目需求做出一個完整的限定；制定完成任務所必需的邏輯步驟；編製工作分解結構表。採用這種方法估算成本需要進行大量的計算，工作量較大，需要花費一定的時間和費用。但這種方法的準確度較高，用這種方法做出的這些報表不僅僅可作成本估算的表述，還可以用來作為項目控制的依據。

上述三種成本估算的方法，在實踐中可結合起來使用。例如，對項目的主要部分進行詳細估算，其他部分則按經驗或用因素估算法進行估算。

第三節　項目控制

在項目生命週期中，最重要的功能之一是項目計劃。但由於項目所只具有的早期不確定性，在初始階段確定了項目的範圍和計劃之後，在實施過程中有效的項目控制就成為項目成功的基本要素。尤其在現代大型複雜項目中，項目管理要協調多種組織、運作複雜的業務和支配昂貴的資源，要在預定的期限內用有限的資源完成任務，這一切都取決於有一套對項目信息和活動能進行有效控制的系統和方法。所謂項目控制主要是對項目進行監控，檢查其進度，並比較監測結果與預定計劃，對項目績效加以評估，使項目向正確方向變化。傳統的項目控制是以各種文件、報表、圖表為主要工具，以定期或不定期地召開各類有關人員參加會議為主要方法，再加上溝通各方面信息的通信聯繫制度。而在資源昂貴、業務複雜並有較大風險的現代大型項目中，就需要開發一個有效的項目管理信息和控制系統。

一、項目控制的一般方法

1. 項目控制的工作授權及相關文件

工作授權越明確、越合理,項目的完成就越有組織保證,同時確保項目控制的獎懲措施就越能夠達到預期的效果。一旦項目的任務要求、工作範圍、全部進度和項目規模等明確以後,就應準備項目控制所需的主要文件。這些文件應包括:

(1) 工作說明書:用於確定項目實施中每一任務的具體業務內容,是制定工作變動的基準。

(2) 職責劃分細則:說明項目實施過程中各個部門或個人應負責的工作,包括設計、工藝、採購、施工、會外、保險、成本控制等各個方面。

(3) 項目程序細則:規定涉及項目組、用戶以及主要供應商之間關於設計、採購、施工、質量保證與控制以及信息溝通等方面協調活動的程序。

(4) 技術範圍文件:列出項目的設備清單,制定項目設計依據及所需的技術依據,以及將要使用的標準、規範、編碼及手續步驟等。

(5) 成本控制文件:包括項目總成本預算以及分解到各部門和各項工作的分預算,把不同的帳戶分類編號,列成表格。

(6) 信息控制文件:規定各種文件、報表、圖表的發放對象和方式、制定通訊聯繫制以及會議記錄和工作記錄的方法。

上述文件需根據不同項目的具體內容作必要的增減。要注意的是:當項目中的某項工作一旦發生變動,相應的各有關文件均必須修正,然後再執行。在項目管理中缺少信息是很糟糕的,但得到錯誤的信息更糟糕。在工作中,如果一個部門執行的是原始文件,而另一個部門執行的是修改後的文件,後果難以想像。

二、項目控制的重要會議

項目營運過程中,一般需要在各個關鍵時刻召開關鍵會議,這是項目管理與通常的直線職能管理的主要不同點之一。關鍵會議的主要內容是總結上一階段的工作,分析問題,提出新的建議,並介紹下一階段的主要任務和目標,使各部門人員都能做到心中有數,明確努力方向;關鍵會議也是協調各不同學科、不同職能部門之間的人員以及工作任務的重要手段。

在項目進程中,除關鍵會議外還應定期召開例會(如每月一次),這也是項目檢查工作的重要制度。常見的例會有技術例會、設計審查例會、項目調度例會等;主要介紹項目進展情況、資源使用情況、檢查有無延期、是否存在技術問題或質量問題,等等,以便及時發現和解決問題。

還有些非定期的特別會議,在有必要時隨時召開。比如要訂購大型設備、某一活動出現了意外重大變化,等等,都需要召開會議。

會議制度是項目控制的重要手段之一。項目管理中的會議很多,需要項目經理很好地控制會議,否則就有可能陷入會海之中。所以項目經理要對會議的議題、會議的時間、會議的參加人員和會議的類型規定得明確、具體,以確保會議有效召開。

三、項目控制的報告制度

項目報告制度是項目管理控制的重要手段。同任何反饋控制過程的機理一樣，項目控制也是一個確立標準、衡量偏差、糾正偏差的過程。項目報告的作用是將項目的實際進展情況與計劃進行比較，找出偏差和問題，說明造成偏差和問題的原因。因此，要進行有效的控制，就必須如實準確地報告項目進展情況和存在的問題。報告必須按計劃階段規定的格式按時提交。

按時提交的、按規定格式撰寫的項目報告和工作報告，清楚地記錄下了項目進展中各個階段的狀態、問題、取得的成果以及項目計劃中的任何變動，它是檢查造成項目延期、質量問題、資源浪費等的依據，也是最後進行項目總結的原始資料和日後運作類似項目的參考資料。

項目報告是一種交流信息的工具。它可以在項目管理者、項目協作部門、項目委託方以及企業的高層領導之間進行有效的信息交流，在項目組內部也是信息交流的方式之一。

四、項目管理信息和控制系統

項目管理組織的職責是有效地分配和利用各種資源以達到項目的預定目標，並在項目進行過程中控制和檢查這些資源是否根據項目目標正在被有效地利用。而在規模較大、相對複雜、持續時間較長的項目中，要做到這一切，僅使用傳統的或手工的管理手段是極其困難的，必須借助計算機信息和控制系統。這種系統包括兩個方面，即信息系統與控制系統。它們既有區別又相互關聯。信息系統本身主要涉及與 WBS、費用預算、進度、質量、人力資源及實施方面的信息處理工作，而控制系統主要涉及利用所提供的信息形成決策和給出與資源的利用或問題的解決有關的指令。信息和控制系統是彼此兼容和相互依存的，是需要高度集成的系統，否則系統將難以發揮作用。

在項目管理信息與控制系統中，信息系統接受項目的數據，對照已經確定的計劃和目標，評價項目的計劃、進度、費用以及其他實施狀況，產生有關項目計劃與實際完成之間的偏差信息，將此信息提供給控制系統。控制系統按照已建立的標準評價各個項目參數的偏差，以便確定到此為止的進程是否可以接受。該控制系統輸出的是更改項目資源、工作任務、計劃、標準等的決策或指令。對一個項目來說，控制標準通常以進度、預算、技術以及質量指標來表示。項目管理的職能是調整任務、資源、完成項目計劃中所規定的各項指標，因此，項目管理者必須對項目狀態有透澈的瞭解，才能做出恰當的決策。這就需要信息系統能反應項目所有當前重要信息，能及時提交報告。如果報告只能在事實發生了相當一段時間、已經成為歷史問題之後才提交，則無法達到控制的目的。因此，項目控制活動離不開一個能夠及時反饋重要的項目事件的信息系統。系統提交報告後，如果不能與計劃指標比較以找出偏差，還是無法做出糾正行動，因此，系統要具有評價和衡量偏差的功能。糾正行功就是要對造成偏離期望目標的原因採取糾正措施。項目管理者必須制定若干種方案來解決問題，然後選擇最好的方案。

五、基於 WBS 的項目控制

WBS 不但在計劃階段是項目計劃、成本估算和預算的基礎，在項目控制中也是對項目實施情況進行衡量和報告的對象和基礎。典型的項目控制系統包括進度、成本、財務、人力資源等不同的子系統，這些子系統在某種程度上都是相互獨立的。但是項目作為一個整體，要求各個子系統之間實現信息集成，以方便信息交流，只有這樣才能真正達到項目管理的目的，WBS 的應用可以提供這樣的手段。

在 WBS 的應用中，各個子系統都是在與 WBS 有直接聯繫的代碼字典和編碼結構的基礎上來接受和處理信息的。由於 WBS 的統一代碼，使所有進入到系統的信息都是通過一個統一的定義方法做出來的，這樣項目工程師、會計師以及其他項目管理人員都參照有同樣意義的同種信息，這對於項目控制的意義是明顯的。事實上，各個子系統基於 WBS 的共同聯繫越多，對項目控制就越有益，因為這樣可以減少或消除分析中的系統差異。

第四節　項目管理組織

項目管理組織是指為了完成某個特定的項目目標而由不同部門、具有不同專業知識背景的人員所組成的一個特別工作小組。項目組織是保證項目正常實施的組織保證體系，就項目這種一次性任務而言，項目組織建設包括從組織設計、組織運行、組織更新到組織終結這樣一個生命週期。項目管理要在有限的時間、空間和預算範圍內將大量物資、設備和人力組織在一起，按計劃實施項目目標，必須建立合理的項目組織。

項目管理組織不受既存的職能組織構造的束縛，但也不能代替各種職能組織的職能活動。根據項目活動的集中程度，它的機構可以很小，也可以很龐大。

項目管理組織有多種形式，例如純項目式、職能項目式和矩陣式組織結構。項目管理組織的形式應當隨項目的需要而變化。例如，在複雜與多變化的項目中，需要採用矩陣結構的組織，而在不太複雜多變的中小型項目中，純項目就能解決。

一、純項目式

在項目式的組織結構中，每個項目如同一個微型公司那樣運作，項目組的成員來自不同的部門，完成每個項目所需的資源完全分配給這個項目，專門為該項目服務。這種項目組織結構與職能型項目組織結構是截然相反的，項目從公司組織中分離出來，作為獨立的單元，齊全地配備技術人員和管理人員，負責整個項目的全部工作。在該形式中，由一個裝備齊全的項目小組負責該項目全部的工作。純項目式的組織結構如圖 12-1 所示，其優缺點如表 12-1 所示。

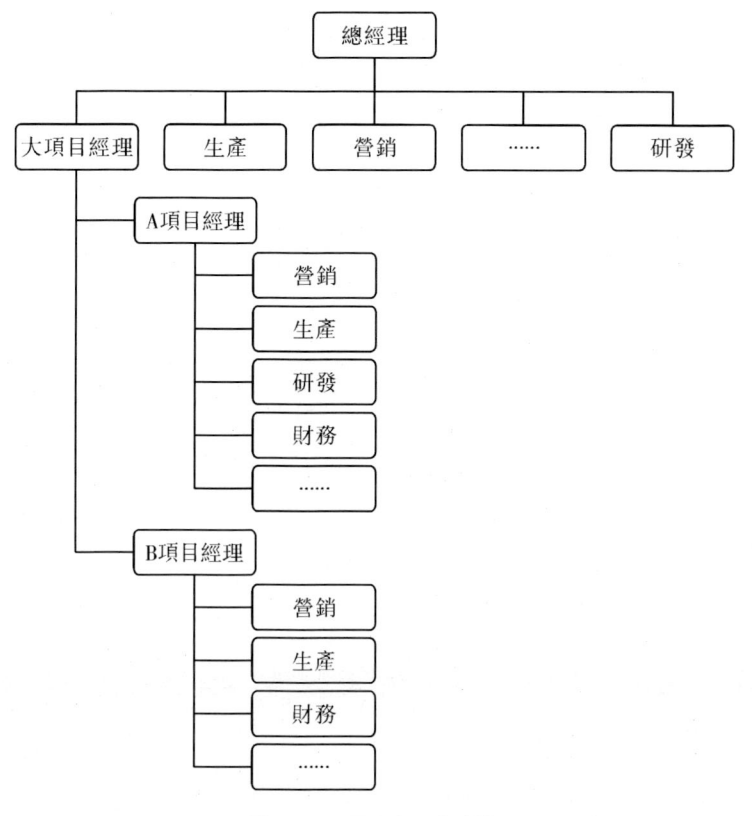

```
                          總經理
         ┌─────┬──────┬──────┬──────┬──────┐
     大項目經理  生產   營銷   ……    研發
       │
    ┌──A項目經理
    │    ├─ 營銷
    │    ├─ 生產
    │    ├─ 研發
    │    ├─ 財務
    │    └─ ……
    │
    └──B項目經理
         ├─ 營銷
         ├─ 生產
         ├─ 財務
         └─ ……
```

圖 12-1　項目式組織結構

表 12-1　　　　　　　　純項目式的優缺點分析

優點	缺點
●項目經理對項目擁有充足的權力，對項目進行全權負責。項目經理可以全力投入項目的管理中，可以調度資源，以保證項目的順利開展和成功完成。 ●項目組的所有成員直接對項目經理負責，項目經理是項目的真正領導人，小組成員只得向一個上司匯報工作，從而可以避免多頭領導所引起的混亂和矛盾。 ●溝通快捷，便於迅速做出決策。權力的集中有利於快速做出決策，使整個項目組織更好地對客戶的需求做出快速反應。 ●由於項目的目標明確且單一，項目小組的成員能夠明確理解並集中精力於項目的目標，充分發揮成員的士氣。	●存在著資源的重複配置問題，設備和專業技術人員不能跨部門共享。當某個企業中存在多個項目時，由於項目組的成員都是全職的，他們不能同時兼職參與其他項目，因此每個項目都需要成立一套獨立的班子，這將造成人員、設施和設備等方面的重複配置。 ●項目式組織結構容易造成項目組在目標與政策方面與整個企業發生偏離。因為具有具體的目標，項目組以自身的目標為一切工作的導向，使項目組在某些情況下在公司的規章制度執行上產生不一致性。 ●由於項目的臨時性特點，對於項目組的成員來說，就缺乏一個安全感，一種工作的連續性和保障，項目一結束，他們將會面臨新的工作安排。

二、職能項目式

與純項目相對的組織結構就是職能項目。職能式組織結構是一種很普通的項目組織形式，它是一種呈金字塔形的組織結構，高層管理者位於金字塔的頂部，中層和底層管

理者則沿著塔身向下分佈。公司的經營活動按照設計、生產、行銷和財務等職能劃分為各個部門；一個項目可以作為公司中某個職能部門的一部分，這個部門應該是對項目的實施最有幫助或最有可能使項目成功的部門，例如開發一個新產品項目可以被安排在技術部門的下面，直接由技術部門經理負責。職能項目式的組織結構如圖 12-2 所示，其優缺點如表 12-2 所示。

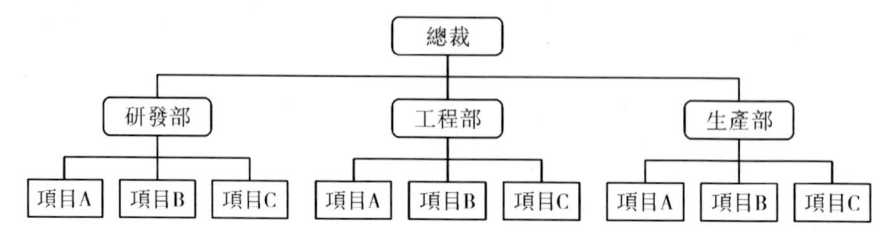

圖 12-2　職能式項目管理組織結構

表 12-2　　　　　　　　　　職能項目式的優缺點分析

優點	缺點
●每個小組成員都可以參加幾個項目，有利於充分利用技術專家的專業知識和經驗。 ●在人員的使用上具有較大的靈活性。職能部門可以將部門的專業技術人員臨時地調配給項目，項目結束後，這些技術專業人員仍然留在職能部門，從事原來的工作。 ●同一部門的專業技術人員在一起交流知識和經驗，有助於協同解決項目中存在的技術難題。 ●將項目管理作為職能部門的一部分，即使當項目人員離開項目組或公司後，也可以保持項目技術的連續性。	●顧客需求被放在了第二位，對顧客需求的反應速度較慢。這種組織結構使得客戶不是活動的焦點，職能部門有自己的日常工作，項目及客戶的利益往往得不到優先考慮。 ●責任不明確，容易導致協調困難和混亂。在這種項目組織結構中，有時會出現沒有人承擔項目的全部責任的現象，往往一些人負責項目的一部分，而另外一些人則負責項目的其他部分，從而不利於項目的有效完成。 ●項目工作人員往往對項目的重視程度不高。項目被看作不是他們的主要工作，有些人將項目任務當成是額外的工作負擔。 ●跨部門之間的溝通比較困難，對於多數項目來說，需要涉及多個職能部門的專業技術，因而需要來自這些職能部門的人員的參與和合作，職能型的項目組織結構往往使項目小組成員只注重本領域，而忽略了整個項目的目標。

三、矩陣式

以上所討論的純項目式組織結構和職能型組織結構都存在自身的一些優勢和不足。矩陣式組織結構是一種將項目和職能相結合的組織結構，它最大限度地發揮項目式組織結構和職能型組織結構的優勢，盡量避免了這兩種項目組織方式的缺陷。

矩陣式項目組織形式是現代大型項目中應用最廣泛的新型組織形式。一個矩陣式項目組織形式由垂直的職能部門和水準的不同項目組結合而成一個矩陣，把集權和分權結合起來，從而加強了各職能部門同各項目之間的協作關係。矩陣式的組織結構如圖 12-3 所示，其優缺點如表 12-3 所示。

當很多項目對有限資源的競爭引起對職能部門資源的廣泛需求時，矩陣式管理是一個很有效的組織形式。在矩陣式項目組織結構中，每個項目執行時可從不同的職能區域

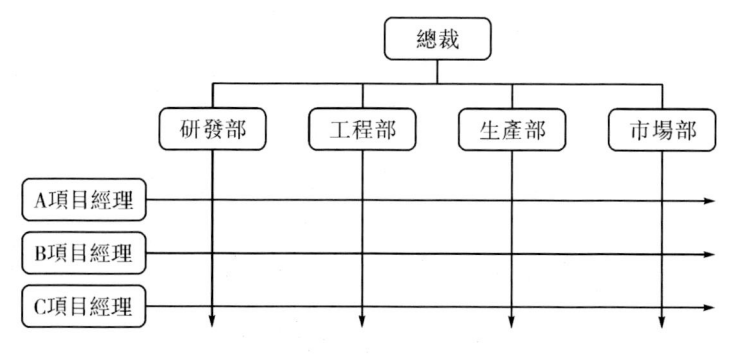

```
                        ┌──────┐
                        │ 總裁 │
                        └───┬──┘
         ┌──────────┬───────┼───────┬──────────┐
      ┌──┴──┐   ┌──┴──┐  ┌──┴──┐  ┌──┴──┐
      │研發部│   │工程部│  │生產部│  │市場部│
      └──┬──┘   └──┬──┘  └──┬──┘  └──┬──┘
┌───────┐   │         │        │        │
│A項目經理│──┼─────────┼────────┼────────→
└───────┘   │         │        │        │
┌───────┐   │         │        │        │
│B項目經理│──┼─────────┼────────┼────────→
└───────┘   │         │        │        │
┌───────┐   │         │        │        │
│C項目經理│──┼─────────┼────────┼────────→
└───────┘   ↓         ↓        ↓        ↓
```

圖 12-3　矩陣式的組織結構圖

抽調人員，項目經理決定執行什麼任務以及何時執行，職能部門經理則控制可以使用哪些人員和技術。在矩陣組織中，項目經理有明確的責任，將全部時間和精力花費在其主管的項目上。項目經理與職能部門經理之間應進行有效的溝通，保證能夠快速、有效地解決發生的矛盾，無論是縱向或橫向的經理都要為合理利用資源而進行協商。

矩陣式組織形式可採取多種形式，強矩陣形式有些類似於項目式組織結構，但項目並不從公司的組織中分離出來作為獨立的單位；矩陣式組織的另一種極端形式與職能型組織類似的弱矩陣形式，這時，項目成員不是從職能部門直接調派過來，而是利用他們在職能部門為項目提供服務。介於強矩陣形式和弱矩陣形式之間的是平衡矩陣形式。

表 12-3　　　　　　　　　　矩陣式的優缺點分析

優點	缺點
●強調項目是工作的焦點。在矩陣形式中，由專門的項目經理負責管理整個項目，矩陣組織吸取了項目式組織的優點。 ●加強了不同職能部門之間的聯繫，有利於項目的完成，避免了職能型組織局限於職能部門的缺陷。 ●可以使資源的重複配製實現最小化，公司可以平衡資源以保證各個項目都能完成各自的進度、費用和質量要求。在資源的利用方面，可以進行統籌安排，優化系統的資源利用效率。 ●項目完成後，項目小組成員仍回到職能部門讓項目成員有了安全感。	●在職能型組織中，職能部門經理是項目的決策者，在項目式組織中，項目經理是項目的權力中心，而在矩陣式組織中，權力在職能部門經理和項目經理之間發生制約，有時會影響項目的正常開展，當項目成功時，大家會爭功勞，而當項目失敗時，則會推卸責任。 ●對於項目組成員來說，由於存在著兩個上司，當職能任務與項目任務發生衝突時，會面臨雙重領導的困惑。 ●存在本位主義的傾向，項目經理傾向於為自己的項目囤積資源，從而損害其他項目的利益。

請注意，無論採用哪一種組織形式（結構），與顧客接觸的最主要的人員都只能是項目經理。當項目經理對一個項目的成功完成負責時，項目的溝通能力和柔性都極大地加強了。

第五節　網絡計劃技術

網絡計劃技術是項目計劃管理和控制的一種科學管理方法。項目的主要特點之一在於有嚴格的時間期限要求，因此，項目進度計劃在項目管理中具有重要的作用。網絡計

劃技術是項目進度計劃的有力工具，能夠有效地控制項目的時間和節約時間。本節將介紹網絡計劃技術的基本概念、網絡圖的畫法、網絡圖的時間參數的計算和網絡計劃的調整與優化問題。

一、網絡計劃技術概述

網絡計劃技術是項目計劃管理的重要方法，它是伴隨著建設和管理龐大、複雜的項目的需要而產生的。由於項目具有任務繁多、協作面廣的特性，常常需要動用大量的人力、物力和財力，要求在規定的時間期限和確定的資源與預算範圍內完成一次性的工作。因此，如何合理而有效地組織項目的各項具體任務，使之相互協調，在有限的資源約束條件下，以最短的工期和最少的費用，最佳地完成整個項目，是項目管理者所面臨的一個重要問題。網絡計劃技術就是在這種背景下產生的。

關鍵路線法（Critical Path Method，簡稱 CPM）和計劃評審技術（Program Evaluation and Review Technique，簡稱 PERT）是兩種主要形式的網絡計劃技術。CPM 和 PERT 是 20 世紀 50 年代後期幾乎同時出現、獨立發展起來的兩種計劃方法。

1. 關鍵路線法

關鍵路線技術產生於美國杜邦公司。1956 年至 1957 年期間，美國杜邦公司在新建生產線時，為了使該項目能夠及時竣工投產，請蘭德諮詢公司研究出了一種新的計劃管理方法，即關鍵路線法。實施這種計劃方法，使杜邦公司的新生產線的工期比原計劃縮短了兩個月。隨後，公司又將這一方法應用於維修，使原來因大修要停工 125 小時的工程縮短為 78 小時。關鍵路線技術是一套用於計劃和控制項目實施的圖形技術。在任何給定的項目中，項目管理者需要考慮三個因素：工期、成本和資源可用性。關鍵路線技術已經發展到既可以單個處理，也可以綜合處理各因素的階段。關鍵路線技術用圖形描述出一項工程的全貌，並強調將注意力集中在關鍵路線上，因為關鍵路線決定了項目的最終完成時間。

關鍵路線技術最適合用於具有以下特點的項目：

● 工作或任務可以明確定義；
● 工作或任務互相獨立，即可分別開始、結束和實施；
● 工作或任務執行起來比較順利，它們必須按順序依次完成。

建築業、飛機製造業以及造船業都符合以上要求，因此關鍵路線技術在這些行業中得到了廣泛應用。在波音公司，關鍵路線技術發揮著重要的作用。波音 777 的 20%的零部件在日本生產，其他輔助零件則分別在澳大利亞（製造機身）、北愛爾蘭和新加坡（製造機頭裝置）、韓國（製造機翼）、巴西（製造機翅）等國家或地區生產。有效的項目計劃技術無論對安裝波音 777 型飛機的裝配系統，還是對其進行計劃和生產都是十分重要的。

2. 計劃評審技術

計劃評審技術由美國海軍特殊項目辦公室（US Navy Special Projects Office）創造。在 1958 年，美國海軍特殊項目辦公室在研製北極星導彈系統時，應用了計劃評審技術，參加該項目研製的主要承包商有 200 多家，加上轉包商有 10,000 多家。通過應用計劃

評審技術，美國海軍特殊項目辦公室把由這麼多廠商參加的如此複雜的工程項目有效地組織起來，加強了工程的進度管理，並使工程比預定計劃提前完成。

3. 關鍵路線法和計劃評審技術在初期發展階段的主要區別

（1）計劃評審技術用箭線表示活動，而關鍵路線法則用接點表示活動。

（2）關鍵路線法假設每項活動的作業時間是確定的，只使用最可能的估計時間，而計劃評審技術中的作業時間是不確定的，對完成活動所需時間採用三點估計——樂觀時間、悲觀時間和最可能時間。

（3）關鍵路線法不僅考慮時間，還可以考慮費用，重點在於費用和成本的控制，而計劃評審技術則考慮了大量不確定性因素，重點在於時間控制。

因此，在產生初期，關鍵路線法主要用於例行性的或已有先例的工程項目的計劃，這類項目的特點是不確定性程度小，而計劃評審技術主要用於研究與開發型項目，這些項目的主要特點是具有很大的不確定性。隨著這兩種計劃技術的發展，它們之間的差異也變得越來越小。

儘管這兩種計劃方法存在著一定的差異，但是其基本原理是一致的，即用網絡圖來表示項目中各項活動的進度及其相互關係，並在此基礎上進行網絡分析，計算網絡中的各項時間參數，確定關鍵活動與關鍵路線，利用時差不斷地調整與優化網絡，以求得最短的工期。因為這兩種方法都是通過網絡圖和相應的計算來反應整個項目，因此統稱其為網絡計劃技術。在本書中，我們將關鍵路線法和計劃評審技術看作是同一種技術，即網絡計劃技術。

4. 網絡計劃技術的優點

網絡計劃技術和傳統的計劃安排方法相比，具有如下的優點：

（1）網絡圖不僅反應了每道工序的進度，而且還反應了各工序的先後執行順序和相互關係，因此，通過網絡圖，可使整個項目及其組成部分之間的關係一目了然。

（2）可使參加項目的各單位和有關人員瞭解他們各自的工作及其在項目中的地位和作用。

（3）網絡圖指出項目的關鍵路線，便於項目管理抓住關鍵環節。

（4）用網絡計劃技術編製計劃的過程，不僅是一個能力平衡和進度安排的過程，而且也是一個最優規劃過程。

二、網絡圖的繪製

網絡計劃技術的一個顯著特點是借助網絡圖對項目的進行過程及其內在邏輯關係進行綜合描述，這是進行計劃和計算的基礎。因此，研究和應用網絡計劃技術首先要從網絡圖入手。

網絡圖是由圓圈、箭頭線與箭頭線連成的路線組成。圓圈是兩條或兩條以上箭頭線的交結點，稱為結點。網絡圖分為結點式（以結點表示活動）和箭頭線式（以箭頭線表示活動）兩大類。這裡僅介紹後者。

網絡圖的箭頭線和圓圈分別代表項目的活動和事項。所以，也可以說網絡圖是由「活動」「事項」和「路線」三個部分組成的。圖12-4是一個網絡圖的例子。

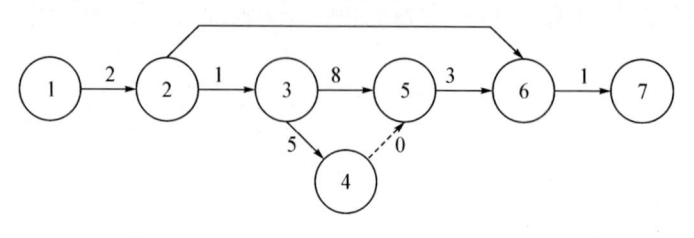

圖 12-4 網絡圖示例

網絡圖中的「活動」是指一項需要消耗一定的資源（人力、物力、財力）、經過一定時間才能完成的具體工作。活動用箭頭線表示，如箭頭線的箭尾結點編號和箭頭結點編號分別為 i, j，則該項活動可用 (i, j) 表示，i, j 分別表示活動的開始和完成。箭頭線上的數字表示該活動所需的時間。在不附設時間坐標的網絡圖中，箭頭線的長短與活動所需時間無關。

圖中虛箭頭線表示一種虛活動，它是一種作業時間為零的活動。它不消耗資源，也不占用時間。其作用是表示前後活動之間的邏輯關係，便於人或計算機進行識別計算。

網絡圖中的「事項」是指活動開始或完成的時刻，它由結點表示。它不消耗資源，也不占用時間和空間。每個網絡圖中必定有一個始結點和終結點，分別表示項目的開始和結束。介於始點和終點之間的事項叫中間事項，所有中間事項都既表示前一項活動的結束，又表示後一項活動的開始。

網絡圖的第三個組成部分——「路線」，是指從網絡始點事項開始，順著箭頭線方向連續不斷地到終點事項為止的一個序列。在一個網絡圖中，可能有很多條路線，如圖 12-4 所示，1→2→3→5→6→7 是一條路線，1→2→6→7 也是一條路線。路線中各項活動的作業時間之和就是該路線的作業時間，其中作業時間最長的路線叫作「關鍵路線」，它決定著完成網絡圖上所有工作必需的時間，即該項目的完工週期。

繪製網絡圖需要遵守下列規則：

（1）網絡圖是有向圖，圖中不能出現回路。

（2）活動與箭頭線一一對應，每項活動在網絡圖上必須用、也只能用聯結兩結點的一條箭頭線表示。

（3）兩個相鄰結點間只允許有一條箭頭線直接相連。平行活動可引入虛線，以保證這一規則不被破壞（見圖 12-5）。

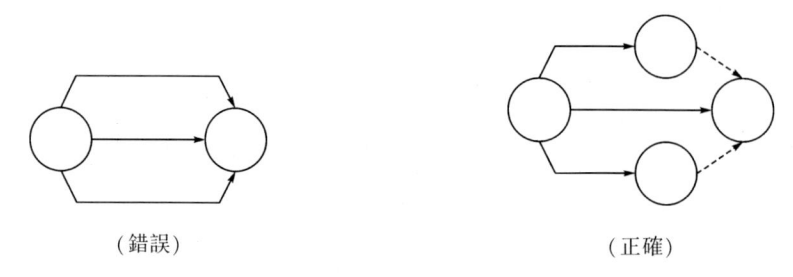

（錯誤）　　　　　　　　　　　（正確）

圖 12-5 平行活動的表示法

（4）箭頭線必須從一個結點開始，到另一個結點結束，不能從一條箭頭線中間引

出其他箭頭線。

(5) 每個網絡圖必須也只能有一個始點事項（源）和一個終點事項（匯）。不允許出現沒有先行事項或沒有後續事項的中間事項。如果在實際工作中發生這種情況，應將沒有先行事項的結點用虛箭頭線同網絡始點事項連接起來，將沒有後續事項的結點用虛箭頭線同終點事項連接起來，如圖12-6所示。

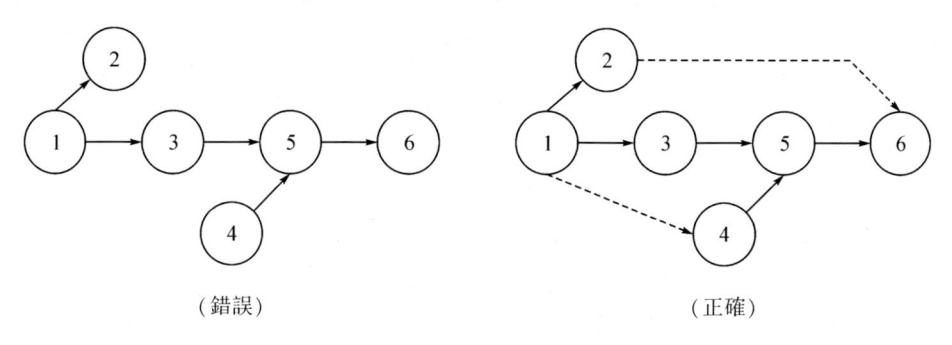

（錯誤） （正確）

圖12-6 網絡圖中保證只有一個源一個匯的繪圖方法

三、網絡的時間計算

網絡的時間計算主要包括作業時間、結點時間和活動時間的計算，此外還需要考慮時差，並求出關鍵路線。

1. 作業時間的計算

作業時間指完成一項活動所需的時間，也就是一項活動的延續時間。作業時間具體採用什麼單位，應隨任務的性質而定。一般來說，作業時間就是這些活動所需的工時定額。估計確定作業時間一般有以下兩種方法：

(1) 單一時間估計法（又稱單點估計法）對各項活動的作業時間，僅確定一個時間值。估計時，應以完成各項活動可能性最大的作業時間為準。這種方法在有類似的工時資料或經驗數據可借鑑，且完成活動的各有關因素比較確定的情況下使用。

(2) 三種時間估計法（又稱三點估計法）對於不確定性較大的問題，可預先估計三個時間值，然後應用概率的方法計算各項活動作業時間的平均值和方差。

這三個時間值為：

①最樂觀時間，用 a 表示，指在順利情況下的最快可能完成時間；
②最保守時間，用 b 表示，指在不利情況下的最慢可能完成時間；
③最可能時間，用 m 表示，指在一般正常情況下的最大可能完成時間。

在 PERT 中，通常假設作業時間服從 β 分佈。作業時間的平均值和方差計算如下：

平均時間 $t_m = \dfrac{a+4m+b}{6}$ 方差 $\sigma^2 = (\dfrac{b-a}{6})^2$

2. 結點時間的計算

結點本身並不佔用時間，它只是表示某項活動應在某一時刻開始或結束。因此結點時間有兩個，即結點最早實現時間和結點最遲實現時間，又叫結點最早時間和結點最遲時間。

(1) 結點最早實現時間

這是指從該結點出發的各項活動最早可能開工時間。它等於從始點到該結點的各條路線中最長先行路線上的作業之和。

設以 $t_E(j)$ 表示結點 j 的最早實現時間，一般假設 $t_E(1) = 0$，即始點的最早實現時間等於零。

如果所討論的結點前面只有一條箭頭線進入，則該結點的最早實現時間即該箭頭線所代表的活動的最早完工時間，或該箭頭線箭尾結點最早實現時間與其作業之和。如結點有許多條箭頭線進入，則對每條箭頭線都作如上計算之後，取其中最大值作為該結點的最早實現時間，其計算式為：

$$t_E(j) = \max_{(i,j) \in I} \{t_E(i) + t(i, j)\}$$

式中，$t(i, j)$ ——活動 (i, j) 的作業時間；

I——構成項目的全部活動集合；

$t_E(i)$ ——活動 $(i, j) \in I$ 的箭尾結點 (i) 的最早實現時間。

這是一個遞推關係式，通常應用前進計算法，從網絡始點事件開始自左至右逐個計算。例如，設圖 12-4 所示網絡中各項活動的作業時間如箭頭線上所標數字，則其中幾個結點的最早實現時間可計算如下：

$t_E(3) = t_E(2) + t(2, 3) = t_E(1) + t(1, 2) + t(2, 3) = 0 + 2 + 1 = 3$

$t_E(4) = t_E(3) + t(3, 4) = 3 + 5 = 8$

$t_E(5) = \max\{t_E(3) + t(3, 5), t_E(4) + t(4, 5)\} = \max\{3 + 8, 8 + 0\} = 11$

其他結點讀者可自行計算。最後一個結點的計算結果是 $t_E(7) = 15$

(2) 結點最遲實現時間

這是指進入該結點的各個事項必須最遲完工的時間，若不完工將影響後續活動的按時開工，使整個項目不能按期完成。

設以 $t_L(i)$ 表示結點 i 的最遲實現時間，通常終點 n 的最遲實現時間等於終點的最早實現時間，即 $t_E(n) = t_L(n)$，也就是整個項目的總工期。如結點有一條箭頭線發出，該結點的最遲實現時間即該箭頭線所代表的活動的最遲開工時間，或該箭頭線箭頭結點的實現時間減去其作業時間。

如結點有多條箭頭線發出，則對每一條箭頭線都做上述運算之後，取其中最小者作為該結點的最遲結點實現時間，其計算式為：$t_L(i) = \min_{(i,j) \in I} \{t_L(j) - t(i, j)\}$

通常應用後退計算法，即從網絡的終點開始，自右至左逐個計算。例如，圖 12-4 中幾個結點的最遲實現時間為：

$t_L(5) = t_L(6) - t(5, 6) = t_L(7) - t(6, 7) - t(5, 6) = 15 - 1 - 3 = 11$

$t_L(4) = t_L(5) - t(4, 5) = 11 - 0 = 11$

$t_L(3) = \min\{t_L(5) - t(3, 5), t_L(4) - t(3, 4)\} = \min\{11 - 8, 11 - 5\} = 3$

其他結點讀者可自行計算。顯然，$t_L(1) = 0$

3. 活動時間計算

(1) 活動的最早開工時間

指該活動最早可能開始的時間。它等於代表該活動的箭頭線的箭尾結點的最早實現

時間。設 $t_{ES}(i, j) = t_E(j)$。

(2) 活動的最早完工時間

活動的最早完工時間指該活動可能完工的最早時間。顯然，最早完工時間是指該活動的最早開工時間加上其作業時間。設 $t_{EF}(i, j)$ 為活動的最早完工時間，其計算式為 $t_{EF}(i, j) = t_{ES}(i, j) + t(i, j)$。

(3) 活動的最遲開工時間

活動的最遲開工時間指為了不影響作業的如期開工，最遲必須開工的時間，可通過箭頭結點的最遲實現時間減去該作業時間而得到。設 $t_{LS}(i, j)$ 為活動 (i, j) 的最遲開工時間，則 $t_{LS}(i, j) = t_L(j) - t(i, j)$。

(4) 活動的最遲完工時間

活動的最遲完工時間即該活動的最遲開工時間與其作業之和，也就是該活動箭頭結點的最遲實現時間。以 $t_{LF}(i, j)$ 表示活動 (i, j) 的最遲完工時間，則其計算式為 $t_{LF}(i, j) = t_L(i, j)$ $t_{LF}(i, j) = t_{LS}(i, j) + t(i, j)$。

計算各項活動的最早開工與完工時間、最遲開工與完工時間，其主要目的是為了分析和找出各項活動在時間和銜接上是否合理，是否有潛力可挖。這一問題的判斷取決於時差的計算。

4. 時差與關鍵路線

(1) 活動總時差

活動總時差是指在不影響整個項目完工時間的條件下，某項活動最遲開工時間與最早開工時間的差。它表明該項活動開工時間允許推遲的最大限度，也稱為「寬裕時間」或「多餘時間」。設活動 (i, j) 的總時差為 $S(i, j)$，則其計算式為 $S(i, j) = t_{LS}(i, j) - t_{ES}(i, j) = t_{LF}(i, j) - t_{EF}(i, j) = t_L(j) - t_E(i) - t(i, j)$。

(2) 活動單時差

活動單時差是指在不影響下一個活動的最早開工時間的前提下，該活動的完工期可能有的機動時間，又稱為「自由多餘時間」。設活動 (i, j) 的單時差為 $r(i, j)$，則其計算式為 $r(i, j) = t_{ES}(j, k) - t_{EF}(i, j) = t_E(j) - [t_{ES}(i, j) + t(i, j)] = t_E(j) - t_E(i) - t(i, j)$ 其中，$t_{ES}(j, k)$ 表示作業的最早開工時間。

時差表明各項活動的機動時間，即有時間潛力可以利用。時差愈大，說明時間潛力也愈大。網絡圖的精髓就在於利用時差來規定和調整整個項目的進度，以求提高效率。

(3) 關鍵路線

在一個網絡圖中，總時差為零的活動稱為關鍵活動，時差為零的結點稱為關鍵結點。一個從始點到終點，沿箭頭方向由時差為零的關鍵活動所組成的路線，叫作關鍵路線。因此，一個活動 (i, j) 在關鍵路線上的必要條件為：

$t_E(i) = t_L(i)$；

$t_E(j) = t_L(j)$；

$t_E(j) - t_E(i) = t_L(j) - t_L(i) = t(i, j)$。

關鍵路線通常是從始點到終點時間最長的路線，要想縮短整個項目的工期，必須在關鍵路線上想辦法，即縮短關鍵路線上的作業時間。反之，若關鍵路線工期延長，則整

個項目完工期將拖長。

5. 網絡時間的計算方法

網絡圖上時間參數的計算在結點數不太多時,可採用下列兩種方法:

(1) 圖上計算法

這種方法就是在網絡圖上直接計算,並把計算的結果標在圖上。

(2) 表上計算法

表上計算法又稱表格法,就是先制定一個表格,把各項活動的有關資料,如結點編號、作業時間等填入表內,然後在表上計算參數。例如,圖12-4所示網絡的表格制定以及表上計算結果如表12-4所示。讀者可自行進行驗算。

表 12-4　　　　　　　　用表格法計算網絡參數

作業		作業時間	最早開工時間	最早完工時間	最遲開工時間	最遲完工時間	總時差	單時差	關鍵作業
i	j	$t(i,j)$	$t_{ES}(i,j)$	$t_{EF}(i,j)$	$t_{LS}(i,j)$	$t_{LF}(i,j)$	$S(i,j)$	$r(i,j)$	
1	2	3	4	5	6	7	8	9	10
1→2		2	0	2	0	2	0	0	1 2
2→3		1	2	3	2	3	0	0	2 3
2→6		3	2	5	11	14	9	9	
3→4		5	3	8	6	11	3	0	
3→5		8	3	11	3	11	0	0	3,5
4→5		0	8	8	11	11	3	3	
5→6		3	11	14	11	14	0	0	5 6
6→7		1	14	15	14	15	0	0	6 7

如果網絡的規模很大且複雜,用人工計算不僅費時還容易出錯,這時就有必要用計算機進行計算。

四、網絡計劃的調整與優化

通過繪製網絡圖、計算時間參數和確定關鍵路線,可以得到一個初始的計劃方案。但一般不可能在最初的方案中就得到最經濟合理的指標。為此,在初始計劃方案制訂以後,通常都需要進行調整與改善,使方案不斷優化。而最優化方案的標準,應根據編製計劃的要求,綜合考慮進度、費用和資源等目標,尋求一個工期短、質量好、資源消耗少、成本低的計劃方案。

下面從兩個方面介紹網絡計劃的優化,即時間—資源優化和時間—費用優化。

1. 時間—資源優化

這裡所說的資源包括人力、物力和財力。資源常常是影響項目進度的主要因素。在一定條件下,增加投入的資源,可以加快項目進度,縮短工期;減少資源,則會延緩項目進度,拉長工期。資源有保證,網絡計劃才能落實。資源利用得好,分配合理,就能帶來好的經濟效益。所以制訂網絡計劃時必須把時間進度與資源情況很好地結合起來。要達到時間—資源優化,應考慮兩種情況。第一種情況是,在資源一定的條件下,尋求最短工期。

其主要途徑有：

(1) 抓住關鍵路線

縮短關鍵活動的作業時間。例如，採取改進作業方法或改進工藝方案、合理劃分工作任務、改進工藝裝備等技術措施。

(2) 採取組織措施

在作業方法或工藝流程允許的條件下，對關鍵路線上的各項關鍵活動組織平行或交叉作業。合理調配工程技術人員或生產工人，盡量縮短各項活動的作業時間。

(3) 利用時差

從非關鍵活動上抽調部分人力、物力，集中於關鍵活動，縮短關鍵活動的時間。

第二種情況是，在工期一定的條件下，通過平衡資源，求得工期與資源的最佳結合。在這種情況下，通常是按照每天的需要量，根據資源對完成項目計劃的重要性，對不同資源分別進行安排與調配。下面以某項目所需人力的安排與調整為例，說明有限資源合理安排的一般方法。

例如，某項目各項活動的作業時間及每天所需的人力資源如圖 12-7 所示。圖中箭頭線上方所示數字為作業時間，下方所示數字為所需人數。粗線箭頭表示關鍵路線，項目完工時間為 15 天。

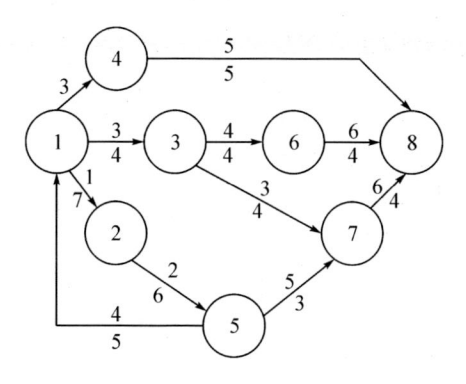

圖 12-7 網絡圖示例 (2)

假定人力資源的限制為每天工作人數不超過 15 人。如果按各項活動的最早開工時間（讀者可自行計算）安排進度，每天所需人數如表 12-5 所示。從該表可以看出，如按各項活動的最早開工時間安排人數，則項目前期所需人數過多，超過限制；而後期則較少，整個週期內人力分配很不均勻。因此，要考慮總人數的限制，並要在保證項目完工時間不變的條件下，調整各項活動的時間安排，使每天的使用人數盡量均勻。調整原則是：

(1) 首先要保證各項關鍵活動的需要量；

(2) 利用非關鍵路線上各項活動的總時差，調整各項非關鍵活動的開工時間與完工時間。

表 12-5　　　網絡圖示例（圖 12-7）的人力資源分配表（1）

相關活動	作業時間	工程進度（日次）														
		1	2	3	4	5	6	7	8	9	10	11	12	13	14	15
12	1	7														
13	3	4	4	4												
14	3	5	5	5												
15	4	5	5	5	5											
25	2		6	6												
36	4				5	5	5	5								
37	3				4	4	4									
57	5					3	3	3	3	3						
48	5					5	5	5	5							
68	6								4	4	4	4	4	4		
78	6									4	4	4	4	4	4	
每日用人合計		21	20	20	19	17	17	13	12	7	8	8	8	8	4	4

在表 12-5 中，項目後期所需人數很少，對能夠推遲開工的活動，可適當向後推遲。經過調整與平衡，可以得到一個比較均勻的人力分配方案，並使每天所需總人數不超過所限制的數量。調整後的項目進度及每天所需人數如表 12-6 所示。

表 12-6　　　網絡圖示例（圖 12-7）的人力資源分配表（2）

相關活動	作業時間	工程進度（日次）														
		1	2	3	4	5	6	7	8	9	10	11	12	13	14	15
12	1	7														
13	3			4	4	4										
14	3															
15	4	5	5	5	5											
25	2		6	6												
36	4						5	5	5	5						
37	3					4	4	4								
57	5					3	3	3	3	3						
48	5										5	5	5	5	5	
68	6									4	4	4	4	4	4	
78	6										4	4	4	4	4	4
每日用人合計		12	11	15	9	11	12	12	13	13	13	13	13	13	13	13

以上簡要說明了在總人數受到限制時，如何在保證項目完工時間不變的條件下，合理安排各項活動的進度，使人力分配均勻且不超過允許數量的方法。這種方法同樣適用於有限的能源、材料、設備能力等資源的安排與調配問題。

上述事例是一個簡單項目的例子，在大型複雜項目中，時間—資源優化問題中的變量和約束條件的量會變得很大，需要有更專門的數學方法以及借助計算機來求解。

2. 時間—費用優化

這是綜合考慮工期與費用兩者之間的關係，尋求以最低的項目總費用獲得最佳工期的一種方法。

項目費用可分為直接費用和間接費用。直接費用是指人工、材料、能源等與各項活動直接有關的費用。間接費用是指管理費用、銷售費用等其他費用。這兩種費用與工期的關係，一般來說，縮短工期會引起直接費用增加和間接費用的減少，而延長工期會引起直接費用的減少和間接費用的增加。圖 12-8 表示費用與工期之間的一般關係。這種關係在實際中也可能呈曲線形式。

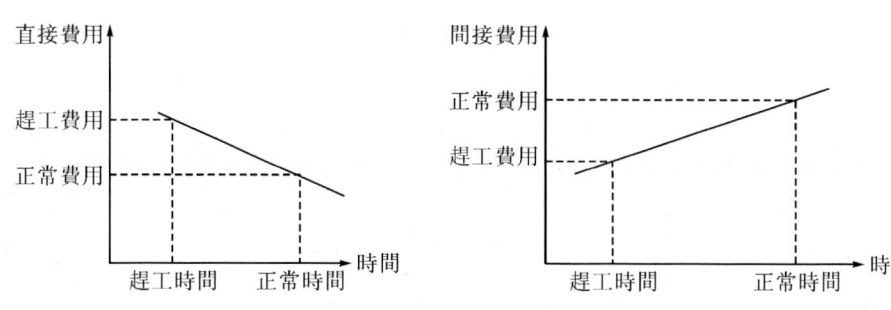

圖 12-8　工期與費用的關係

在編製網絡計劃中，需要計算項目的不同完工時間所對應的項目費用。使得項目費用最低的完工時間，稱為最低費用日程。編製網絡計劃時，如何設法找出一個縮短項目週期的方案，使得為完成項目任務所需的總費用最低，這就是尋求最低費用日程的思路。為了找到這樣一個使總費用最低的項目計劃方案，通常是從網絡計劃的關鍵路線著手，所以也把這一方法稱為 CPM 方法。

為了解決時間—費用優化問題，已經提出了多種方法，如手算法、線性規劃法等。手算法的基本思路是通過壓縮關鍵活動的作業時間來取得不同方案的總費用、總工期，從中進行比較，選出最優方案。其基本步驟是：

（1）找出關鍵路線；

（2）如果沿此路線不能找出縮短作業時間而費用增加比較少的作業，則得到解；否則進行下一步；

（3）縮短作業所需時間，計算費用增加量。其縮短的極限是出現下面任何一種情況：其他路線成為關鍵路線；縮短的作業達到其最小所需時間。最後返回步驟（1）。

本章小結

本章分析了項目與項目管理的基本概念及其特點，介紹了項目管理知識體系的基本內容，分析了職能式組織結構、純項目式組織結構和矩陣式組織結構等三種項目管理組織的基本形式的化缺點，討論了網絡計劃技術、網路圖的繪製、網絡時間參數的計算以及網絡計劃的調整與優化方法。

復習思考題及參考答案

1. 什麼是項目？項目具有哪些特徵？

答：項目是一種一次性工作，它應當在規定的時間內，在明確的目標和可利用資源的約束下，由為此專門組織起來的人員運用多種科學知識來完成。項目是一次性的任務，具有單一性；項目有明確的目的性；項目由多個部分組成，通常需要多方合作才能完成；對費用有明確的預算，並嚴格執行；有嚴格的時間約束，並公之於眾。

2. 成功的項目管理具備哪些要素？

答：成功的項目管理需要諸多的因素，但我認為以下八個方面相對來說是比較主要的，是作好項目管理工作的關鍵：

(1) 明確客戶需求；
(2) 爭取高層的支持；
(3) 挑選合適的項目人員；
(4) 搞好團隊建設；
(5) 搞好質量、成本、進度和範圍之間的平衡；
(6) 作好分包商的管理工作；
(7) 項目進展監控得力；
(8) 充分利用公司資源。

3. 項目安排計劃的方法有哪些？

答：(1) 關鍵路徑法：在諸多網絡路徑中，總時間最長的路徑；
(2) 計劃評審法：是項目網絡分析的重要方法，它使用概率方法通過估算各工序活動的期望完工時間來估算整個項目期望完成時間的一種活動日程進度安排的控制技術。

4. 常用的網絡計劃技術有哪幾種？

答：(1) 關鍵路線技術；
(2) 計劃評審技術。

國家圖書館出版品預行編目（CIP）資料

新編營運管理 / 羅鍵 主編. -- 第一版.
-- 臺北市：財經錢線文化, 2019.10
　　面；　公分
POD版

ISBN 978-957-680-357-4(平裝)

1.企業管理 2.企業經營

494.1　　　　　　　　　　　　　　　108016336

書　　名：新編營運管理
作　　者：羅鍵 主編
發 行 人：黃振庭
出 版 者：財經錢線文化事業有限公司
發 行 者：財經錢線文化事業有限公司
E-mail：sonbookservice@gmail.com
粉絲頁：　　　　網址：
地　　址：台北市中正區重慶南路一段六十一號八樓 815 室
8F.-815, No.61, Sec. 1, Chongqing S. Rd., Zhongzheng Dist., Taipei City 100, Taiwan (R.O.C.)
電　　話：(02)2370-3310　傳　真：(02) 2370-3210
總 經 銷：紅螞蟻圖書有限公司
地　　址：台北市內湖區舊宗路二段 121 巷 19 號
電　　話:02-2795-3656 傳真:02-2795-4100　網址：
印　　刷：京峯彩色印刷有限公司（京峰數位）

　本書版權為西南財經出版社所有授權崧博出版事業股份有限公司獨家發行電子書及繁體書繁體字版。若有其他相關權利及授權需求請與本公司聯繫。

定　　價：380元
發行日期：2019 年 10 月第一版
◎ 本書以 POD 印製發行